300MW级火力发电厂培训丛书

集控运行

山西漳泽电力股份有限公司 编

中国电力出版社
CHINA ELECTRIC POWER PRESS

内 容 提 要

20 世纪 80 年代开始，国产和引进的 300MW 级火力发电机组就陆续成为我国电力生产中的主力机组。由于已投入运行 30 多年，涉及机组运行、检修、技术改造和节能减排、脱硫脱硝等要求越来越严，以及急需提高实际运行、检修人员的操作技能水平，组织编写了一套《300MW 级火力发电厂培训丛书》，分为《汽轮机设备及系统》《锅炉设备及系统》《热控设备及系统》《电气设备及系统》《电气控制及保护》《集控运行》《化学设备及系统》《输煤设备及系统》《环保设备及系统》9 册。

本书为《300MW 级火力发电厂培训丛书　集控运行》，共四篇二十章，主要内容包括锅炉运行中的调整、风烟系统运行、制粉系统运行、炉水循环泵运行、燃油系统运行、汽轮机运行、给水泵运行、旁路系统运行、加热器运行、汽轮机附属设备与系统运行、电气运行、单元机组启动和停运、单元制机组的控制方式与联锁保护、单元制机组的试验、单元制机组事故处理。

本书既可作为全国 300MW 级火力发电机组集控设备系统运行、检修、维护及管理等生产人员、技术人员和管理人员等的培训用书，也可作为高等院校相关专业师生的参考用书。

图书在版编目(CIP)数据

集控运行/山西漳泽电力股份有限公司编. —北京：中国电力出版社，2015.5
（300MW 级火力发电厂培训丛书）
ISBN 978-7-5123-7185-9

Ⅰ.①集… Ⅱ.①山… Ⅲ.①火力发电-集中控制-运行
Ⅳ.①TM611

中国版本图书馆 CIP 数据核字(2015)第 025325 号

中国电力出版社出版、发行
（北京市东城区北京站西街 19 号　100005　http://www.cepp.sgcc.com.cn）
北京丰源印刷厂印刷
各地新华书店经售

*

2015 年 5 月第一版　2015 年 5 月北京第一次印刷
787 毫米×1092 毫米　16 开本　17 印张　395 千字
印数 0001—3000 册　定价 **51.00** 元

前　言

随着我国国民经济的飞速发展，电力需求也急速增长，电力工业进入了快速发展的新时期，电源建设和技术装备水平都有了较大的提高。

由于引进型300MW级火力发电机组具有调峰性能好、安全可靠性高、经济性能好、负荷适应性广及自动化水平高等特点，早已成为我国火力发电机组中的主力机型。国产300MW级火力发电机组在我国也得到广泛使用和发展，对我国电力发展起到了积极的作用。

为了帮助有关工程技术人员、现场生产人员更好地了解和掌握机组的结构、性能和操作程序等，提高员工的业务水平，满足电力行业对人才技能、安全运行以及改革发展之所需，河津发电分公司按照山西漳泽电力股份有限公司的要求，在总结多年工作经验的基础上，组织专业技术人员编写了本套培训丛书。

《300MW级火力发电厂培训丛书》分为《汽轮机设备及系统》《锅炉设备及系统》《热控设备及系统》《电气设备及系统》《电气控制及保护》《集控运行》《化学设备及系统》《输煤设备及系统》《环保设备及系统》9册。

本书为《300MW级火力发电厂培训丛书　集控运行》，共四篇二十章，主要内容包括锅炉运行中的调整、风烟系统运行、制粉系统运行、炉水循环泵运行、燃油系统运行、汽轮机运行、给水泵运行、旁路系统运行、加热器运行、汽轮机附属设备与系统运行、电气运行、单元机组启动和停运、单元制机组的控制方式与联锁保护、单元制机组的试验、单元制机组事故处理。

本书由山西漳泽电力股份有限公司河津发电分公司原耀斌主编，其中第一章由贾震编写，第二章由贺东编写，第三章由李顺院编写，第四章由张向前、闫子刚编写，第五章由解晓辉编写，第六章由胡学军编写，第七章由贺赐乾编写，第八章由李俊华、郑红旗编写，第九章由曹启宏编写，第十章由武雁来、胡明明编写，第十一章由卫志敏编写，第十二章由王顺社编写，第十三章由胡高强编写，第十四章由张艳芳编写，第十五章由王震编写，第十六章由冯尚勋编写，第十七章由郑红旗编写，第十八章由郑红旗、陈莹编写，第十九章由郑红旗、孙超编写，第二十章由肖峰编写。

由于编者的水平、经验所限，且编写时间仓促，书中难免有疏漏和不足之处，恳请读者批评指正。

编　者

2015 年 4 月

目 录

第一篇

锅 炉 运 行

第一章

锅炉运行中的调整

第一节 锅炉简介

一、350MW 机组锅炉简介

某电厂 350MW 机组（1、2 号机组）锅炉采用 1205t/h MB-FRR 亚临界、一次中间再热、单炉膛、平衡通风、固态排渣、辐射、强制循环汽包型燃煤露天锅炉，该炉为倒 U 形布置，设计燃用洗中煤与原煤以 3：2 比例混合的煤种。

燃烧器布置于炉膛四角，采用四角切圆燃烧方式，假想切圆直径为 ϕ1470mm、ϕ1327mm，整组燃烧器为一、二次风间隔布置。为降低 NO_x 的生成，采用了 PM（pollution minimum）煤粉燃烧器，对煤粉进行浓淡分离，在燃烧器顶部分别布置了一层 OFA 喷嘴和两层 AA（additional air）风喷嘴。整组燃烧器可上下摆动 25°。锅炉自下而上设有 A、B、C、D 4 层共 16 只煤粉燃烧器及 AB、CD 两层共八只油枪，每只燃烧器（油和煤）均装有独立的火焰检测器。油枪采用蒸汽雾化，最大出力为 30%BMCR，供锅炉启动及稳定燃烧的使用，每只油枪均配有高能电子点火器。

锅炉水循环的设计采用了强制循环锅炉技术，在炉膛的高热负荷区使用了抑制膜态沸腾性能优异的内螺纹管。三台炉水泵的流量2050m³/h，两台泵运行可带 100%BMCR。

蒸发受热面采用膜式水冷壁结构，以保证炉膛严密性。采用无缝钢管和内螺纹管，炉膛四壁的管子外径均为 ϕ45.0mm。水包代替全部下联箱，前后水冷壁下部组成内 80°的 V 形炉底。水冷壁上联箱有 40 根 ϕ168.3mm 的导汽管与汽包相连，4 根 ϕ406.4mm 的集中下降管汇集于 ϕ508mm 的炉水泵入口联箱。为了控制每根水冷壁管的流量以及相应的出口含汽率和膜态沸腾的裕度，确保水冷壁的安全，每根水冷壁管均装有不同孔径的节流孔板。

汽包简体长 15.84m，总长度 18.04m，上半部分内径为 1669mm，下半部内径为 1675mm。由于采用炉水泵后循环系统各部分允许有较高的阻力，汽包内设有夹层结构并使用高效旋风分离器，这样，汽包长度大大缩短且汽包上下壁温一致，金属耗量减少，启停速度加快。

为提高主蒸汽、再热蒸汽温度对燃烧器摆角变化的敏感性，大部分过热器和再热器布置在高烟温区，在炉膛上部前墙和上部侧墙布置了壁式再热器。这样使锅炉结构简化、汽温特性平坦。

设有三级过热器，一级过热器位于尾部烟道省煤器的上方，二、三级过热器布置于炉膛顶部高烟温区。过热汽温采用二级喷水减温控制，减温器分别布置于二级过热器入口及出口，二级过热器出口至三级过热器入口进行一次交叉，以减少左右侧汽温偏差。

设有三级再热器，一级再热器为壁式再热器布置在炉膛上部，二级再热器布置于炉膛折焰角上方，三级再热器置于水平烟道，位于后墙悬吊管与后墙屏之间。为减小再热蒸汽的流动阻力和压降，二、三级再热器之间无联箱。再热蒸汽温度通过改变燃烧器摆角来调节，再热器入口设有喷水减温器作为事故备用。

炉顶及尾部烟道敷设了轻型炉墙，采用悬吊结构，设置了包覆过热器，所有包覆过热器均采用了膜式结构，以提高锅炉密封性能。

所有受热面采用顺列布置，为防止结渣和积灰，前后屏过热器分别采用了 2088mm 和 522mm 的特宽节距，烟气温度较高的二、三级再热器和过热器也采用了较宽的节距。整个对流受热面还布置了 20 台吹灰器。

省煤器为顺列逆流非沸腾式 H 形鳍片管省煤器，布置于尾部烟道内。垂直悬吊管用于承受省煤器及一级过热器的全部重量。H 形鳍片省煤器则从第一排开始均为鳍片管，每排起始鳍片距离炉墙位置相同，鳍片从上至下在同一垂直线上。每排管屏两端安装有密封板，和最后一个鳍片紧紧靠住，各排安装完成后，各密封板连成一体，形成密封，使导流板下方区域烟气与主烟道烟气分别流动，不混合扰流。

锅炉配有 2 台 50%BMCR 容量、三分仓受热面转子转动的空气预热器。转子直径 10.8m，高度 2.6m，整个转子用径向隔板分成 48 个扇形框架。空气预热器冷端采用耐腐蚀的考登钢制成的双波纹板，可进行更换，热端采用碳素钢，空气预热器的二次风入口还装有暖风器，以防止空气预热器冷端腐蚀。每台空气预热器的低温烟气侧装有一台摆动式吹灰器。两台炉还配备了一套固定式水洗装置，可实施冲洗水的升压、加热和加药处理，对预热器及其他受热面进行彻底的水冲洗，提高运行经济性。空气预热器配有一台电动机，作为正常时驱动电动机，一台气动电动机作为事故备用。电动、气动电动机均装于空气预热器上轴承顶部。空气预热器二次风侧还装有火警探头。空气预热器烟、风侧均配有消防水管，供空气预热器发生火灾时使用。

制粉系统采用正压冷一次风直吹式，一次风机采用两台 60% 容量高效离心式风机，接于送风机出口。原煤仓采用钢制结构的圆筒仓，内衬不锈钢板，出口漏斗为圆锥形。

给煤机为 EG-2690 型电子称重式皮带给煤机，实现高精度煤量称量（0.5 级），采用正压密封式、无级变速，同时给煤机还设有断煤信号和自校验装置。

每台锅炉配有四台 FW-D11D 型的双进双出钢球磨，磨制设计煤种时，四台磨煤机运行可带 120%BMCR。

风烟系统按平衡通风设计，送风机与一次风机采用串接系统，每台炉配 2×50% 容量动叶可调轴流式送风机和 2×50% 容量变频离心式引风机。送风机设有独立的控制/润滑油系统。

二、300MW 机组锅炉简介

某电厂 300MW 机组（3、4 号机组）采用 HG-1056/17.5-YM21 型亚临界、一次中间再热、平衡通风、全钢架悬吊结构、全露天布置（运转层以下封闭）、固态排渣、自然循环汽包燃烟煤型锅炉，该炉为单炉膛Ⅱ形布置。

燃烧器采用四角切圆燃烧方式，逆时针旋转的假想切圆直径为 $\phi880$mm。整组燃烧器为一、二次风间隔布置，四角均等配风。为降低 NO_x 的生成、减少烟温偏差、防止炉膛结焦，采用了水平浓淡煤粉燃烧器，对煤粉进行浓淡分离。在燃烧器顶部分别布置了两层 OFA 喷嘴反向切入，实现分级送风和减弱烟气残余旋转。整组燃烧器可上下摆动 30°（除两层 OFA 喷嘴外）。锅炉采用三台双进双出钢球磨煤机，锅炉自下而上共布置有 AA、AB、BC、BD、CE、CF 六层（每台磨煤机带两层一次风喷口）共 24 只煤粉燃烧器及 AB、CD、EF 三层共 12 只油枪，每只燃烧器（油和煤）均装有独立的火焰检测器。油枪采用蒸汽雾化，最大出力为 30％BMCR，供锅炉启动及稳定燃烧使用，油枪均配有高能电子点火器。整个炉膛布置 42 只墙式吹灰器。

锅炉水循环的设计采用了自然循环锅炉技术，炉膛采用全焊接的膜式水冷壁结构，以保证炉膛严密性。为确保炉水循环的安全，水循环系统采用大的流通截面，以减少系统阻力。炉膛四壁的管子外径均为 $\phi63.5$mm。水冷壁上联箱有 98 根 $\phi159$mm 的导汽管与汽包相连，4 根 $\phi559$mm 的集中下降管通过 72 根 $\phi159$mm 的供水管与水冷壁的下联箱相连。为了控制每根水冷壁管的流量以及相应的出口含汽率和膜态沸腾的裕度，系统设计了 28 个水循环回路，并进行了精确的水循环计算，在炉膛的高热负荷区及部分上炉膛水冷壁使用了抑制膜态沸腾性能优异的内螺纹管，确保了水循环的安全。在 BMCR 工况下，炉水平均重量流速达 1030kg/（m^2·s），炉水循环倍率达 4.4。

汽包筒体长 18 000mm，总长度 20 184mm，内径为 1778mm，外径为 2148mm。为避免炉水和进入汽包的给水与温度较高的汽包壁直接接触，以降低汽包壁温差和热应力，水冷壁引出的汽水混合物从汽包侧面引入，省煤器引出的给水从汽包下面引入。汽包内壁上半部与饱和蒸汽接触，下半部与炉水接触，存在一定的温差，在启停时需对汽包上下壁温差进行监视。汽包内部设置有 84 台轴流式旋风分离器和立式百叶窗，确保了汽水品质合格。

为增加过热器与再热器的辐射特性，并起到切割旋转烟气流，减少进入过热器炉宽方向烟温偏差的作用，在炉膛上部布置壁式辐射再热器和大节距的分隔屏、后屏过热器。这样主蒸汽、再热蒸汽温度对燃烧器摆角的变化较敏感，使锅炉结构简化、汽温特性平坦。

过热器由末级过热器、后屏过热器、分隔屏过热器、低温过热器、后烟道包墙和顶棚过热器五个主要部分组成，均沿炉宽方向布置。末级过热器位于水冷壁排管后方的水平烟道内，后屏过热器位于炉膛上方折焰角前，分隔屏过热器位于炉膛上方，低温过热器位于尾部烟道内，后烟道包墙和顶棚过热器部分由侧墙、前墙、后墙及顶棚组成，形成一个垂直下行烟道；后烟道延伸包墙形成了一部分水平烟道；炉膛顶棚管形成了炉膛和水平烟道部分的顶棚。后屏过热器出口至末级过热器入口进行一次交叉，以减少左右侧汽温偏差。过热器采用二级三点喷水，第一级喷水减温器位于低温过热器出口集箱到分隔屏入口集箱的大直径连接管上，第二级喷水减温器位于过热器后屏出口集箱和末级过热器入口集箱之间的大直径连接管上。减温器采用笛管式，设计喷水量为 BMCR 工况下主蒸汽流量的 10%，其中一级减温器设计喷水量为总喷水量的 67%，二级减温器设计喷水量为总喷水量的 33%。

再热器由末级再热器、屏式再热器、墙式辐射再热器三个主要部分组成。末级再热器位于炉膛折焰角后的水平烟道内，在水冷壁后墙悬吊管和水冷壁排管之间。屏式再热器位于过热器后屏和水冷壁悬吊管之间。墙式辐射再热器布置在水冷壁前墙和水冷壁侧墙靠近前墙的部分。后屏再热器出口至末级再热器入口进行一次交叉，以减少左右侧汽温偏差。再热器减温器数量为两个，安装在冷再入口管道上。再热蒸汽温度通过改变燃烧器摆角来调节，再热器入口设有喷水减温器作为事故备用。

省煤器布置在锅炉尾部竖井后烟道下部，在锅炉宽度方向由 86 排顺列布置的水平蛇形管组成。在省煤器入口集箱端部和集中下降管之间连有省煤器再循环管。锅炉停止上水时，防止省煤器中的水汽化。

各级过热器和再热器采用蒸汽冷却的定位管和吊挂管，保证运行的可靠性。各级过热器和再热器均采用较大直径的管子，降低了过热器和再热器的阻力，同时降低了管子的烟气侧磨损。各级过热器、再热器之间采用单根或数量很少的大直径连接管相连接，对蒸汽起到良好的混合作用，以消除偏差。各集箱与大直径连接管相连处均采用大口径三通。整个对流受热面布置了 30 台吹灰器。

锅炉配有两台 60%BMCR 容量，三分仓受热面转子转动的空气预热器。转子直径 9.97m，高度 2.885m，整个转子用径向隔板分成 48 个扇形框架。空气预热器冷端采用耐腐蚀的考登钢制成，可进行更换，热端采用低碳素钢制成，空气预热器的二次风入口还装有暖风器，以防止空气预热器冷端腐蚀。

为减少空气预热器泄漏造成压力下降、效率降低，采用半模式、双密封制造技术。

每台空气预热器的高、低温烟气侧各装有一台伸缩式吹灰器，低温烟气侧为单枪管吹灰器，高温烟气侧为双枪管吹灰器，其中一个枪管用于空气预热器吹灰，另一个枪管用于空气预热器停运后的水冲洗。空气预热器配有两台电动机，均装于空气预热器上轴承顶部，正常时一台运行，一台备用。空气预热器二次风侧还装有火警探头，空气预热器烟、风侧均配有消防水管，供空气预热器发生火灾时使用。另外，空气预热器装有失速监测报警装置。

锅炉采用正压直吹式制粉系统，一次风机采用两台 60% 容量高效离心式风机，原煤仓采用钢制结构的圆筒仓，内衬不锈钢板，出口漏斗为圆锥形。

给煤机为 CS2024HP 型电子称重式皮带给煤机，实现高精度煤量称量（0.5 级），采用正压密封式、无级变速，同时给煤机还设有断煤信号和自校验装置。

每台锅炉配有三台 FW-D11D 型的双进双出钢球磨，磨煤机只设容量备用，不考虑台数备用。设计煤粉细度 R90 取 15%。

磨煤机专门设置两台 100% 容量的密封风机，作为磨煤机筒体和热风挡板的密封风，正常时密封风机一台运行，一台备用。

风烟系统按平衡通风设计，每台炉配 2×50% 容量动叶可调轴流式送风机和 2×50%

容量静叶可调轴流式引风机。送风机设有独立的控制/润滑油系统。引风机电动机轴承设有独立的润滑油站。另外，引风机设有两台轴承冷却风机。

第二节 锅 炉 燃 烧 调 整

一、燃料量调整

（一）350MW 机组燃料量的自动调节

350MW 机组磨煤机主控制器（MILL MASTER）（简称磨主控）有两种运行方式，即"手动"和"自动"方式。手动方式下，运行人员改变磨主控指令，以改变投入自动的磨煤机一次风调整挡板开度，增减燃料量；自动方式下，磨主控指令是燃料量给定值（剔除油量后）与实际燃料量相比较，经过 PI 调节得出的。投入自动的磨煤机一次风调整挡板可以接收磨主控给定的指令，改变开度以调整燃料量，而未投自动的磨煤机靠手动调整开度。

磨主控投自动的条件：未发生 FCB，送风量控制自动，磨煤机一次风调整挡板投自动个数不小于 2，未发生 MFT，燃油主控制器不在自动方式，机组初压调节器未动作，各磨煤机一次风流量信号正常。

自动条件下磨主控指令的生成：炉主控 MW 指令经过函数计算，转化为炉侧的燃料量指令，该指令经过风量交叉限制，再减去当前燃油量后，作为磨煤机主控器的给定值（单位：t/h）；它与实际煤流量相比较，经过 PI 调节器，得出每台磨煤机的出力给定值（即磨主控的 DEM，单位：t/h），送至投自动的磨煤机控制回路。每台投自动的磨煤机均有自身的闭环控制回路，磨主控下达的指令在回路中与实际出力比较，经过 PI 调节，得出该磨的一次风调整挡板开度指令，调整挡板接到指令，产生动作，调整磨煤机出力，进而调整实际煤量。

磨煤机实际出力的测量：每台磨煤机均有两个一次风流量测量装置，布置在磨煤机入口风道上，通过测量进入磨煤机的一次风量，来计算磨煤机的实际出力。需要说明的是，磨煤机出力不单与进入磨煤机的一次风流量有关，还与磨煤机内部煤位、磨煤机入口的风温有关。因此，磨煤机一次风流量经过这两个影响因素的修正，才能计算出磨煤机的实际出力。磨煤机一次风流量信号是燃烧调整回路中至关重要的信号，正常运行中每台磨煤机选择两个流量信号之一参与调整，并且两个信号投入"联锁"。如果 A、B 信号偏差大，或参与调整的信号超限，回路会"报警"或自动选择另外一个信号参与调整。

投自动时，磨煤机主控制器的指令上限设定为 49.5t/h，下限设定为 18t/h。手动状态下可以人为在此范围内调整。运行中也可以通过给每台磨煤机出力设偏置的办法改变投自动的磨煤机之间出力分配，偏置改变的是磨煤机出力的设定值，可设定范围为−10～10t/h。

（二）300MW 机组燃料量的自动调节

300MW 机组燃料主控的任务是将锅炉指令转化为磨煤机调门开度指令，实现燃料的自动调整。总燃料量指令为锅炉指令和二次风量信号二者间选最小值构成，这样加负荷时锅炉指令增加，但总燃料量指令不会立即增加，只有当二次风量先增加后，总燃料指令才会增加，从而实现先加风后加煤的控制要求。

（三）磨煤机调整过程中的注意事项

350、300MW 机组锅炉均为正压直吹式制粉系统，由于直吹式制粉系统无中间煤粉仓，它的出力大小将直接影响到锅炉的蒸发量。当锅炉负荷变动不大时，可通过调节运行磨煤机的出力来解决。对于双进双出钢球磨煤机，当负荷变化时，则总是磨煤机入口一次风调整挡板首先开大，通风量首先变化，运行磨煤机的出力增加，磨煤机内存煤减少，给煤量根据煤位下降情况作出相应的调节，这种调节方式可以使制粉系统的出力对锅炉负荷做出快速的响应。磨煤机入口一次风调整挡板开度到 60％以上时，通过继续开大一次风调整挡板增加制粉系统出力的作用将大幅下降，在一次风机出力有调节余度的情况下，350MW 机组锅炉可以通过给一次风压设定值置正偏差，300MW 机组锅炉则通过提高一次风压设定值，以提高一次风压的方法增加制粉系统出力。

当锅炉负荷有较大变动时，需启动或停止一套制粉系统。降负荷时，当各磨煤机出力均降至某一最低值时，应停止一台磨煤机，以保证其余各磨煤机在最低出力以上运行；加负荷时，当各磨煤机出力上升至其最大允许值时，则应增投一台新磨煤机。确定磨煤机的启动或停运时机，必须考虑到制粉系统运行的经济性、燃烧工况的合理性（如燃烧均匀），必要时还应兼顾汽温调节等方面的要求。运行中为降低磨煤机的制粉单耗，在满足接带负荷需要的前提下，应尽可能减少磨煤机的运行台数。规定 350MW 机组锅炉在计算煤流量小于 120t/h 或给煤机入口煤流量小于 145t/h 的情况下，保持三台磨煤机运行。300MW 机组锅炉在给煤机入口煤流量小于 130t/h 的情况下，保持两台磨煤机运行。

各运行磨煤机的最低允许出力，取决于制粉系统运行经济性和燃烧器着火条件恶化（如煤粉浓度过低）的程度，所以一定要树立不是运行磨煤机台数越多锅炉燃烧越安全的概念。低负荷工况下，各台磨煤机的出力均很低，除了会增加磨煤机的制粉单耗，还会使各煤粉管路的煤粉浓度过低，火嘴集中度下降，反而不利于着火，锅炉的稳燃性能下降。300MW 机组锅炉由于煤粉管道的一次风速较低，发生煤粉管道堵塞的可能性增加，所以运行中应根据煤质情况、负荷接带及锅炉燃烧工况，合理确定磨煤机的运行台数。

二、风量调整

（一）350MW 机组锅炉风量调整

运行中通过调整送风机的动叶，实现对送风量的控制。正常运行中送风量的大小直接影响炉内燃烧的安全和经济性，因此送风量调整在燃烧调整过程中至关重要。

1. 送风量指令生成

机组的燃料量指令经过函数运算，乘以送风量比率（air flow ratio），再接收（燃料量）交叉限制，形成了送风量指令。它与实际送风量相比较后，经过 PI 调节器，得出了每台送风机的动叶控制指令，从而实现送风量的控制。

2. 锅炉烟气含氧量设定

为保证燃烧更经济，锅炉烟气含氧量必须控制在合理的范围。一般随着机组负荷的升高，锅炉燃料量的增加，炉内温度升高，燃烧更为强化，单位燃料完全燃烧所需的风量会逐渐减少，烟气含氧量设定值逐渐降低。机组根据锅炉的燃料量指令，给出烟气含氧量的设定值，函数关系见表 1-1（X 代表燃料指令，Y 代表含氧量设定值）。

表 1-1　　　　　　　350MW 机组烟气含氧量设定值与负荷对应关系

X（t/h）	0.0	69.7	85.5	114.7	140.6	154.2
Y（%）	6.42	6.42	6.0	5.44	4.2	4.2

3. 送风量比率的得出

烟气含氧量设定值与氧量实际值相比较，经过 PI 调节器，得出送风量比率。当实际氧量低于设定值，该比率增加，作用于送风量指令回路，从而使送入炉内的风量增加，反之亦然。需要说明，送风量比率控制回路是有一定延时性，氧量及其设定值的变化不会很快改变送风量比率。当机组加负荷时，燃料量指令会先增加，在送风量比率未发生变化前，送风量设定值受燃料量指令增加单方面作用于控制回路，很快的增加送风量，实现粗调的目的。当负荷相对稳定后，风量比率值会在氧量及其设定值的调整下，缓慢改变，从而调整风量，保证最佳过量空气系数和最佳含氧量，实现细调的目的。

4. 运行人员调整送风量的方法

（1）直接改变送风机动叶开度来改变送风量，它是最直接最迅速的方法，但应注意：如果将两台送风机动叶同时切手动，则机组会退出协调方式，转为机跟踪方式。

（2）通过改变送风量比率来改变送风量，此操作对送风量改变也是较直接的，可以短时间改变风量。

（3）通过设定氧量定值偏差改变送风量，由于回路有一定延时，此操作办法改变送风量速度相对较慢。

需要特别说明的是，调整燃料量热值和磨煤机主控手、自动之间的转换操作等会导致 BM 值的变化，由于燃料量指令直接由 BM 值经过函数运算得出，所以上述操作会影响到风量的短时变化，应该引起注意。

5. 烟气含氧量的测量

装设在空气预热器出口的四个烟气含氧量测点送至控制回路，A 侧两个测点平均值与 B 侧两个测点平均值之间选小值，作为实际烟气含氧量。运行中应关注含氧量四个测点显示值是否正常，比如是否偏离其他测点过大、是否与当前送风量相匹配，以保证其参与风量控制时的正确和安全。

6. 实际送风量的测量

实际送风量是通过装设在两个送风机出口的差压变送器来测量的，且它的值需要经过风温的修正，因此要注意送风机出口风温度测点的正确性，因为它会影响到风量调整，影响到机组的运行方式（风量信号显示异常，直接导致风量控制退出自动）。

7. 风量、燃料量之间的交叉限制

风量控制回路里，加入燃料量对风量的最低值限制（经过函数关系得出），以保证风量不会过度降低；而在燃料量控制回路里，加入风量对燃料量的最高值限制，以保证燃料量不会增加过大，此即为燃料量、风量交叉限制。它能够保证燃烧的稳定和经济性。运行人员可以通过改变送风机出力偏差（FDF BIAS）来适当改变两台送风机动叶的开度值，实现送风机之间的出力再分配。偏差向正值增加，则 A 送风机出力减小，B 送风机出力增加，偏差可以在±10％范围内改变，对应两侧风机挡板开度偏差最大20％。

（二）300MW 机组锅炉风量调整

1. 300MW 机组送风控制回路介绍

送风控制系统功能是根据燃料指令按 PI 调节规律调节送风机动叶开度，使送风机向锅炉提供适当的风量。

总风量指令由锅炉指令、燃料量和40％最小风量三者间选最大值构成，这样降负荷时锅炉指令下降，但总风量指令不会立即下降，只有当燃料量下降后，风量指令才会下降，从而可实现先减煤后减风的控制理念。上述三者中的最小风量能保证锅炉总风量不小于安全稳定燃烧所要求的最低风量。

2. 氧量修正回路

被调量为总风量，保持合适的氧量数值就能保证有足够的过剩空气，为此还设有氧量修正回路，即由氧量调节回路的输出来修正锅炉指令信号。

通过调节氧量修正系数控制烟气中的含氧量保持最佳值，从而保证最佳空燃比，使锅炉达到最高的热效率。氧量修正系数既可以手动设定，也可以投自动。投自动时，设定值为主蒸汽流量（代表负荷），通过一个函数块后算出对应负荷下的最佳氧量值，该氧量设定值与空气预热器入口烟气含氧量比较后形成一个氧量偏差，该偏差信号通过 PI 计算后得出氧量修正系数，去修正送风机的风量指令。氧量修正系数高限为 1.2，低限为 0.8。但 300MW 机组锅炉由于空气预热器入口的氧量测量装置可靠性较差，运行中氧量修正回路无法正常投入，运行中不可完全参照空气预热器入口氧值进行锅炉总风量的控制，而应按照给定的风量曲线进行总风量的调整，防止锅炉缺氧燃烧。

三、一次风压调节

（一）350MW 机组锅炉一次风压控制

调整磨煤机制粉出力，是通过调整各磨煤机入口一次风流量控制挡板开度来实现的，显然为了使燃烧控制系统的燃料流量调节快速、有效，并具有良好的线性，就要求一次风机出口风压能根据磨煤机的出力进行相应的调整。

一次风机出口的一次风压给定值，在机组未并网时定值为 5.9kPa，机组并网后，依据四台磨煤机实测的燃煤量，取最大函数值（5.9～11.8kPa）作为给定值。在上述给定值的基础上运行人员在 LCD 上手动给定一次风机出口压力偏差，此偏差值叠加到上述设定值上。当 PAF 风压控制退出"自动"时，给定值以 5kPa/min 速度切至实际空气预热器出口一次风压值。

一次风机出口风压测点设置在空气预热器出口的一次风管上，每侧设两个测点。运行人员可以任选其一作为本侧的测量值，此选择操作可在 LCD 上进行。逻辑上选取两侧测量值中较小值作为调节值。

上述给定值与测量值比较后，获得偏差，经 PI 调节器计算后，即获得一次风机入口调节挡板指令（当风机工频运行或转速手动时）或变频器转速指令（变频自动、入口挡板自动备用）。当两台一次风机入口调节挡板都未投入自动时，PI 调节器的输出跟踪 B 一次风机入口调节挡板的开度指令。

在调节器计算后所得的指令基础上，运行人员可在 LCD 上设置两台一次风机的出力偏差：当风机为变频调整时，通过设定变频器出力偏差来实现；当风机为工频运行时，通过设定挡板出力偏差来实现。

（二）300MW 机组锅炉一次风压的控制

300MW 机组锅炉一次风控制系统功能是根据一次风压与设定值偏差按 PI 调节规律调节一次风机入口挡板开度，从而控制一次风压。设定值为人工设定，被调量为热一次风母管压力，二者相减形成调节偏差信号。

修正后的调节偏差信号同时作用到 A、B 二侧的一次风 PID 调节模块，进行 PID 运算，其输出结果经手/自动切换模块直接自动控制 A、B 两侧的一次风动叶开度。通过手/自动切换模块，运行人员也可分别手动控制 A、B 动叶开度。自动和手动间实现无扰切换。在 A 侧调整挡板中设定一次风压的目标值，B 侧调整挡板中给定挡板的偏差值。

（三）350MW 机组锅炉一次风机的变频调节

（1）正常运行中，一次风机变频器只要有任意一台处于变频自动调节方式时，则一次风机入口调整挡板位置在"STANDBY"方式。入口调整挡板此时无法投入自动，但可以根据实际情况将入口调整挡板切到手动，进行开启、关闭操作。在进行手动操作后应及时将其切到"STANDBY"状态，入口调整挡板的开度保持当前开度不变。

（2）一次风机处于变频自动运行方式时，如果将其全部退出自动切到手动状态，此时如果入口调整挡板在"STANDBY"状态，调节挡板就会投入自动。此时如将任意一台变频切到自动，调节挡板就会退出"自动"，切换至"STANDBY"状态。

（3）两台一次风机都处于工频运行状态，则变频调节不起作用，由入口调整挡板调整一次风压。

（四）一次风机的经济运行

在保证锅炉燃烧稳定、煤粉流速正常、满足制粉系统通风出力要求的情况下，应尽可能降低一次风压设定值，其好处有：

（1）减小制粉系统的冷风用量，降低一次风率，使流过空气预热器的二次风量增加，降低排烟温度，提高锅炉效率。

（2）降低一次风机的电流，降低厂用电率，减小设备的损耗。

（3）空气预热器差压高、漏风严重时，减小空气预热器的漏风，一次风压的波动幅度减小，利于锅炉的稳定燃烧。

（4）燃料在炉内停留时间延长，燃烧充分，锅炉飞灰含炭量下降，锅炉效率提高，同时火焰中心下移利于受热面壁温的控制。

一次风压的低限应以满足制粉系统的通风出力、不发生煤粉管道煤粉沉积、喷口烧损为前提。当燃用高挥发分煤种时不可将一次风压设定值设定过低。

四、燃烧器的运行方式

1. 一次风的调节

运行中一次风压的控制低限以满足磨煤机的通风出力需要为控制标准。调整时注意以

下几点:

(1) 350MW 机组锅炉一次风压的设定值跟踪运行磨煤机中出力最大磨煤机的煤流量值,在进行各台磨煤机的出力分配时,应尽量保持运行磨煤机的出力均衡,杜绝将单台磨煤机出力过分提高,使一次风压的设定值过高。

(2) 在各台运行磨煤机一次风挡板开度低于 55% 的情况下,应通过给一次风压设定置负偏差的方法,降低一次风母管压力,保持运行磨煤机的一次风挡板开度均大于 55%。

(3) 运行调节时设法提高磨煤机研磨出力和干燥出力,尽可能降低磨煤机的通风量,以降低锅炉一次风的用量。

运行中一次风速的控制必须保持在适当的范围内,一次风速过低,不能保证必要的刚性,很易偏转和贴墙,且卷吸高温烟气的能力也差。此外,对于高挥发分的煤,将由于着火点过近而使燃烧器有烧坏的可能。一次风速过低,还有可能产生一次风堵管等异常情况。一次风速过高则会推迟燃料(特别是低挥发分低反应能力的燃料)的着火,并增大未完全燃烧损失。同时还将使煤粉管道的磨损速度加快,使用寿命缩短,以及在低负荷的情况下,容易造成燃烧不稳,甚至灭火。

直吹式制粉系统一次风率和一次风速的控制由磨煤机入口前的总一次风调整挡板调节,不具有运行中单独调节一次风速的功能,只能改变一次风量的同时,改变一次风速。一次风量除了和燃烧有关外还和煤粉的制粉、输送过程(干燥、磨制、分离、输送)有关,因而要综合考虑这些因素来确定一次风量。当磨煤机给煤量减少时,为防止煤粉管堵粉,一般一次风量并不按比例减小,而是相对变大。因此,对于直吹式制粉系统随着磨煤机负荷的降低,一次风率增大,煤粉浓度减小,这往往是低负荷下燃烧不稳的一个重要原因。

制粉系统均为双进双出直吹式系统,如上分析,一次风速、风量的调节要受到磨煤机出力满足负荷要求的制约。由于长期燃用劣质煤,加上 350MW 机组磨煤机随着运行时间的增加,研磨出力下降,为满足接带负荷需要,磨煤机通风出力几乎满出力运行,造成350MW 机组锅炉的一次风速偏高、一次风用量偏大。300MW 机组锅炉因制粉系统煤粉管道布置的特殊性,设计每台磨煤机带两层煤粉燃烧器,造成各一次风喷口的一次风速偏低,基本保持在 18~20m/s 的边缘,管道布置因素导致的各角一次风速偏差,使得个别角的一次风速在某些负荷工况下,处于安全边缘以下,运行中出现过煤粉管道堵塞、喷口结焦、烧损的不安全事件。

2. 二次风的调节

二次风主要起扰动混合和煤粉着火后的氧气补充作用,它是燃料完全燃烧的关键。二次风根据其在燃烧器中所处的位置和作用不同一般又可分为燃料风和辅助风。350MW 机组的二次风箱挡板控制由热工控制回路完成,运行人员无法干预,运行中应注意检查LCD 上各挡板指令与就地开度是否对应,否则应及时联系处理。这里重点介绍一下300MW 机组锅炉的二次风调整。

(1) 300MW 机组锅炉二次风控制回路介绍。300MW 机组锅炉二次风挡板共 17 层:5 层二次风(又称辅助风),3 层油二次风,6 层周界风(又称燃料风),1 层底部风,2 层顶层风。其中二次风挡板控制风箱与炉膛的差压,周界风挡板根据磨煤机的负荷变化来进行调节。

进入炉膛的送风不仅要满足风量的要求，还必须保持一定的风速，才能配合燃料风，有合适的燃烧点。保持风速也就是保持炉膛与二次风箱的差压。如图 1-1 所示为二次风箱与炉膛差压控制原理图。

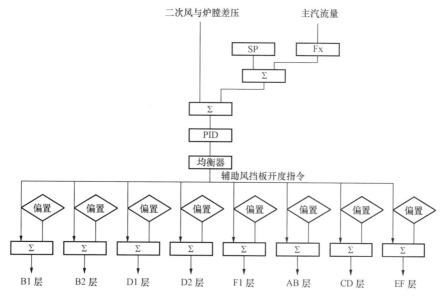

图 1-1　二次风箱与炉膛差压控制原理图

不同负荷要求有不同的差压，因此炉膛与二次风箱的差压设定值为蒸汽流量的函数，考虑实际工况的差异可在设定值上设一可调偏置 SP。该设定值二侧风箱差压形成调节偏差。调节偏差信号送 PID 调节模块，进行 PID 运算，其输出结果经手/自动切换模块作为二次风挡板开度指令输出。通过手自动切换模块，运行人员也可手动控制二次风挡板开度指令。自动和手动间实现无扰切换。

（2）辅助风的调节。辅助风是二次风最主要的部分。主要起扰动混合和煤粉着火后补充氧气的作用。其风率和各层之间的分配方式都对燃烧有重要影响。

辅助风在燃烧器各层之间的分配方式大致可有上、中、下均匀分配（均匀型），上大下小（倒宝塔型），中间小、两头大（缩腰型）和上小下大（正宝塔型）四种。一般来说，倒宝塔配风对于较差煤种的稳定着火较为有利。从燃烧器整体看，这种方式相当于射出燃烧器喷口的所有煤粉一次风气流，先与较少的二次风气流（由下面上来）混合，再与较多的二次风气流（中部）混合，最后再与上面的大量二次风相混，这样使空气沿火焰行程逐步加入。实际上体现了分级送风的原理，所以对燃用贫煤、无烟煤等较差煤质时是较适宜的。

300MW 机组锅炉目前采用正宝塔配风和均匀性配风。采用正宝塔或均匀型的送风方式，则煤粉很快与大量辅助风相混合，及时补充燃烧所需氧气，故适于烟煤的燃烧。

锅炉辅助风量的控制普遍采用炉膛/风箱差压控制方式，即总风量由燃料总量信号及氧量修正信号改变送风机入口挡板（或动叶安装角）控制，辅助风门开度调节炉膛/风箱差压。炉膛/风箱差压的定值取为负荷的函数。采用这种方式后，一次风率改变时二次风率将自动随之变化。通过加偏置可改变炉膛/风箱差压与负荷的对应关系，而炉膛/风箱差压的变化会使辅助风、燃料风、过燃风之间的风量分配比例发生改变，从而有可能会影响锅炉燃烧。譬如在不变负荷下增大炉膛/风箱差压时，各辅助风门同步关小，辅助风量减小而过燃风和燃料风量增大，总二次风量仍按氧量控制。因此，较合宜的炉膛/风箱差压亦可由调整试验的结果来修正。锅炉在低负荷时控制风箱/炉膛差压不得过高，主要是考虑低负荷时投用的喷嘴较少，其他未投用的喷嘴将占用相当一部分二次风量（冷却喷口），如果风箱/炉膛差压较大，则会关小燃烧层的辅助风门，加剧主燃烧区相对缺风，影响着火稳定性。

在运行时各层磨煤机的负荷可能各有不同，需要不同的配风，因此每层辅助风门都设有一个操作员偏置站。在总风量需求不变的情况下，当关小某一层辅助风挡板时，该层风量减小，同时其余各辅助风挡板则自动开大，以维持风箱/炉膛差压恒定。此时，由于二次风总压与风箱间差压维持不变，总风量不变。

（3）周界风的调节。周界风是在一次风喷口周圈补入的纯空气。在一次风喷口的周围采用周界风（二次风的一部分）可以扩大燃烧器对煤种的适用范围。在燃用较好的烟煤时，可起到推迟着火、悬托煤粉、遏制煤粉颗粒离析，以及迅速补充燃烧所需氧气的作用。因此，对挥发分较高的易燃煤来说，其周界风量挡板可以开大些。但周界风有阻碍高温烟气与出口气流掺混、降低煤粉浓度的一面，当燃用低挥发分或难着火煤时，会影响燃烧的稳定性。故当使用贫煤或无烟煤时，应适当关小甚至全关周界风的挡板，以减少周界风量和一次风的刚性，扩大切圆直径，使着火提前，适应煤种着火的要求。

在自动投入的情况下，周界风门的开度与燃料量为比例调节。即当负荷降低时，周界风流量随之减小。这一方面可稳定低负荷下的着火，另一方面可使煤粉管内的一次风流量相对增大，防止煤粉管堵塞；当喷嘴中停止投入煤粉时，周界风保持最小开度用以冷却喷嘴。

（4）顶部风的调节。顶部风的风量调节与锅炉负荷和燃料品质有关。锅炉在低负荷下运行时，炉内温度水平不高，NO_x 的产生量较少，是否采用两级燃烧影响不大。同时由于各停运的喷嘴都尚有一定的流量（5%～10%），过燃风的投入会使正在燃烧的喷嘴区域供风不足，燃烧不稳定。因此过燃风的挡板开度应随负荷的降低而逐步关小。锅炉燃用较差煤种时，过燃风的风率也应减小。否则，大的过燃风量会使主燃烧区相对缺风，燃烧器区域炉膛温度降低，不利于燃料着火。在燃用低灰熔点的易结焦煤时，过燃风量的影响是双重的，随着过燃风率的增加，强烈燃烧的燃烧器区域的温度降低，这对减轻炉膛结焦是有利的，但由于火焰区域呈较高的还原气氛，又会使灰熔点下降，这对减轻炉膛结焦是不利的。因此，应通过燃烧调整确定较合宜的过燃风门开度。

3. 四角配风均匀性调整与监视

炉膛各角燃烧器的总风量由辅助风、过燃风、燃料风（以上为二次风）和一次风组成。四角配风是否均匀取决于二次风和一次风的均匀性。二次风的配风均匀性靠冷炉试验由调整各角炉前小风门的开度实现。

同层四角的一次风粉是否均匀对于燃烧的稳定性和经济性也是十分重要的。所谓一次风粉均匀性包括两个含义：一是同层各角一次风管的风量（风速）均匀；二是同层各燃烧器的风粉成比例。不均匀的一次风粉分配，会导致燃烧损失增加和过量 NO_x 生成、炉内燃烧中心偏转、炉内结渣燃烧器烧毁；一次风速差别过大时（如节流孔圈磨损），还可能导致燃烧工况不稳或煤粉管堵塞，甚至烧损一次风喷口。图 1-2 显示了 3 号炉因一次风速偏差不均匀，部分喷口一次风速过低造成的喷口结焦、烧损图。

图 1-2 燃烧器喷口烧损图

直吹式系统磨煤机各风管的风速偏差，通过调整一次风管节流孔圈孔径，一般均可达到允许的数值（小于 5%），但各管的煤粉浓度偏差则较难控制。这是因为磨煤机各风速偏差主要是由管路阻力特性决定的，而煤粉浓度偏差除了与管路特性有关外，还与煤粉分配器的结构、磨煤机出力、通风量等因素有关。而目前电厂现有的运行调整手段（调整一次风管节流孔圈孔径）只能调整风量平衡，对煤粉浓度偏差起不到应有的调节作用。因而实际上只能通过煤粉浓度的测定，了解各角偏差的程度，在锅炉燃烧调整时给以补偿。

各并列煤粉管中的一次风量与其平均值之比称一次风量不均系数。在锅炉运行过程中，各磨煤机煤粉管道的节流孔圈会逐渐产生不均匀的磨损。通常，在各磨煤机的一次风量不均系数超过 25%（由各管一次风压监视），并且明显影响炉内燃烧工况和锅炉效率时，应对节流孔板进行更换。

（1）一次风速及风粉均匀性偏差的原因。

1）各煤粉管道的走向、长短不同，通风阻力不同，客观上造成了四角一次风速的偏差的存在。如图 1-3 所示为 350MW 机组锅炉煤粉管道的走向布置简图，管道的走向不同，造成煤粉管道的阻力产生差压。同时由于 350MW 机组锅炉煤粉管道上节流孔设计为固定节流孔，运行中无法实现一次风速的动态调节，常常造成过大的一次风速偏差，使得受热面的热偏差控制难度加大。

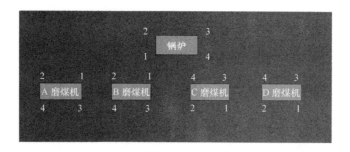

图 1-3 350MW 机组锅炉煤粉管道的走向布置简图

15

2）检修中煤粉管道、350MW 机组垂直浓淡分离器分配隔板、300MW 机组磨煤机分离器出口煤粉管三岔口处等部位的防磨处理造成一次风管的流通阻力变化，从而造成该煤粉管道对应的一次风喷口的风速发生较大变化，产生四角一次风速的偏差。如图 1-4 所示显示了煤粉管内部敷设的防磨材料图。

图 1-4　煤粉管内部敷设的防磨材料图

因防磨处理造成一次风管阻力增大，一次风速的绝对值下降，尤其对于 300MW 机组锅炉，一台磨煤机配八个一次风喷口，一次风速较低，一般只有 18～22m/s，通风阻力增大后一次风速可能会下降到 18m/s 以下，磨煤机分离器、煤粉管道堵塞和一次风喷口结焦、烧损的几率增加，锅炉的稳燃能力下降。

3）磨煤机分离器堵塞、煤粉管道积存异物造成煤粉管道过粉不畅，一次风速下降或产生一次风速的脉动现象，形成各煤粉管道一次风速的偏差。

4）磨煤机煤粉细度调整挡板开度偏差造成各煤粉管道一次风速的偏差，同时各喷口出粉的细度偏差较大时，会造成煤粉较细的一次风喷口较其余角提前着火，造成火焰中心的偏移。

5）各煤粉管道的节流孔板磨损严重造成煤粉管道通风阻力发生变化，造成各角一次风速的偏差

（2）减小各一次风喷口的风速偏差的注意事项。

1）检修中应重点检查燃烧器弯头、浓淡分离挡板、燃烧器喷口、煤粉管道节流孔板的磨损、变形情况，及时对磨损、变形严重的燃烧器弯头、浓淡分离挡板、燃烧器喷口及二次风喷口进行检修、更换。对磨煤机分离器、煤粉管道进行检查，清除系统内异物。

2）检查各台磨煤机浓淡分离器处防磨胶泥的量是否均匀，采用不影响一次风管通风阻力的防磨工艺、方法，有效减少各台磨煤机一次风速的偏差。加强各台磨煤机煤粉细度调整挡板，确保其动作灵活、无卡涩现象。

3）通过锅炉冷态、热态的一次风速调平试验，减小各一次风喷口的风速偏差，运行中重视分离器堵塞缺陷，防止煤粉沉积造成煤粉管道堵塞，产生风速偏差。

第三节　汽　温　调　整

影响汽温变动的因素很多，主要有汽压波动、负荷变化、煤质变化、给水温度变化、风量变化、制粉系统投停、锅炉吹灰、燃烧器摆角变化、减温水温度和流量变化、受热面清洁程度变化等。

汽温调节的方法有喷水减温、燃烧器上下摆动等，有的时候几种方法同时并用。喷水减温方法应用较为普遍，是主要调温手段。任何一种调温手段都是一种人为的扰动，它对

汽温的影响也具有一定的迟延，也需要一定的时间才能显示出它的作用。因此要控制好汽温，首先要监视好汽温，并对汽温变化趋势随时进行分析，以便及时采取适当的调节措施。操作人员应当熟悉喷水调节阀的性能，亦即阀门开度与喷水量之间的关系，否则会使喷水量时多时少，造成汽温波动。

一、过热汽温调节

（1）350MW 机组锅炉过热汽温的控制采用两级喷水减温手段。一级减温水布置在一级过热器出口，二级过热器入口管路上，主要用于调整二级减温水入口汽温。机组带负荷后，回路自动给定二级减温水入口温度设定值为 480℃。二级减温水布置在二级过热器出口、三级过热器入口管路上，主要用于调节三级过热器出口温度，其设定值根据机组负荷而定。

运行人员可以对三级过热器出口温度设定偏差，以改变三级过热器出口温度设定值，以实现主蒸汽温度的调整。

由于二级减温器入口温度、二级减温器出口温度、三级过热器出口温度均要引入到过热汽温的调整回路，因此，上述每处温度信号采用了双侧点或三测点，在正常运行中，选择每个温度的两个（或三个）侧点之一作为调整依据。各测点之间投入联锁，防止其中一个故障引起的调整回路扰动。当发生其中一个温度信号异常或超限，会发出相应报警，联锁状态下，对应的调门会自动转为手动方式，提示运行人员检查温度信号，当我们判断清楚故障测点后，可以选择另外的测点参与调整，将调门投至自动，并退出信号之间的联锁。

运行人员可以手动调整阀门开度控制汽温，应注意调整原则：一级减温水粗调，二级减温水细调。调整过程中注意保证汽温的过热度满足要求，即使是一级减温水后的温度也要有一定过热度，防止管道水冲击。

当机组 BM 值低于 60MW，过热器减温水电动门自动全关（当电动门处于自动方式时），过热器不再喷水减温。锅炉停运过程中尤其应引起高度重视，防止汽温超限。

（2）300MW 机组过热汽温的控制也采用两级喷水减温手段。第一级喷水减温器位于低温过热器出口集箱到分隔屏入口集箱的大直径连接管上，一级减温水自动时温度设定用于调整后屏过出口温度。第二级喷水减温器位于过热器后屏出口集箱和末级过热器入口集箱之间的大直径连接管上，二级减温水自动时温度设定用于调整三级过出口温度。汽温自动调整时应注意：在启磨时，当磨两端煤流量测点变坏点时，会导致过热汽温自动切手动，此时应及时调整。

由于 300MW 机组一级减温水为一点喷水减温，运行中一级减温控制温度按照高点进行控制，而左右两侧温度偏差的客观存在，造成一级减温水量很大，经过末级过热器后两侧的温度偏差在 15～20℃，造成汽轮机侧主汽门前混合温度较低只有 530℃。

二、再热汽温的调节

再热汽温控制采用调节喷燃器摆角为主要手段，喷水减温为辅助手段。

1. 喷燃器摆角的控制

（1）350MW 机组机组喷燃器摆角可以在 $-25°$～$25°$ 之间变动，以调整再热汽温。当下列条件存在时，燃烧器摆角强制在水平位置：①燃烧器摆角"自动备用"状态；②锅炉MFT，或机组并网但负荷低于 140MW。

锅炉点火前需要将燃烧器摆角置水平位置。

喷燃器摆角控制回路中再热汽温设定值：燃烧器摆角投自动时，受再热汽温度控制，改变角度，当再热汽温度低于设定值，摆角向上（CRT 为正值增加），以使火焰中心上移，提高再热汽温度；反之，则需下调喷燃器摆角。

当发生下列情况，再热汽温度设定自动跟踪实际温度：

1）52G OFF。

2）MFT。

3）FCB 发生。

运行人员可以设定偏差，以改变再热汽温设定值，从而间接实现了再热汽温的调整。偏差设定的范围是±60℃。

喷燃器摆角控制回路中设定了±1℃的死区，即实际温度在设定值±1℃范围内变动时，回路不会改变摆角位置，以防止调整机构频繁动作。

（2）300MW 机组机组喷燃器摆角可以在−30°～30°之间变动，以调整再热汽温。当下列条件存在时，燃烧器摆角强制在水平位置：①锅炉点火前需要将燃烧器摆角置水平位置；②锅炉 MFT。

2. 再热器减温水调门控制

再热器喷水减温调门的设定值：我们将再热器喷水减温俗称为事故喷水，意思就是正常运行中一般不用喷水减温的手段调整再热汽温，因为此调整手段不经济，而在再热汽温度与设定值偏差过大时，不得不投入喷水以调整再热汽温。

350MW 机组锅炉再热器减温水回路中，将喷燃器摆角的温度设定值加上 10℃（负荷稳定时）或 5℃（加减负荷时），作为再热器喷水减温调门的设定值。

发生锅炉 MFT 或发电机解列后延时 3s，发出喷水减温调门强关指令。

喷水减温调门自动状态，发生 FCB 后，强关该调门 60s。

300MW 机组锅炉再热器减温水调门投自动控制时，调门设定值用于调整三级再热出口温度。

三、主再热汽温的手动调整及注意事项

运行中在汽温偏离正常值较大（如锅炉运行不正常或负荷变化较大）时，运行人员应手动进行干预。监视和调节中有以下几个问题应注意：

（1）汽温调整中一定要树立只有汽压稳定，汽温才会稳定的调节理念。在各种运行工况下，应平稳调整，尽可能维持主蒸汽压力的稳定。

（2）运行中应经常根据有关工况的改变，分析汽温变化的趋势，尽可能使调节动作做在汽温变化之前。若汽温已经改变再去调节，则必定会引起大的汽温波动。例如，运行中一旦发现主蒸汽流量增加，同时汽压下降，即可判断为外扰发生，应立即做好加大减温水量的准备，或提前投入减温水（可以提前给各级温度设定值置负偏置）。过热器中间点的汽温（如第二级减温器出口汽温）也是分析主蒸汽温度变化的重要信息，亦应特别加以

监视。

（3）调节汽温时，操作应平稳均匀。例如，对减温水调门的操作，切忌大开大关，或断续使用，以免引起急剧的汽温变化，危及设备安全。

（4）第一、二两级减温水量必须分配合理。切忌只看总的出口汽温而忽略屏式过热器的出口汽温，或因一级减温调温迟缓而减少其喷水量，过多依靠二级减温水减温。

（5）实际运行过程中，要特别关注各减温器后的温度。当各减温器后的温度大幅度变化时，应进行相应的调整。另外，各级减温喷水均应留有一定的余量，即应保持一定的开度，若发现部分减温水门开度过大或过小，应及时通过燃烧调节来保证其正常的开度。

（6）运行中若发现蒸汽温度急剧上升，靠喷水减温无法降至正常范围时，应立即通过降低锅炉燃烧率来降低汽温，并查明汽温升高的原因。

（7）运行中在监督出口整体汽温的同时，还应注意监视各级受热面的热偏差和各段管壁温度。

第四节　汽　压　调　节

一、运行中影响汽压变化的因素

锅炉运行中蒸汽压力的稳定，取决于锅炉的蒸发量和外界负荷两个方面，若锅炉的蒸发量大于外界负荷所需要的蒸发量时，汽压就升高，反之，汽压就降低。当锅炉的蒸发量在每个瞬间都等于外界负荷所需要的蒸汽量时，则汽压稳定。而实际上外界负荷和锅炉蒸发量一直在发生变化，所以汽压的变化是必然的。在日常运行调整中，应根据可能导致汽压变化的诸多因素综合分析，预先判断，超前调节，防止主蒸汽压力的大幅度波动。

运行中可能引起主蒸汽压力大幅度波动的工况主要有：

（1）外界负荷突增突降。

（2）运行中高压加热器突然退出。

（3）煤质突然变差。

（4）锅炉进行磨煤机启停操作。

（5）锅炉进行吹灰、给煤机出现断煤异常等影响炉内燃烧的工况。

二、主蒸汽压力调整的方法

机组协调控制方式介绍中已对主蒸汽压力自动调整的热工控制回路进行了阐述，这里仅对各种工况下主蒸汽压力的手动调整方法及注意事项进行介绍。

1. 外界负荷变化工况下的汽压调节

350、300MW机组正常情况下均在机炉协调方式下（CCS）运行。当负荷增加时，目标负荷与实际负荷发生正偏差，根据设定的负荷变化率，炉主控和机主控同时得到了负荷指令，机主控在开大调门的同时，炉主控同时要求磨主控和风烟系统提高出力，磨主控计算出了需要增加的煤粉流量，并平均分配给各台磨煤机，要求各台磨煤机同时增加出力。为防止在增加负荷过程中出现正压或风量不足的情况，在增加磨煤机出力之前可通过偏差设置预先增加风烟系统出力。

在负荷发生大幅度变动时，汽压一般会发生较大幅度波动，主要原因是尽管机、炉同时接受了增（减）负荷的指令，但机炉响应速度不同，增加负荷时，汽轮机调门开大，汽压会很快下降，风烟系统出力的增加和磨煤机出力的增加比较滞后，所以汽压不会立即恢复正常，而且不断下降，导致加负荷受到限制。一旦风烟系统和磨煤机出力发生改变，其结果是汽压会很快升高，虽然汽压可能已经超过了设定值，但由于响应速度慢，风烟系统和磨煤机出力不会很快的降低或者调整平衡，如果不加以人为的干预，必然导致超压、超温。

因此，在调整压力时，应根据这个规律进行调整。在增加负荷初期，手动增加磨煤机出力，并适当增加减温水量，防止超温；快到达目标指令时，检查磨煤机主控煤粉总量是否与当前负荷适应，一般来说，煤粉总量和当前负荷基本成线性比例，因此增加到目标负荷有一个基本相对应的煤粉总量，快到目标负荷时，应根据入炉煤质的实际情况及时调整煤粉总量与负荷匹配，防止压力出现波动。

2. 磨煤机启动及停运时的汽压调节

磨煤机启停时会造成主蒸汽压力的波动，启停不当会造成主蒸汽压力严重波动，影响安全运行。在磨煤机启动初期，开启密封风和辅助风对煤粉管吹扫5min的这段过程中，由于大量冷风进入炉膛，影响了炉膛中心温度，干扰炉膛燃烧，降低辐射传热量，导致主蒸汽压力下降。随着给煤机启动以及冷热风挡板切换后，启动中的磨煤机进入炉膛的一次风粉温度越来越高，含粉浓度也越来越高，因此冷风干扰燃烧的情况逐步消失，进入炉膛的煤粉开始燃烧，本已经稳定的燃烧工况再次被打破，导致主蒸汽压力升高。因此在磨煤机启动初期，先增加其他磨煤机的出力，抵消由于本台磨煤机启动初期冷风吹扫导致的主蒸汽压力降低因素的影响。当磨煤机出口温度升高到65℃以上时，应逐步降低其他磨煤机的出力，将各台磨煤机出力调整平衡。在以上的调整中，进行手动干预，不可以大幅度调整，调整的依据是要求蒸汽压力缓慢均匀的变化。另外350MW机组机组磨煤机电机启动后，由于磨煤机出口温度较低，影响系统对磨煤机真实出力的计算，该磨煤机的显示出力比实际出力偏低，系统会认为煤质变好，从而改变对风量的调整，在调整的过程中要注意，防止出现风量过低的现象。随着磨煤机出口温度的升高，其显示出力会逐步恢复正常。

磨煤机在停运过程中，初期的影响不明显，但是后期在磨煤机内部煤粉快吹空的情况下，主蒸汽压力会下降，此刻要重点关注并及时增加其他磨煤机的出力，在磨煤机快停运时，辅助风会全开吹扫5min，对燃烧又会产生干扰，导致主蒸汽压力下降，应及时调整并进行消除，辅助风在5min后关闭正常，以上干扰因素消失，主蒸汽压力又会上升。压力调整时应有预见性、超前量，及时调整保证主蒸汽压力稳定。

在进行300MW机组磨煤机的启停操作，尤其是在较低负荷工况倒换磨煤机操作时，增减磨煤机出力应根据主蒸汽压力的变化速度、趋势，预先调节，调节中密切监视磨煤机筒体压力的变化，尤其要注意一次风调节挡板是否有死区及调节回差，发现筒体压力变化幅度过大时应进行必要的回调，防止主蒸汽压力的大幅度波动。

3. 入炉煤煤质差情况下的汽压调节

入炉煤煤质较差，在负荷增减过程中应注意对氧量的监视。由于氧量的自动设定与

BM 值成反曲线，随着 BM 值的增大，COAL FLOW 值的增大，氧量自动设定值降低，因此应注意监视氧量值的变化。在正常运行中，应调整热值，使得 BM 值应适当低于实际负荷值。在调整热值时，要注意避免大幅度调整，在 BM 值变化以后，应注意对氧量设定值偏差作相应的调整。在风机出力允许的情况下，350MW 时氧量值一般不得低于 3.0（在两侧氧量偏差大，可考虑适当降低）。另外煤质差时一定要注意对升减负荷速率的设定控制，在负荷快速升、减过程中，当负荷参考值（REF）与设定值（SET）相差约 5MW 时将升降负荷速率下调至 1.0MW/min，并注意监视实际负荷的数值，这样对防止自动过调有一定的好处。如升负荷时，实际压力与设定负荷对应下的设计压力偏差较大时，应及时手动干预。

煤质差影响比较显著的是主蒸汽压力和炉膛负压，一定要重点关注这两个参数，主蒸汽压力往往达不到设定值，煤质进一步变差时，甚至发生炉膛负压大幅波动现象，此刻要投入油枪稳定燃烧，规定：2×300MW 锅炉入炉煤量达到 7.5t/万 kWh 时，应立即投入油枪稳定燃烧，对角投入两支油枪，通过调整就地油枪来油手动门的开度来控制油量在 1.5t/h 左右；2×350MW 锅炉入炉煤量达到 7.0t/万 kWh 时，应投入油枪稳定燃烧，此时对角投入两支油枪，通过设定来控制油量在 2.0t/h。当入炉煤质继续变差时，应通过增加油量来稳定燃烧。对于四台机组当入炉煤量达到 7.8t/万 kWh 时，应再对角投入两支油枪稳定燃烧，此时油量的控制原则：油枪投入以后，在负荷不变、煤量基本不变的情况下，主蒸汽压力逐渐升高至对应负荷下的额定值，在这种情况下如进行水冷壁吹灰，应增加油量助燃，油量应控制在 3t/h。在水冷壁吹灰结束以后，根据煤质及时减少油量或将油枪退出运行。

第五节 汽包水位调节

锅炉在运行中，汽包水位是经常变化的。运行中影响水位变化的主要因素是锅炉负荷的变动速度、燃烧工况和给水压力的扰动等。

一、汽包水位的自动调节

（一）350MW 机组锅炉汽包水位的调节

350MW 机组配备两台 50% 容量汽动给水泵和一台 50% 容量电动给水泵。正常运行中两台汽动给水泵给锅炉上水，机组启动阶段，先由电动给水泵给锅炉上水，具备条件后，切为汽动给水泵供水。停机过程反之。正常运行中一台汽动给水泵退出检修时，可有电动给水泵与另一台汽动给水泵并列运行，机组仍可带 100% 负荷。

1. 信号测量

水位信号：汽包水位信号通过平衡容器差压水位测量法测得。汽包左侧、右侧各布置有 3 个相互独立的差压式水位变送器。随着汽包压力的变化，汽、水的密度差会发生变化，因此，差压变送器测得的信号不能直接反映汽包水位，必须经过汽包压力修正。

汽包水位左、右侧信号均为三测点（A、B、C），运行人员可以从中选择其一或三者中值作为测量值，并可将信号之间联锁投入，以便信号异常时做出判定。获得左、右侧水位测量值后，运行人员可以根据需要，选择左侧、右侧或两侧均值最为给水控制回路的水位实测值，参与控制。汽包压力信号有两个测点（A、B），它的正确与否关系到汽包水位测量的准确性，运行中可以选择 A 信号、B 信号或两者均值，各信号之间应投入联锁。

主蒸汽流量信号：主蒸汽流量是三冲量给水控制回路的前馈信号，它的准确测量对汽包水位的动态稳定有着很大的作用。流量测量一般采用节流元件，通过测量其前后差压来测得流量，但主蒸汽管路上安装节流元件是很不经济的。由于正常运行中，汽轮机第一级进汽压力与主蒸汽流量有着一定的函数关系，且压力信号可以很方便的获得，所有可以用第一级压力间接地计算出主蒸汽流量。

给蒸水流量信号：给蒸水流量信号测点布置在省煤器入口，共三个测点（A、B、C），运行人员可选择三者之一或三者中值参与调整。由于给水温度变化范围较大，对给水流量的测量会有一定影响，因此，给水流量测量回路采用了省煤器入口水温进行校正。

2. 控制回路

如图 1-5 所示为三冲量给水流量控制原理图。由图可见，此三冲量控制回路，是典型的带有前馈的串级结构。汽包水位实际值与给定值偏差经过 PI 调节器，输出叠加主蒸汽流量后，形成给水流量的给定值，与实际的给水流量比较后，获得给水偏差，进入副回路——给水量调节回路，进行计算。当给水控制未投自动或三冲量未选时，主回路输出跟踪给水流量。

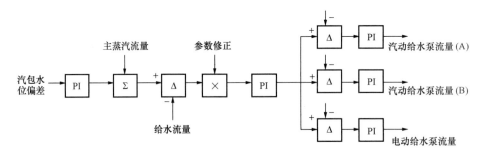

图 1-5　三冲量给水流量控制原理图

3. 单冲量、三冲量选择

满足下列条件时，自动选择"单冲量控制"方式：

（1）主蒸汽流量小于 220t/h。

（2）给水流量信号异常。

（3）FCB 发生。

（4）第一级压力信号异常。

当上述条件均不满足时，主蒸汽流量大于 248.2t/h，且任一给水泵汽轮机投入自动或电动给水泵给水控制阀投入自动，此时，自动选择三冲量给水控制回路。

4. 电动给水泵、汽动给水泵的出力控制

电动给水泵出力的调整，采用液力联轴器与出口调整门相配合的方法进行，液力联轴器用于调整泵出口压力与给水母管压力差值（给定值为 1MPa），调门用于控制给水流量。运行人员可以在 CRT 上给电动给水泵出力设定偏差，以改变投入自动状态下的电动给水泵出力。当我们需要将刚启动的电动给水泵投入运行时需要将液力联轴器、出口调门、偏差设定均投"自动"，然后点击电动给水泵"投入"按钮，则回路会自动减少电动给水泵的出力偏差，进而增加电动给水泵出力。当汽包水位高，则停止增加电动给水泵出力，直至汽包水位恢复。电动给水泵出力偏差到零，电动给水泵投入完成。电动给水泵的退出过程与此相反。

汽动给水泵的出力是通过改变给水泵汽轮机进汽调门实现的。运行人员也可以设定偏差以改变汽动给水泵的出力，但前提是给水泵汽轮机转速、升速率、给水泵汽轮机阀位控制、再循环调整门均在自动状态，且给水泵汽轮机升速已完成。运行人员可以将汽动给水泵出力控制（BFPT－CONT. DRIVE）切为手动，控制给水泵出力。它的投入和退出与电动给水泵区别不大，不再赘述。

（二）300MW 机组锅炉汽包水位的调节

300MW 机组机组锅炉给水控制系统配置 3 台给水泵。在机组启动时，给水控制一般采用只有汽包水位的单冲量控制，调节电动给水泵液力联轴器和给水管道上的调节阀开度；正常运行时用两台电动给水泵，给水控制一般采用由主蒸汽流量、汽包水位和给水流量组成的三冲量控制系统。

1. 信号测量

测量汽包水位的变送器，应为三重冗余，并有压力补偿、比较和选择。经温度补偿的三重冗余给水流量测量，应进行比较和选择，给水流量应加入喷水流量测量，得出总给水流量信号。采用经温度补偿的汽轮机第一级压力用作蒸汽流量测量，变送器按三重冗余设置。

在启动和低负荷时，单冲量汽包水位由给水管道上的调节阀和电动给水泵的转速控制。在蒸汽参数稳定、给水流量允许的情况，控制系统可自动或手动切换到三冲量控制。在达到规定负荷时（机组负荷达到 20％～30％时）运行人员可平滑地将电动给水泵投入自动运行。

汽包水位三个变送器两两偏差 100mm，汽包水位控制跳手动。出现某一个汽包水位变送器异常的情况，应及时将该异常水位变送器的高低水位保护强制，此时汽包水位保护仍为三取二逻辑，两个好的变送器同时到动作值，汽包水位保护动作。两个汽包水位变送器均故障时，水位保护动作逻辑为，好的水位变送器到动作值时水位保护动作。

三个汽包压力信号均正常时选中值，有一个压力信号异常，联系热工人员将压力信号固化，仍选中值。当现两个压力变送器均故障的情况下，汽包压力控制选单值控制，汇报值长，并退出协调。

2. 电动给水泵转速单冲量控制

当锅炉负荷达到一定值（例如 25％）时，电动给水泵通过转速控制回路控制汽包水位，这时为单冲量调节方式。

3. 给水泵转速三冲量控制

当锅炉负荷升高到电动给水泵额定负荷值（例如 30％）时，需启动一台电动给水泵；当锅炉负荷进一步升高到某予先整定值（例如 35％）时，系统自动切换到三冲量调节方式；在正常运行时，两台电动给水泵运行，汽包水位由给水系转速控制，为三冲量调节方式。

4. 电动给水泵的出力控制

电动给水泵液力联轴器投自动时，汽包水位三冲量控制，由汽包水位、给水流量、主蒸汽流量三信号共同计算一个汽包水位总输出指令，然后平均分配到各电动给水泵，并且备用泵液力联轴器指令为运行泵液力联轴器指令的70%。其中，主蒸汽流量作为前馈信号，当外界负荷要求改变时，使调节系统提前动作，克服虚假水位引起的误动作，给水流量是反馈信号，克服给水系统的内部扰动，取得满意的调节效果。电动给水泵液力联轴器投手动时，调整时应注意，保证汽包压力和给水压力稳定，并且给水流量和主蒸汽流量相匹配，调节液力联轴器要缓慢调节。

二、特殊工况下汽包水位调节

（一）锅炉启动过程中汽包水位调整

1. 锅炉启动过程中的汽包水位变化机理分析

锅炉点火初期，炉内温度上升，炉水吸热开始产生汽泡，汽水混合物的体积膨胀，汽包水位开始缓慢上升产生暂时的虚假水位，随炉水吸热量的增加，当水冷壁内水循环流速加快后，大量汽水混合物进入汽包后汽水分离，饱和蒸汽进入过热器，使汽包水位开始明显下降。随着汽包压力的升高，这种蒸发速度会降低。当到达冲转参数，关闭旁路的过程中，蒸发量下降，单位工质吸收的热量增加，汽包压力又进一步升高，一方面使汽水混合物比容减小，另一方面饱和温度升高，很多已生成的蒸汽凝结为水，水中气泡数量减小汽水混合物的体积缩小，促使汽包水位迅速下降，造成暂时的虚假水位，这时在给水量未变的情况下由于锅炉耗水量下降，汽包水位会迅速回升。在挂闸冲转后水位的变化相反。机组并网后负荷30MW给水主副阀切换时（300MW机组锅炉），由于给水管路直径的变大使给水流量加大汽包水位上升很快。其他阶段只要给水量随负荷的上升及时增加，汽包水位的变化不太明显。

2. 锅炉启动过程中汽包水位的调整方法

（1）锅炉冷态启动上水时应将汽包水位上至高水位，对汽包水位变送器进行正压侧灌水操作，保证汽包水位变送器工作正常，就地核对汽包水位与LCD显示无较大偏差方可进行锅炉的点火操作。防止在启动过程中水位误差过大造成汽包水位保护无法投入和MFT误动事故。

（2）当汽轮机冲转前关闭高压旁路时，用点动的方式关闭高压旁路。当汽包水位下降较快时，立即停止操作，待稳定后方可继续操作，直至高压旁路全部关闭。

（3）做好给水旁路切换过程中的水位调节。进行给水旁路至主路切换过程中，应先适当降低给水泵出口压力，使给水泵出口压力大于给水母管压力1MPa左右，选择汽包水位在平稳状态但有下降趋势的时段进行切换，开启给水主电动门并及时调整旁路调整门的开度，维持给水流量基本稳定，防止水位扰动。在切换过程中不得进行可能对汽包水位造成扰动的操作。

（4）并网前启动磨煤机时，为防止大量煤粉进入锅炉对汽包水位造成的冲击，应适当降低一次风压设定值（一般为5kPa），磨煤机启动后增加出力时应平稳小心，防止造成较大的扰动。

（5）机组启动过程中，影响汽包水位稳定的因素较多，应指定专人进行汽包水位的调整工作，调整中应调出给水流量、蒸汽流量及汽包水位的趋势图，预先调节，超前调节。

（二）锅炉侧重要辅机（引风机、送风机、一次风机、磨煤机）跳闸后汽包水位的调整

1. 汽包水位的变化趋势分析

锅炉的上述四大转机任意跳闸1台，相当于炉内燃烧减弱，水冷壁吸热量减少，炉水体积缩小，汽泡减少，使水位暂时下降。同时汽压也要下降，饱和温度相应降低，炉水中汽泡数量又将增加，水位又会上升，还由于负荷的下降，给水量不变，如果人工不干预，水位最终会上升。这就是平时所说的先低后高。

2. 锅炉侧重要辅机跳闸后水位调整方法

密切监视汽包水位的自动调整情况，必要时应该根据水位变化速度自动以相应的速度加大给水量，同时紧密监视汽包水位的下降速度，若开始趋于缓慢，要适当地减少给水量但不能太多。当汽包水位显示值开始有回升趋势时，立即快速降低给水量；当给水量比当时的蒸汽流量接近时，观察汽包水位的变化趋势进行微调，使水位的变化走向缓慢，最终稳定。

（三）高压加热器事故解列后汽包水位的调整

1. 高压加热器事故解列后汽包水位的变化趋势分析

高压加热器事故解列，就是汽轮机的一、二、三段抽汽量突然快速为零的过程。对于锅炉来说，发生了两个工况的变化，一个是蒸汽流量减少压力升高，另一个是给水温度大幅度引起的炉水温度降低，水位将先低后高。

2. 高压加热器事故解列后汽包水位的调整方法

（1）高压加热器事故解列后汽压的变化为先高后低，自动调节下水位的变化先低后高。在高压加热器解列后，检查给水调节系统是否退出自动，在随后的汽压下降过程中，负荷下降快，给水流量偏大，极易造成锅炉高水位出现。所以当汽包水位开始回升后，尽快根据蒸汽流量降低给水流量，保持汽包水位－50mm运行，直至水位稳定。

（2）高压加热器事故解列后，汽温波动大，减温水量波动大，对给水调节影响较大，此时汽包水位一定要专人调节，注意汽压变化，作好超前调节。

（3）水位调整不得大开大关，以免造成水位波动过大。

（4）在高压加热器事故解列后，一定要注意各参数的分析，若发现给水母管压力过高，给水流量快速下降，一般为给水中断，系统憋压，此时应立即进行判断，进行恢复。明显断水时，不得盲目增加给水泵转速，防止系统严重超压，造成设备损坏。

（四）锅炉安全门动作和负荷突变后汽包水位的调整

1. 锅炉安全门动作和负荷突变后汽包水位变化趋势分析

当锅炉安全门动作或负荷突增时，汽包压力将迅速下降，瞬时汽水比容增大，使饱和温度降低，促使生成更多的蒸汽，汽水混合物体积膨胀，形成虚假高水位。但是由于负荷增大，炉水消耗增加，炉水中的汽泡逐渐逸出水面后，水位开始迅速下降，即先高后低。当安全门回座或负荷突降时，水位变化过程相反。

2. 锅炉安全门动作和负荷突变后汽包水位调整方法

当锅炉安全门动作或机组负荷突升时，水位先高后低，实际运行中多数情况下会引起汽包水位剧烈波动，但只要调整得当，可以防止事故扩大。这种情况的出现后，汽包水位迅速上升，这时若自动调整已经无法自动调整平衡，可将给水泵转速控制切为手动，根据汽包水位变化速度快速降低给水泵转速，减少给水量，紧密监视汽包水位的上升数值。当汽包水位显示值开始回落时，立即增加给水泵转速，加大给水量，密切监视汽包水位的下降数值；当汽包水位显示值开始回升时，立即快速降低给水量；当给水量比当时的蒸汽流量比较接近时，观察汽包水位的变化趋势进行微调，使水位的变化走向缓慢，最终稳定。

第二章

风 烟 系 统 运 行

锅炉风烟系统由送风机、引风机、空气预热器、烟道、风道等设备构成。采用平衡通风方式，冷空气由两台送风机克服送风流程（空气预热器、风道、挡板等）的阻力，将空气送入空气预热器预热；空气预热器出口的热风经热风联络母管，进入炉两侧的大风箱，并被分配到燃烧器二次风进口，进入炉膛；一次风机输出的冷风一部分经空气预热器加热引到磨煤机热风母管作为干燥剂，与不经过空气预热器的另一路冷一次风混合，干燥并输送煤粉。炉膛内燃烧产生的烟气经锅炉各受热面分两路进入两台空气预热器，空气预热器后的烟气进入电除尘器，由两台引风机克服烟气流程（包括受热面、除尘器、烟道、脱硫设备、挡板等）的阻力将烟气抽吸到烟囱排入大气。

第一节 送 风 机 运 行

送风机是给锅炉提供燃烧所需二次风的设备，按照工作原理可分为离心式和轴流式风机。某电厂350、300MW 机组锅炉均采用动叶可调式轴流送风机。

一、机组运行中送风机启动和停运

机组运行中，经常需要将单侧送风机停运进行缺陷处理工作，单侧送风机启停操作的关键：不能造成锅炉总风量、炉膛负压、燃烧工况的大幅波动。以下对 350、300MW 机组运行中单侧送风机的停运、启动操作进行详细说明。

1. 停运前的准备

（1）对油枪进行试验，有问题及时联系有关单位消除，保证所有油枪能随时投入运行。

（2）提前调整配煤比例，向原煤仓上煤质较好的煤。

（3）检查确认另一侧引风机、送风机运行状况正常。

（4）值长联系降负荷至 50%，在此过程中注意及时调整 350MW 机组锅炉的 BM 值。

（5）将锅炉的最小风量保护强制，350MW 机组机组还应联系热工人员将送风机、引风机跳闸后 50%RB 信号、送风机跳闸联跳引风机逻辑信号强制，300MW 机组机组确认送风机跳闸联关送风机出口联络电动门逻辑强制。

2. 停运操作步骤

（1）350MW 机组锅炉投入 CD 层油枪（如 A 或 B 磨运行，投入 AB 层油枪），稳定燃烧。300MW 机组锅炉保留两台磨煤机（一般为 A/B）运行，投入 AB 层油枪，将磨煤机出力逐渐降低，稳定燃烧。

（2）将停运送风机入口调节挡板切至手动位缓慢关闭，注意监视另一侧送风机入口调节挡板自动开大（在此过程中以保持总风量、炉膛负压稳定为操作基准）。

（3）将停运送风机入口调节挡板关至"0"位置以后，检查另一侧送风机运行正常，电流在额定范围内，锅炉总风量和炉膛负压保持正常。

（4）350MW 机组锅炉在 LCD 上将送风机功能子组停运，对应引风机应保持在运行状态。300MW 机组锅炉将大联锁退出，另一侧送风机入口调节挡板切手动控制，将送风机停运。

（5）锅炉燃烧稳定，整个机组运行稳定以后，逐步将油枪退出运行。

3. 恢复操作

（1）投入油枪助燃，稳定燃烧。

（2）启动送风机（350MW 机组锅炉按功能子组启动送风机，300MW 机组锅炉手动启动送风机）。

（3）送风机启动正常后，将入口调节挡板切至手动位，缓慢开启，注意监视另一台送风机入口调节挡板自动关小（在此过程中以保持总风量、炉膛负压稳定为操作基准），当两侧挡板开度一致时，投入自动位。

（4）检查确认送风机运行正常后，350MW 机组锅炉联系热工人员将强制的信号恢复正常。300MW 机组投入锅炉大联锁。

（5）检查各部正常，整个机组运行稳定以后，逐步将油枪退出运行。

4. 危险因素分析及控制措施

（1）350MW 机组锅炉在停运送风机时应采用功能组停运，不可采用手动拉电机的方法，否则会联跳对应侧的引风机。300MW 机组锅炉在停送风机前必须将大联锁退出，并在热工逻辑控制回路里进行确认联锁已退出，否则停运送风机会引起对应引风机跳闸。若送风机入口动叶无法完全关闭，在停运送风机时，可以采取就地逐渐关闭送风机出口关断阀的方法，待送风机出口关断阀完全关闭后，延时联跳送风机，以减小对锅炉燃烧系统的冲击。

（2）300MW 机组锅炉在停运送风机进行动叶检查工作时，在 LCD 上进行调试操作时应小幅度进行，防止触发引风机入口调整挡板的前馈调节，引起炉膛负压的大幅波动。必须在 LCD 上进行大幅度操作调试时，应将引风机入口调节挡板切手动控制，并严密监视炉膛负压的变化情况。

（3）对于需要对送风机进行吊盖的检修作业，在对送风机进行吊盖前，应先打开人孔，开人孔前联系运行人员加强锅炉总风量、炉膛负压、锅炉燃烧工况的监视，发现燃烧工况不稳应立即投入油枪助燃。

（4）为防止送风机动叶损坏，运行人员对送风机入口调节挡板停电前，必须确认入口调节挡板已完全关闭。检修过程中需要活动送风机动叶，必须将工作票押回，将送风机油泵送电并启动油泵、油循环正常后方可进行。

（5）为防止送风机停运时两台送风机跳闸信号同时发出引起锅炉 MFT，在停运待检修送风机前应联系热工人员确认运行侧送风机送至 MFT 回路的跳闸信号未触发。

（6）350MW 机组送风机检修完启动时，应联系热工人员强制送风机跳闸联跳对应侧引风机逻辑，防止送风机启动失败跳闸引起对应侧引风机跳闸，造成锅炉燃烧工况的大幅度波动。送风机启动后在投入两侧送风机入口调节挡板自动时，如果存在运行电流相同但 LCD 两侧送风机入口调节挡板位返指示偏差较大时，应尽可能手动调节减小两台送风机出力偏差（以运行电流为准）。由于投入自动前，两台送风机动叶的开度有较大偏差，在送风机入口调节挡板投入自动控制后，应立即进行送风机入口调节挡板开度偏差的设置，防止入口调节挡板波动较大引起风量、炉膛负压的大幅度波动。

二、案例分析

（一）动叶偏转造成两侧动叶开度偏差较大

1. 现象描述

300MW 机组，运行中锅炉的两台送风机动叶经常出现相同运行电流下 LCD 指示开度偏差较大的情况，最大时偏差达到 12%～15%。该偏差的存在，会使运行人员在送风机进行自动投入操作时的难度加大，同时在高负荷工况下，开度指示较大的送风机其调节范围减小，成为制约送风量增加的重要因素。

表 2-1 是某一时段 4A、4B 送风机动叶表盘开度与送风机运行电流对应关系比较参数：

表 2-1　　　　　4A、4B 送风机动叶表盘开度与送风机运行电流对应表

时间	负荷 (MW)	4A 送风机电流 (A)	4A 送动叶开度 (%)	4B 送风机电流 (A)	4A、4B 送电流偏差 (A)
1 月 20 日	300	50	83.7	52	2
1 月 31 日	300	53	95.6	60	7
2 月 6 日	300	49	95.1	62	13
2 月 19 日	300	40	100	66	26

由表 2-1 可见，随运行时间的增加，4A、4B 送风机电流偏差逐渐增加，两侧送风机出力不一致，运行中送风机发生抢风的几率大大增加。4A 送风机动叶在表盘开度指示 100% 的情况下，运行电流只能加到 40A，满负荷时总风量不足，4 号炉飞灰含炭量增大，严重制约了锅炉运行的安全性和经济性。

2. 原因分析

对送风机动叶进行揭盖检查，发现 4A 送风机动叶有 5 片叶片发生较大的偏转，即在动叶全开指令下，送风机动叶叶片的旋转角度不够，风机出力下降。

3. 控制措施

（1）机组检修中应重视送风机动叶叶片的校正工作，并认真进行送风机入口调整挡板的调试工作，启动风烟系统后，应确认在相同运行电流下，送风机动叶的实际开度与表盘指示开度无较大偏差，否则应继续要求检修人员进行检查、处理。

（2）运行中应通过设置偏置的方法尽量维持两侧送风机出力一致，防止两台并列运行的送风机发生"抢风"现象。

（3）在投入风量调节的自动控制时，应通过手动调节，尽可能减小两台送风机的出力偏差。

（4）出现两侧运行风机出力偏差较大的工况，应做好风机发生"抢风"异常的事故处理预想，总风量严重不足时应降负荷运行。

（5）运行中在 LCD 上进行送风机动叶调试时，即使该侧送风机处于停运状态，也不可大幅操作送风机动叶开度，否则会触发引风机入口静叶前馈调节，引起炉膛压力大幅度波动。必须进行大幅度调整时，应联系热工人员将前馈调节逻辑强制或将两台引风机切手动控制（此时应保持负荷稳定）。

（二）送风机的喘振

350MW 机组锅炉送风机曾发生过喘振现象，随着 1 号炉暖风器差压的不断增加，在高负荷工况下 1B 送风机频繁发出喘振报警。300MW 机组锅炉运行中随着空气预热器差压的增大，也出现过送风机的喘振现象（注：风机喘振是指风机在不稳定工况区运行时，引起风量、压力、电流大幅度脉动，噪声增加、风机和管道激烈振动的现象）。

（1）350MW 机组锅炉发生喘振的原因为暖风器积灰和柳絮堵塞暖风器受热面通道，导致送风机出口通道阻力增大，通道阻力特性改变，造成送风机喘振。针对此种情况应采取以下预防措施：

1）利用每次停机的机会对空气预热器和暖风器进行检查，发现积灰或杂物堵塞及时清理，并进行碱洗或水冲洗。

2）应经常监视运行送风机动叶开度与风压和风量的对应关系，从防止送风机喘振方面考虑，动叶开度最大不要超过 85%，若发现送风机出口风压高，送风机出口通道阻力超过设计值时，可利用低谷期间风烟系统单侧运行，对暖风器进行冲洗。

3）正常运行中，尽量保持两台送风机的风量平衡。当送风机发生喘振时，迅速关小送风机动叶开度，使送风机尽快避开喘振区而进入稳定区运行，防止剧烈喘振损坏风机。

（2）300MW 机组送风机出现喘振现象，主要原因是空气预热器吹灰效果差，造成空气预热器差压持续增大，送风机的管路特性曲线发生变化。为防止异常事件发生，采取以下调整措施：

1）4 号炉送风机入口调节挡板切手动控制，在加负荷增加锅炉送风量时，送风机入口调节挡板开度不得大于 80%，开度大于 76% 以上时，应做好送风机抢风事故预想，出现送风机电流、锅炉总风量、炉膛负压等参数摆动异常，应及时投入底层运行磨煤机对应层的油枪稳定燃烧。

2）当发现送风机失速时，要立即手动将失速风机动叶关回，直到失速消失为止，同时严密监视另一台风机电流变化，必要时可根据运行风机电流变化适当关小其动叶，以防止风机电流超限；在调整风机动叶过程中，可适当降低机组负荷，并逐步将两台风机出力调平。

（三）送风机运行中突然跳闸处理

（1）300MW 机组锅炉如三台磨煤机运行，立即对角投入 AB 层油枪、手动停运 C 磨煤机（如 B、C 两台磨煤机运行，则投入 CD 层油枪，降低 C 磨煤机出力）。

（2）如送风机出口联络挡板关闭，应立即将其开启，并确认跳闸风机的出口挡板关闭。

（3）立即快速降低机组负荷（以不低于 5MW/min 的速率降低）至 160MW。

（4）在送、引风机入口调整挡板自动时，立即确认另一侧风机出力已自动增大，如风机电流超限，应将调整挡板切为手动，降低风机出力。如引、送风机入口调整挡板在手动位置，应立即派人到就地调整挡板的开度，增大运行侧风机出力。

（5）注意监视炉侧燃烧工况变化并及时调整，如主蒸汽压力升高，应降低 B 磨煤机出力（如 B、C 两台磨煤机运行，则降低 C 磨煤机的出力）。注意炉膛负压及送风量的调整，防止风量低、负压高、低保护动作；注意调整减温水量，防止汽温大幅度下降。

（6）在调整炉膛负压及送风量的过程中，应注意严密监视运行侧风机的电流及相关参数。在恢复跳闸风机过程中，注意保持两侧风机出力一致，防止风机抢风。

（7）迅速查明风机跳闸原因，尽快恢复风机运行。

（8）如在上述处理过程中保护动作造成锅炉 MFT，则应立即检查确认 MFT 保护动作正常（主要检查磨煤机、油枪、一次风机等跳闸、相关挡板关闭严密），按机组跳闸后热态恢复进行处理。

第二节　引风机运行

引风机是火电厂重要的辅助设备之一，它将锅炉燃烧产生的高温烟气排除，维持炉膛压力，形成流动烟气，完成烟气及空气的热交换。经除尘装置后排向烟道，用来调整锅炉炉膛负压的稳定。按照工作原理可分为离心式和轴流式风机。350MW 机组采用双吸离心式引风机，300MW 机组采用静叶可调式轴流引风机。

一、引风机的启动和停运

机组运行中，有时需要将单侧引风机停运进行消缺，单侧风机的启停操作对锅炉燃烧影响很大，控制不当会引起负压大幅波动，甚至会导致锅炉灭火。这里对运行中停运单侧引风机的操作注意事项进行说明。

（一）350MW 机组锅炉引风机变频方式启动、停运的操作方法及注意事项（以 1A 引风机由工频切为变频操作为例）

1. 操作方法

（1）保留两台磨煤机（一般为 C/D）运行，投入 CD 层油枪（若 A/B 磨煤机运行则投入 AB 层油枪），稳定燃烧，逐步降低磨煤机出力。

（2）确认 1B 引风机变频控制在手动状态且为最大转速指令，1B 引风机入口调节挡板为自动控制方式。

（3）将 1A 送风机入口调节挡板、1A 引风机的入口调节挡板切至手动位，缓慢关闭上述挡板，同时检查 1B 送风机、1B 引风机入口调节挡板自动开启，在此过程中以保持总风量、炉膛负压稳定为操作基准。

（4）将 1A 送风机入口调节挡板、1A 引风机的入口调节挡板关至"0"位置后，检查

1B 送风机、1B 引风机运行正常，电流在额定范围内，锅炉总风量及炉膛负压正常，锅炉燃烧正常。

（5）在 LCD 上将 1A 引风机功能子组停运（确认 1A 引风机跳闸联跳 1A 送风机及送风机、引风机跳闸后 50％RB 信号强制），1A 送风机应保持在运行状态。如 1A 送风机联掉，则注意检查出口挡板应自动关闭，否则手动关闭。

（6）锅炉燃烧稳定，整个机组运行稳定以后，逐步将油枪退出运行。

（7）运行人员应注意监视风烟系统等各点参数，并加强对运转设备的就地巡回检查（特别是 1B 引风机）。

（8）将 1A 引风机电源切至变频控制方式。

（9）投入 CD 层油枪（如 A 或 B 磨运行，投入 AB 层油枪），稳定燃烧。

（10）按功能子组启动 1A 引风机（如 1A 送风机在停运状态，则随后启动 1A 送风机）。

（11）启动正常后，将 1A 引风机、1A 送风机的入口调节挡板切至手动位缓慢开启，将 1A 引风机变频调节切手动缓慢增加转速，注意监视 1B 引风机入口调节挡板自动关小（此时 1B 引风机变频控制在最大指令保持手动控制）、1B 送风机入口调节挡板自动关小（在此过程中以保持总风量、炉膛负压稳定为操作基准），当 1B 引风机变频指令到最大时，检查 1A、1B 引风机运行电流、入口调节挡板的开度基本一致，投入两台引风机变频的自动控制，当 1A、1B 送风机入口调节挡板开度一致时投入 1A 送风机入口调节挡板的自动控制。

（12）将 1B 引风机入口调节挡板切手动控制，缓慢交替开启 1A、1B 引风机入口调节挡板，监视 1A、1B 引风机的变频指令自动降低，直到 1A、1B 引风机入口调节挡板全部开启（操作过程中以保持炉膛负压、总风量、锅炉燃烧工况稳定为基准）。

（13）检查各部正常，整个机组运行稳定以后，逐步将油枪退出运行。

（14）联系热工人员将强制的信号恢复正常。

2. 操作中的注意事项

（1）操作前认真核对，确认相关信号已正确强制。

（2）投入油枪后要确认油枪着火正常方可进行操作，油枪投入期间应定期检查油枪运行情况正常。

（3）在切换过程中，操作引风机、送风机入口调节挡板时应缓慢小心，维持炉膛负压及总风量的稳定，锅炉燃烧工况稳定。

（4）为防止两台引风机同时停运信号触发锅炉 MFT，在停运 1A 引风机前应联系热工人员确认 1B 引风机送至 MFT 回路的跳闸信号未触发。

（二）300MW 机组引风机的启停操作（正常运行中 3B 引风机单侧启停）

1. 停运操作步骤

（1）保留两台磨煤机（一般为 A/B）运行，投入 AB 层油枪，稳定燃烧，逐步降低磨煤机出力。

（2）退出锅炉大联锁。

（3）将 3B 引风机入口调节挡板切至手动位，缓慢关闭上述挡板，注意监视 3A 引风机入口调节挡板自动开大（在此过程中以保持炉膛负压稳定为操作基准）。

（4）将 3B 引风机入口调节挡板关至"0"位置以后，检查 3A 引风机运行正常，电流在额定范围内，锅炉总风量和炉膛负压保持正常。

（5）在 LCD 上将 3B 引风机停运，停运以后注意检查出口挡板应自动关闭，否则手动关闭。上述挡板关闭以后，应就地确认并停电，用倒链固定。

（6）执行其余检修措施，严密监视 3A 侧引风机运行情况。如电流较高，应继续降低负荷。

2. 启动操作步骤

（1）投入 CD 层油枪。启动 3B 送风机，启动正常后，将 3B 引风机、3B 送风机入口调节挡板切至手动位，缓慢开启，注意监视 3A 引风机入口调节挡板自动关小、同时将 3A 送风机入口调节挡板手动逐渐关小（在此过程中以保持总风量、炉膛负压稳定为操作基准），当两侧风机出力一致时，投入自动位。

（2）检查各部正常，适当增加负荷，整个机组运行稳定以后，逐步将油枪退出运行，注意检查引风机就地运转正常、电流、振动、温度等参数正常。

二、引风机运行中的监视与调整

（1）正常运行中，两台引风机并列运行入口调节挡板应投入自动位置（350MW 机组锅炉引风机变频控制自动，入口调节挡板自动备用），当负荷变化时应监视调节挡板自动及引风机变频自动调节正常，且两侧风机运行电流一致，否则应通过改变 A 侧引风机控制面板上的 BIAS 偏差值以调整两台引风机出力一致。

（2）运行中应关注引风机运行电流的变化趋势，通过引风机电流的变化趋势可以判断系统通风阻力的变化，如：随着运行小时数的增加空气预热器差压增大、受热面积灰造成系统通风阻力增加；受热面发生泄漏、炉膛或烟道漏风都会使得引风机运行电流增加，监盘时应加以重视。

（3）350MW 机组引风机运行中无特殊原因应投入变频控制方式，入口调节挡板处于自动备用状态，监盘时应注意监视两侧引风机的变频指令保持一致。若因特殊原因一侧风机无法投入变频控制时，应将另一侧引风机变频控制切手动，转速指令加至最大，由引风机入口调节挡板控制炉膛负压。

（4）炉膛负压调整。

1）350MW 机组锅炉炉膛负压设定值一般为 -0.1kPa，运行人员可以改变负压设定值，这一设定值与实际炉膛负压相比较，经过 PI 运算后，再附加上前馈信号（送风机挡板指令），作为引风机出力指令，当引风机工频运行时，用于调整风机入口调整挡板开度；当引风机变频运行时，用于调整引风机变频转速，实现炉膛负压的自动调整。炉膛负压在 $-0.03 \sim 0.03\text{kPa}$ 范围波动时，回路的输出值保持不变，也就是所谓的死区。以防止负压偏差较小时，调节机构频繁动作。

2）300MW 机组引风控制系统功能是根据炉膛压力与设定值偏差按 PI 调节规律来调节引风机静叶开度，从而保持炉膛负压。300MW 机组引风指令生成回路如图 2-1 所示。

设定值为人工设定，它代表锅炉运行中需要的炉膛压力，被调量为实测炉膛压力。进风量是引起炉膛压力发生变化的一个主要因素，回路中引入送风机开度指令作为前馈信号，这样可以在送风变化时及时调整引风量，使炉膛压力变化尽可能减小。经上述处理后得到的调节偏差送至 A、B 两侧的 PID 调节模块，进行 PID 运算，其输出结果经手/自动切换模块直接控制 A、B 动叶开度。通过手/自动切换模块，运行人员也可分别手动控制 A、B 动叶开度。自动和手动间可以实现无扰切换。

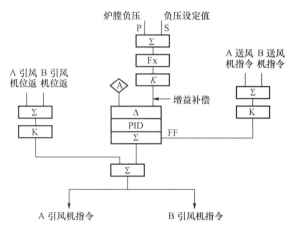

图 2-1　300MW 机组引风机指令生成回路图

三、案例分析

机组运行中引风机多次出现低负荷运行时振动小，在高负荷、满负荷时振动增大现象，且多次被迫降负荷或停风机处理，影响机组安全经济运行。

1. 原因分析

（1）引风机叶轮磨损。除尘装置虽然可以除掉烟气中绝大部分粉尘，但少量大颗粒和许多微小的粉尘颗粒随同高温、高速的烟气一起通过引风机，使叶片遭受连续不断地冲刷。长此以往，在叶片出口处形成刀刃状磨损。由于这种磨损是不规则的，因此造成了叶轮的不平衡。此外，叶轮表面在高温下很容易氧化，生成厚厚的氧化皮。这些氧化皮与叶轮表面的结合力并不是均匀的，某些氧化皮受振动或离心力的作用会自动脱落，这也是造成叶轮不平衡的一个原因。

（2）引风机叶轮结垢。烟气湿度大，除尘后烟气中粉尘颗粒虽然很小，但黏度大。当它们通过引风机时，在气体涡流的作用下会被吸附在叶片非工作面上，特别在非工作面的进口处与出口处形成比较严重的粉尘结垢，并且逐渐增厚。当部分灰垢在离心力和振动的共同作用下脱落时，叶轮的平衡遭到破坏，整个引风机都会产生振动。

（3）引风机喘振引起的振动增大。由于空气预热器堵塞严重造成风烟道阻力增大，改变了引风机 P-Q 特性曲线，在机组高负荷时，引风机静叶开度大，引风机工作在非稳定区。引风机喘振时出现流量、压头和功率的大幅度脉动，风机及管道会产生强烈的振动。

2. 控制措施

（1）利用停机检修期间对引风机叶片进行检查，叶轮结垢应采用高压水冲洗进行除垢，叶片磨损严重应进行补焊。

（2）运行中应加强对风烟系统参数监视，对不同负荷下引风机电流、引风机入口压力、空气预热器烟气侧差压进行分析，发现问题及时采取措施。

（3）空气预热器差压出现增长趋势时，及时分析原因，并加强空气预热器吹灰（增加吹灰频率或停止脱硝喷氨连续吹灰）直至压差恢复正常值。

（4）加强锅炉燃烧调整，在兼顾锅炉受热面高温硫腐蚀防止的基础上，适当提高分级配风比例，尽可能降低脱硝 SCR 入口的氮氧化物浓度。

（5）加强脱硝系统运行监视，发现喷氨量异常时及时采取措施避免空气预热器差压快速上涨。

第三节 空气预热器运行

空气预热器是利用锅炉尾部烟气热量加热燃烧所需空气的一种热交换装置，按传热方式可分为两大类，即导热管和回转式（或称再生式），350、300MW 机组锅炉均为回转式空气预热器。

一、机组运行中空气预热器的启动和停运

（一）空气预热器检修后的首次启动注意以下事项

（1）启动前应联系检修人员对空气预热器进行手动盘车操作（尤其是冬季环境温度较低时），确认空气预热器盘动灵活，无卡涩现象方可进行启动。

（2）350MW 机组锅炉空气预热器的首次启动应用气动电动机进行，启动正常后再将空气预热器气动电动机停运，用电动机进行启动。

（3）由于检修时空气预热器的电动机可能拆除过电机接线，因此空气预热器检修后首次启动，应重视对空气预热器转向的检查确认。空气预热器转向的判断方法：空气预热器正常转动时，先转过烟气侧，后转过二次风侧，再到一次风侧，根据就地一、二次风道的布置特点，A 侧空气预热器从上往下俯视应为顺时针转动，B 侧空气预热器从上往下俯视应为逆时针转动。

（4）空气预热器检修后启动，应进行空气预热器主、辅电动机的联动试验。300MW 机组空气预热器进行主辅电动机联动试验前应分别启动主、辅电动机，确认空气预热器转向正确后方可进行联动试验。启动空气预热器主、辅电动机前必须确认转子处于静止状态方可进行启动操作。

（二）机组运行中空气预热器主、辅电动机的切换操作

（1）切换时必须将运行电动机停运，再启动备用电动机。

（2）空气预热器主、辅电动机的切换操作必须紧凑，不允许主、辅电动机同时停运超过 10s，防止空气预热器受热不均发生卡涩。

（3）300MW 机组空气预热器主、辅电动机均在停运状态时，延时 10s 空气预热器入口烟气挡板及空气预热器出口二次风挡板自动联锁关闭，启动空气预热器主电动机要求空气预热器入口烟气挡板及出口二次风挡板关闭，因此切换前应对空气预热器主、辅电动机启动允许条件进行检查确认，联系热工人员将启动允许信号强制。

（4）运行中如空气预热器电动机接线回路进行过检查、检修工作，在启动该检修电动机时，要防止电动机接线错误造成空气预热器反转。启动电动机时，应在空气预热器转子处于停止状态时分别启动主、辅电动机，确认空气预热器转向一致，防止电动机转向和空气预热器实际转向不一致产生较大力矩，损坏电动机。

（5）运行中进行空气预热器主、辅电动机切换操作，应做好空气预热器跳闸、主辅电

动机均无法启动造成空气预热器卡涩的事故处理预想，准备好操作工具和人员，做好手动盘车的准备。

（三）运行中空气预热器的切除和投入操作

1. 空气预热器的切除（以 1A 空气预热器从系统中切除为例）操作方法

（1）保留两台磨煤机（一般保留 C、D 磨煤机）运行，投入 CD 层油枪（如 A 或 B 磨煤机运行，投入 AB 层油枪），稳定燃烧。

（2）将停运磨煤机辅助风挡板关至 10% 后，将 1A 一次风机入口调整挡板及变频控制切至手动，逐渐关小入口调整挡板，降低变频控制指令，当入口调整挡板关至"0"位置、变频控制指令降至最小后，将 1A 一次风机功能子组停运，注意观察 1B 一次风机电流在额定范围，一次风压正常。检查 1A 一次风机出口挡板，1A 空气预热器一次风入口、出口挡板自动关闭，否则手动关闭。

（3）将 1A 送风机入口调节挡板和 1A 引风机入口调节挡板、1A 引风机变频控制切至手动位，缓慢关闭上述两个挡板并缓慢降低 1A 引风机变频控制指令，注意监视 1B 引风机变频指令自动加大、1B 送风机入口调节挡板自动开大（在此过程中以保持总风量、炉膛负压稳定为操作基准）。

（4）将 1A 送风机和 1A 引风机入口调节挡板关至"0"位置、1A 引风机变频指令降至最小指令后，检查 1B 引风机和 1B 送风机运行正常，电流在额定范围内，锅炉总风量和炉膛负压正常。

（5）在 LCD 上将 1A 送风机、1A 引风机功能子组停运，停运以后注意检查出口挡板自动关闭，否则手动关闭。

（6）将下列挡板关闭严密：1A 省煤器出口烟气挡板、引风机入口联络挡板、1A 送风机出口去冷却风机入口电动挡板、送风机出口联络挡板、1A 空气预热器二次风出口挡板、1A 空气预热器一次风入口挡板、1A 空气预热器一次风出口挡板。

（7）1A 空气预热器继续保持运行。注意监视 1A 侧空气预热器电流无摆动现象，入口烟气温度及空气预热器出口排烟温度逐步下降，如果空气预热器电流摆动、出口烟温及空气预热器入口二次风温不降反升，应立即于紧省煤器出口烟气挡板及空气预热器出口二次风挡板，同时联系检修人员用倒链适当开启送风机出口联络挡板（注意关闭仪用气手动门），或适当开启空气预热器入口一次风关断挡板及出口一次风关断挡板，用通过增加空气预热器一次风用量的方法，控制空气预热器出口烟气温度、入口二次风温的上涨。在进行以上操作时还应密切监视 1B 侧空气预热器入口、出口烟气温度的变化，1B 侧出口排烟温度不允许超过 160℃，否则应控制流过 1A 侧空气预热器的一、二次风量。

（8）检查锅炉燃烧稳定，整个机组运行正常以后，逐步减小助燃用油量，如有可能将油枪退出运行。

2. 空气预热器的投入（以 1A 空气预热器投入系统操作为例）

（1）投入 CD 层油枪，依次开启送风机出口联络挡板，空气预热器出口二次风挡板，引风机入口烟气联络挡板及省煤器出口关断挡板，注意监视空气预热器进出口烟温的变化情况及空气预热器电流变化情况。如果空气预热器电流摆动应立即关闭省煤器出口烟气挡板、空气预热器出口二次风挡板及送风机出口联络挡板，同时关闭省煤器出口烟气挡板及送风机出口联络挡板的仪用气手动门，解开汽缸，用倒链开启送风机出口联络挡板少许，全开空气预热器出口二次风挡板，用倒链逐渐开启省煤器出口烟气关断挡板及送风机出口联络挡板，逐步预热空气预热器，防止空气预热器受热不均发生跳闸卡涩现象。空气预热器电流出现摆动情况时，应做好手动盘车的准备，提前准备好操作工具及人员。

（2）检查空气预热器运行正常，按功能子组启动 1A 引风机、1A 送风机、1A 一次风机。

（3）启动正常后，将 1A 引风机、1A 送风机、1A 一次风机的入口调节挡板切至手动位，缓慢开启，同时逐渐增加 1A 引风机、一次风机的变频指令，注意监视 1B 送风机入口调节挡板自动关小，1B 引风机、1B 一次风机变频指令逐渐降低（在此过程中以保持总风量、炉膛负压、一次风压稳定为操作基准），当两侧挡板开度一致时，投入自动位。

（4）检查各部正常，整个机组运行稳定以后，逐步将油枪退出运行。

3. 空气预热器切除和投运中的注意事项

（1）空气预热器的切除和投入操作均要以防止空气预热器受热不均匀发生卡涩异常为主要任务。

（2）空气预热器从运行风烟系统中切除后，应密切监视进入空气预热器受热面的热源被有效隔离，重点监视空气预热器入口烟气温度、空气预热器入口二次风温的变化情况，如无法采取有效的隔离手段，应通过增大冷一、二次风量的方法防止空气预热器各部受热不均。

（3）进行空气预热器的投入操作时，应考虑进入空气预热器系统烟气量和冷一二次风量的匹配关系，要避免空气预热器在较短时间内急剧受热膨胀引起空气预热器动静部分卡涩。

（4）空气预热器的切除和投入操作中要保证运行侧空气预热器烟气量、一二次风量的匹配，防止运行侧空气预热器的排烟温度在较短时间内出现大幅度升高，使运行侧空气预热器受热不均引起卡涩。

二、运行中的监视与操作

（一）以下情况应加强空气预热器的监视

（1）等级检修中更换过空气预热器各部密封装置，机组启动后大幅度增加有功负荷时，转子部分的膨胀速度快于外壳的膨胀速度，同时因检修后空气预热器动静部分间隙减小会造成摩擦，引起空气预热器电流摆动。此种情况下在增加有功负荷时，应严格控制增加负荷的速率。

（2）外界阴雨天气时，雨水从空气预热器的保温不严密处漏入空气预热器的外壳，造成漏入部位空气预热器外壳温度快速降低，该部位外壳收缩，使动静部分产生摩擦。此种情况下应采取遮挡措施，防止雨水在空气预热器保温上积存。

（3）空气预热器出口排烟温度因某些原因快速增加，转动部分的膨胀速度快于外壳的膨胀速度，引起动静部分摩擦。如操作液压关断门造成炉底大量漏风、单侧风烟系统投入时烟气量与一二次风量的匹配失衡，均会造成排烟温度快速上涨。

（二）空气预热器烟气温度、一二次风温及差压的变化反映的问题

（1）根据空气预热器入口烟气温度及排烟温度的变化趋势来判断锅炉各部受热面的脏污程度。相同负荷工况下，发现空气预热器入口烟气温度有明显升高趋势时，应加强锅炉各部受热面吹灰。

（2）运行中发现空气预热器电动机处于运行状态，但空气预热器出口烟气温度快速上升，一二次风温下降，同时伴有空气预热器转速低报警，可以判断空气预热器停转。此种情况多是因为传动销子或联轴器剪断造成，监盘时应加以重视。

（3）根据空气预热器进出口差压的变化判断空气预热器受热面的积灰程度。发现空气预热器差压增加幅度过快，应重点检查空气预热器的蒸汽吹灰系统运行是否正常。

（4）根据左右两侧一二次风温、排烟温度的偏差来判断左右两侧烟气量、一二次风量及系统通风阻力的大小。可以缓慢关闭送风机出口联络挡板、一次风机出口联络挡板，观察相同入口挡板开度情况下的风机出力、出口风压来判断两侧系统阻力的大小。

同时运行中应加强空气预热器出口一二次风压摆动幅度的监视。一般随着机组运行小时数的增加，空气预热器漏风现象会越来越明显。如果发现空气预热器出口一二次风压以1min为周期，规律性的摆动，同时伴有磨煤机筒体压力、炉膛负压同规律性摆动现象，多是因为空气预热器漏风造成。空气预热器漏风大小多用空气预热器的漏风系数或漏风率来衡量。空气预热器漏风系数一般用 Δa 表示，是指空气预热器出口过量空气系数 $\Delta a''$ 与入口过量空气系数 $\Delta a'$ 的差值，即 $\Delta a = \Delta a'' - \Delta a'$。而空气预热器的漏风率是指从一二次风侧漏到烟气侧的风量与一二次风总量之比，即空气预热器漏风率＝（空气预热器出口过量空气系数 $\Delta a''$ －空气预热器入口过量空气系数 $\Delta a'$）/空气预热器入口过量空气系数 $\Delta a'$。

三、案例分析

（一）锅炉启动期间空气预热器着火

1. 事件过程

4号锅炉冷态启动升温、升压过程中，LCD发4B空气预热器"火灾"报警，检查4B空气预热器入口烟气温度241℃，出口烟气温度75℃，期间空气预热器出口烟温开始快速上升，同时伴有4B空气预热器电流摆动现象。经就地检查确认，发现4B空气预热器一次风侧有冒烟现象。判断空气预热器着火，立即开始实施单侧风烟系统停运隔离措施，并组织人员进行灭火。

2. 原因分析

（1）空气预热器传热元件受热面可燃物积存，在高温烟气加热下发生燃烧是本次事件的直接原因。4号机组本次停运是有计划停运，在机组停运过程中对4A、4B磨煤机罐体进行了充分吹扫，但4C磨煤机由于在机组停运的前一天的前夜停运，且停运前磨煤机单层投运，磨煤机内的积粉吹扫不是很彻底。次日值班员启动送、引风机及一次风机，进行锅炉一次风通风测量工作。在通风试验中磨煤机罐体内积存的煤粉被吹到炉内，造成煤粉在炉内各部受热面积存。同时一次风测量及调平工作结束停运一次风机后，未对锅炉各部受热面进行专门的吹扫便停运4号炉风烟系统。在随后的锅炉启动过程中，积存在受热面

各部的积粉与烟风道内的杂物同时被吹到流通通道较小的空气预热器传热元件受热面，煤粉在通过积存杂物的流通通道时受阻聚集，造成可燃物积存。

（2）在锅炉投油过程中，燃烧不完全的油气被带到空气预热器传热元件受热面上，且在被杂物、积粉聚集的仓室、通道由于流通不畅会聚集较多的燃油，随着烟气温度的升高，积油首先被点燃，最终引燃聚集的煤粉，造成空气预热器积油、积粉较多的仓室通道着火。

（3）锅炉启动投油过程中未及时投入空气预热器蒸汽吹灰，是本次事件的主要原因。

（4）4号锅炉检修工作结束，检修区域杂物清理不彻底，造成杂物堵塞空气预热器部分流通通道，从而导致可燃物在空气预热器传热元件积存也是造成本次事件的原因之一。

3. 控制措施

（1）锅炉启动过程中，油枪投入运行或煤油混燃期间，注意加强就地油枪着火情况的检查，确保油枪雾化良好。合理调整油枪配风，确保油枪着火稳定，燃烧完全，防止未完全燃烧的油或煤粉在尾部受热面积存。并网前提前启动磨煤机，注意合理控制磨煤机出力，尽量保证煤粉燃烧完全，防止未燃尽煤粉在尾部受热面积存。

（2）锅炉负荷低于25%额定负荷时，投入空气预热器连续吹灰，防止可燃物在空气预热器受热面聚集引发火灾。

（3）加强空气预热器消防灭火系统消缺工作，确保空气预热器着火时，消防系统能及时投入，尽快扑灭火情。具体有以下几方面的工作：

1）加强空气预热器出入口烟气挡板的检修，尽可能保证空气预热器入、出口烟风挡板关闭严密，以保证紧急情况下空气预热器有效隔离。

2）加强空气预热器自动消防水系统维护、检修工作，火灾发生情况下确保自动消防水能可靠投入。

3）加强空气预热器自动冲洗水系统阀门的检修工作，保证阀门的严密性，取消自动冲洗水管路的堵板或换成能快速拆卸的堵板，以满足自动冲洗水快速投入进行空气预热器灭火的要求。

（二）主电动机跳闸，辅助电动机联启动时联轴器断裂，空气预热器停转造成卡涩

1. 事件过程

运行中4B空气预热器主电动机跳闸，辅助电动机自动联启，LCD画面显示4B侧空气预热器排烟温度上升，一二次风温下降，就地检查发现辅助电动机联轴器断裂，空气预热器停止转动。立即关闭空气预热器入口烟气挡板、空气预热器出口二次风挡板，将4B侧空气预热器主、辅电动机停电进行手动盘车，发现无法盘动。LCD画面上将4B侧风烟系统停运，保持4B一次风机运行。但发现空气预热器入口空气温度及4B侧排烟温度均持续上升。分析原因为空气预热器出口二次风挡板不严，导致热二次风倒流入空气预热器受热面，开启送风机出口联络挡板少许，发现空气预热器入口二次风温及4B侧排烟温度开始下降。就地复紧空气预热器入口烟气挡板，调节通过空气预热器的冷一次风量，空气预热器各部温度逐渐下降，尝试对空气预热器进行手动盘车，可以盘动，启动空气预热器主电动机，保持空气预热器连续运行。

2. 原因分析

（1）空气预热器辅助电动机联启时，联轴器断裂，造成空气预热器停止转动，是空气预热器发生卡涩的直接原因。由于空气预热器辅助电动机联启后，虽然联轴器断裂空气预热器停止转动，但空气预热器辅助电动机的运行信号还在，所以空气预热器入口烟气挡板及空气预热器出口二次风挡板并没有联锁关闭，直到运行人员发现空气预热器排烟温度升高，一、二次风温下降后才判断出空气预热器停止转动并采取隔离措施，使得空气预热器各部受热不均造成卡涩。

（2）空气预热器入口烟气挡板及空气预热器出口二次风挡板严密性较差，无法有效隔离，加剧了空气预热器各部受热不均的程度。

（3）空气预热器辅助电动机联启时，联轴器断裂的可能原因分析：

由于空气预热器辅助电动机在主电动机运行期间保持同向转动，如果空气预热器主电动机跳闸，辅助电动机联启瞬间，加给空气预热器辅助电动机的转矩是反向转矩（如检修中电动机接线出现错误），会造成空气预热器辅助电动机跳闸或电动机与减速机联轴器断裂。

3. 控制措施

（1）检修后首次启动空气预热器主辅电动机，必须确认电动机接线正确，空气预热器转向正常，并进行空气预热器主辅电动机联动试验。

（2）提高空气预热器入口烟气挡板、出口二次风挡板的检修质量，确保挡板能关闭到位，尽可能严密。

（3）运行中注意加强空气预热器出口排烟温度、一二次风温的监视，如发出空气预热器转速低报警，同时伴有空气预热器排烟温度升高、一二次风温下降，应判断为空气预热器停止转动，立即采取有效隔离措施并在最快的时间内组织人员进行手动盘车。

（三）空气预热器 U 形烟道掉落

1. 事件过程

1 号锅炉等级检修，对空气预热器进行自动水冲洗时，检查发现 1A 空气预热器灰斗歪斜，空气预热器出口 U 形烟道膨胀节脱开，U 形烟道掉落至下层平台。

2. 原因分析

空气预热器冲洗操作过程中，在没有打开空气预热器灰斗下部气动插板门的情况下，开始进水，冲洗水在烟道大量聚集，造成空气预热器 U 形烟道掉落。

3. 控制措施

空气预热器冲洗前认真检查，确认疏水管路畅通。冲洗初期，为防止灰量过大堵塞疏水管路，先将空气预热器停运，对各部位进行集中冲洗后再启动空气预热器电动机进行连续冲洗，并派专人监视检查，严密监视机组排水槽处水量变化情况。打开空气预热器烟气侧及一、二次风道上的人孔门，冲洗过程中检查烟风道的积水情况。发现积水较多应立即停止冲洗，查明原因。

第三章

制 粉 系 统 运 行

第一节 磨 煤 机 运 行

一、磨煤机的启动和停运

（一）磨煤机正常启停操作的注意事项

（1）注意监视磨煤机密封风差压正常（1.25～1.7kPa），防止油中进煤粉。

（2）启动前检查磨煤机润滑油压力正常，就地减速箱油位、油压正常。

（3）300MW锅炉停运磨煤机前确认跳磨投油功能按钮退出，磨煤机停运后再及时投入。

（4）操作一次风调整挡板要缓慢，避免大幅度调整对炉内燃烧状况造成扰动。

（5）停止磨煤机时，要提前把磨煤机出口温度降至95℃以下。

（6）磨煤机停止后按照规定把辅助风挡板关至规定开度，并监视磨煤机出口温度逐渐下降，磨煤机筒体压力无异常上升。

（二）磨煤机绞笼检修停运操作方法及注意事项

（1）停磨前1h，将磨煤机热一次风挡板、冷一次风挡板切至手动方式，手动逐渐关小热一次风挡板，开大冷一次风挡板，使磨的出口温度在停磨以前尽量降至60℃以下。

（2）停止磨煤机时，要加强吹扫和冷却，将磨煤机内煤粉吹扫干净。

（3）磨煤机停运后大罐冷却方法：开启磨煤机的出口关断挡板、密封风关断及调整挡板、入口关断挡板、入口冷风挡板；关闭辅助风挡板和入口热风挡板（将热风挡板在就地关严）；在不影响机组稳定运行的情况下，尽量开大磨的入口调节挡板（一般在20%左右，开度根据燃烧情况来调整），冷却磨煤机，在此期间注意监视调整锅炉燃烧，保证燃烧稳定。

（4）在检修计划打开磨煤机人孔以前，全关上述挡板（冷风挡板不关闭，磨煤机入口冷风挡板一般保持约30%的开度），辅助风挡板开启至规定位置。检修开人孔门加轴流风机对磨进行通风冷却。

（5）如热一次风挡板、调整挡板、入口关断挡板等不严密，在冷风挡板关闭至30%以后磨煤机入口风温上涨的情况下，可适当关小辅助风挡板，将冷一次风挡板再适当开启（开度根据磨煤机入口调整挡板后入口风温来调整），在整个冷却、检修过程中注意控制并保持磨煤机入口风温始终在50℃以下（注意在开启磨煤机人孔时，应重点监控入口风温）。密切监视并调整炉侧燃烧情况正常。

（6）运行和检修同时确认大罐中无煤气且磨出口温度已降低至 40℃ 以下后，方许可开工。

（三）350MW 锅炉停运第二台磨煤机的操作方法及注意事项

1. 操作方法

（1）降负荷至 180MW，确认煤质良好，总给煤量在 95t/h 以下。

（2）逐步降低待停磨煤机的出力，将负荷平稳转移至其余两台磨煤机。

（3）及时调整其余两台磨煤机的出力，维持主蒸汽压力、温度稳定。

（4）待停磨煤机调整挡板关至 0％ 后，确认另两台磨煤机调整挡板开度在 75％ 以上，主蒸汽压力维持高值。

（5）第二台磨煤机停运后，应迅速将另两台磨煤机调整挡板开至 80％～90％，防止主蒸汽压力大幅度降低。

2. 注意事项

（1）首先对煤质进行估算，确保两台磨煤机可以带 180MW，否则禁止停第二台磨煤机。

（2）第二台磨煤机电动机停运后，应迅速增加另两台磨煤机出力，防止主蒸汽压力大幅度下滑。

（3）磨煤机停运后吹扫期间，仍要加强另两台磨煤机的调整，维持主蒸汽压力、温度稳定。

（4）两台磨煤机运行时必须是相邻磨煤机。

（5）对主蒸汽压力的变化要提前预判，分时分量勤调、细调。

（四）并网前启动磨煤机操作及注意事项

1. 操作方法

（1）在机组暖机 2h 后（此时 AB 层四支油枪投入正常），启动密封风机、一次风机，调整空气预热器出口一次风压不大于 6kPa。在此过程中注意：提前将各台磨煤机出口各辅助风挡板切手动关小至 5％～10％，并启动 A 磨煤机油泵。

（2）在机组暖机结束开始升速时启动 A 磨煤机，启动条件：炉膛温度一般在 400℃ 以上；一次风温 100℃；二次风温 160℃ 以上；一次风压 6kPa；其他三台磨辅助风关至 5％。

（3）投入 AB 层喷燃器，在 A 磨煤机电动机启动以后，逐渐开启磨煤机入口调整挡板至 10％（该操作持续时间不大于 10min），将热风挡板全开、冷风挡板全关，5min 之内暂不启动给煤机，待磨煤机入口温度上升至 100℃ 左右时，开始启动两台给煤机，将煤量置最小（9.0t/h），维持磨煤机运行（A 磨煤机出口辅助风开度至 30％ 左右，观察筒体压力及一次风粉流速，防止风粉流速低、粉管积粉），期间监视主蒸汽压力、温度、燃烧情况、磨煤位、磨出口温度等。

（4）磨启动以后，监视燃烧情况，注意炉膛温度、一次风温、主蒸汽压力等应逐渐上涨（经验数值为 30min 后炉膛温度上涨至 500℃，一次风温上涨至 130℃，主蒸汽压力逐渐上涨，至并网前压力涨至 8.0MPa，磨出口温度达 70℃ 以上）。可通过减小油压来控制压力。

（5）待机组开始并网以前，对角投入 CD 层两只油枪、将 A 磨煤机投入，逐渐增大一次风压及 A 磨煤机出力接带负荷。在增加负荷过程中准备启动 B 磨煤机。在机组负荷至 100MW 以前，应将 B 磨煤机启动正常。

2. 注意事项

（1）启动磨煤机前必须在就地确认各油枪着火良好，待启动磨煤机对应喷燃器的下层油枪已完全投入运行，方可启动磨煤机。

（2）磨煤机启动前炉膛温度一般在 400℃ 以上、一次风温在 100℃ 以上、二次风温在 160℃ 以上方可进行。

（3）为防止煤粉在尾部烟道沉积造成二次燃烧，点火期间空气预热器吹灰应投入连续运行。

（4）启动磨煤机过程中各监盘人员加强交流沟通，尤其是机组热态恢复磨煤机启动时应注意汽包水位、主再热汽温的调整工作。

（5）为防止受热面超温，350MW 锅炉并网前规定启动 B 磨煤机，300MW 锅炉规定启动 A 磨煤机。

（6）为减小启动磨煤机操作对锅炉燃烧工况的扰动，一次风压设定值一般在 5～6kPa，磨煤机启动后逐渐提高一次风压控制值。

（7）磨煤机启动前应确认减温水系统具备投入条件。

（五）300MW 锅炉 B 磨煤机停运注意事项

（1）B 磨煤机停运前，给 A、C 磨煤机原煤仓上煤质较好的煤（原煤耗一般在 4.5t/万 kWh 左右）。并且提前做好相应的联系、准备工作，尽量缩短 B 磨煤机停运时间。在运行过程中，注意监视主蒸汽参数和煤质的变化情况。

（2）停 B 磨煤机前，退出协调控制方式，投入 AB 层两支油枪，确认油枪着火正常锅炉燃烧工况稳定后再停 B 磨煤机，当 B 磨煤机停运，锅炉燃烧稳定后，逐步将油枪全部撤出（如原煤耗大于 5.5t/万 kWh，油枪保持运行）。

（3）在 A、C 磨煤机运行期间，维持机组负荷稳定（负荷不低于 220MW），并重点监控炉膛负压、氧量、主蒸汽压力、炉膛风箱差压、各燃烧器的火检信号等参数，保持氧量、主蒸汽压力稳定，发现汽压下降时应及时进行调整、强化燃烧。

（4）机组负荷变动、磨煤机出力变化时，当风量在手动方式控制时，要注意及时对总风量进行相应调整，以保持炉膛负压、氧量等参数稳定，注意将氧量控制在 3.0%～5.5%。

（5）当 B 磨煤机停运后，要注意监视 B1、B1、D1、D2 二次风挡板的开度变化。在机组负荷、总风量一定，适当的情况下，其开度应基本保持不变。当发现其开度不断在增大时，应检查送风量大小、风箱差压的设定及风烟系统运行情况是否正常。

（6）在 A、C 磨煤机运行期间，尽量维持燃烧器在水平位置，以减小中间层二次风对上下层火炬的分隔。

（7）A、C 磨煤机运行期间在调整过程中，以维持各磨煤机出力基本一致为目标。在调整时遵循先调整 C 磨煤机出力，后调整 A 磨煤机出力的原则，保证下层火炬的稳定；

调整挡板开度的幅度要小，且在一次风调整挡板调整后应密切监视磨煤机筒体压力的变化情况并进行必要的回调，防止磨煤机出力出现大幅度的变化。

（8）在 A、C 磨煤机运行期间，加强就地二次配风挡板开度、燃烧器摆角等与 LCD 画面上开度显示核对检查工作，确保一致。当发现偏差较大或其他异常时，应及时通知进行处理，并注意监视各配风挡板及炉膛负压变化情况，发现异常应及时投油稳定燃烧。同时应加强 A、C 磨煤机运行情况的监视、检查，发现问题及时处理。

（9）在 A、C 磨煤机运行期间，加强就地看火、各粉管过粉和炉膛结焦情况的检查工作，发现有异常现象，及时采取相应的措施。

（10）在 A、C 磨煤机短时运行期间，锅炉暂不进行本体吹灰。如 B 磨煤机检修时间较长，必须吹灰时，应投入 AB 层油枪（可用油枪角阀前手动门控制各角油枪油量）再进行吹灰，并且以单吹方式进行。

（11）当 B 磨煤机缺陷处理完毕后，应及时恢复启动。

（六）磨煤机一次风调整挡板不严密情况下启停磨煤机的操作方法及注意事项

（1）启动磨煤机时，必须确认磨煤机出口关断挡板开启，磨煤机密封风差压正常建立，方可开启磨煤机入口一次风关断挡板，防止密封风差压不正常使煤粉通过密封垫处进入顶轴润滑油管路造成顶轴润油污染。

（2）磨煤机启动时，先保持入口冷、热风调节挡板处于关闭位置，待其他磨煤机启动条件均满足后再开启磨煤机入口关断挡板，随后手动逐渐开启冷风调节挡板，开启过程中要注意炉膛负压、主蒸汽压力的变化情况并注意及时调节，防止大量冷风进入炉膛对燃烧工况造成较大影响。

（3）将磨煤机入口冷风调节挡板全开后启动磨煤机，磨煤机启动信号建立后应以较快速度将冷风调节挡板关闭，手动逐渐开大入口热风调节挡板来增加磨煤机的出力，同时注意其余运行磨煤机的出力变化情况，维持炉膛负压、主蒸汽压力平稳变化，必要时轮流将其余运行磨煤机的一次风调节挡板切手动调节后投入自动控制，维持锅炉燃烧工况稳定。

（4）磨煤机停运时，入口一次风调节挡板关完后应通过逐渐手动全关磨煤机入口冷、热风调节挡板的方法，将磨煤机的出力缓慢均匀的转移到其余运行磨煤机上，确认磨煤机筒体压力已降至较低（0.5kPa 以下）后，方可停运磨煤机。防止停磨瞬间对锅炉燃烧造成大的扰动。

（5）磨煤机停运行时应尽量将磨内煤粉吹空，防止磨煤机启动时，磨煤机内煤粉较多，大量煤粉瞬间进入炉膛造成锅炉燃烧工况的大幅波动。

二、运行中监视与操作

（一）磨煤机运行中常规监视及检查内容

（1）检查磨煤机顶轴/润滑油压、油温、流量正常，冷却水系统正常。

（2）检查各转动设备的轴承、齿轮箱和电动机应无异常，振动、温度正常。

（3）检查磨煤机齿轮喷淋系统正常，齿轮啮合良好，润滑油充足。

（4）检查磨煤机两端分离器差压及耳轴密封风与筒体内差压正常。

（5）磨煤机电机电流正常，声音、温度、振动正常。

（6）磨煤机正常运行时应选择低煤位信号（0.375kPa），原煤水分大时，应切至高煤位信号（0.25kPa）。

（7）检查磨煤机出口温度正常（高Ⅰ值106℃，高Ⅱ值112℃）；就地测量磨煤机分离器外壳温度正常（大于70℃）；定期测量300MW锅炉喷燃器附近粉管温度小于100℃。

（8）检查对应煤粉燃烧器火焰信号正常，着火良好。

（9）检查原煤仓、给煤机、落煤管等无堵塞，下煤正常。

（10）检查有无煤粉泄漏，如有漏粉，应及时联系检修处理。

（11）磨煤机长期停用时，每隔两周应联系检修用盘车电机转动大罐450°，启动前应启动磨煤机顶轴/润滑油泵并手动操作齿轮喷淋系统。

（12）运行中，应检查磨煤机出、入口滤网差压正常，否则应进行切换。

（13）当煤仓煤位低于8m时，应联系燃运上煤。

（14）磨煤机空转一般不能超过10min，以防钢球和钢瓦磨损。

（15）每年的十一月至次年的二月底应投运磨煤机回油管路伴热及油站保温电源，并经常检查其工作正常。

（二）磨煤机运行中重点监视内容及注意事项

（1）监视磨煤机运行电流正常，350MW锅炉磨煤机的电流一般在140A左右，300MW锅炉磨煤机的电流一般在120A左右，运行中应关注磨煤机电流的变化趋势，以判断磨煤机钢球的加装量是否适当，同时可以根据磨煤机电流的高低来判断磨煤机内原煤的多少及磨内原煤的干燥程度（煤质较湿时，磨煤机电流一般会下降）。

（2）运行中应密切关注磨煤机筒体压力的变化（筒体压力：350MW锅炉大于6kPa，300MW锅炉大于3kPa）。日常应熟悉各台磨煤机一次风调节挡板的调节特性，掌握不同挡板开度情况下对应的磨煤机筒体压力。通过筒体压力的变化可以直观的判断磨煤机出力及系统通风阻力的变化，从而判断分离器及煤粉管道是否有堵塞现象（尤其是300MW锅炉的磨煤机）。

（3）300MW锅炉应加强监视磨煤机润滑油泵、减速机油泵出口油压，通过润滑油压的变化可以判断高低压滤网的脏污程度。在润滑油温无大幅度变化的情况下，LCD上磨煤机润滑油压异常升高，则可能是高压滤网脏。反之润滑油压异常下降，则可能为低压滤网脏（润滑油压力变送器位置在高压滤网前）。

（4）运行中应注意加强磨煤机入口、出口温度的监视。

1）燃用干燥无灰基挥发分在32%以下的煤种时，磨煤机出口温度按110℃进行控制。燃用干燥无灰基挥发分在32%以上的煤种时，磨煤机出口温度按95℃进行控制。

2）磨煤机停运前，应提前将磨煤机出口温度降至95℃以下。

3）单台给煤机跳闸时，要加强磨煤机出口温度的调整，防止跳闸侧出口温度过高。

4）磨煤机停运后，应注意监视磨煤机出口温度逐渐下降。

（5）加强磨煤机密封风差压的监视。如果密封风调节挡板指示大，而密封风差压仍然较低，说明密封风挡板卡涩或者磨煤机密封垫磨损严重。磨煤机刚启动后由于受热不均，密封垫间隙较大，密封风调节挡板开度也会偏大。

(6) 关注冷热风挡板的开度情况,防止挡板卡涩或者连杆脱落造成磨煤机出口温度偏低或偏高。

(7) 关注电煤比的变化,当电煤比达到 7.0t/万 kWh (300MW 锅炉 7.5t/万 kWh),应及时投油助燃,防止锅炉灭火。

(8) 磨煤机运行中应监视原煤仓煤位,如煤位较低时应联系上煤。如果原煤仓两侧煤位信号偏差较大,且给煤机频繁蓬煤,给煤机有可能返粉。就地检查给煤机温度异常升高,说明给煤机返粉,应立即关闭给煤机下煤闸门,启动疏通机(空气炮)或者敲打原煤仓消除蓬煤。

(三) 磨煤机煤位信号全部故障情况下的调整及注意事项

(1) 所有煤位信号异常时,首先应根据磨煤机电流及就地大罐声音判断大致煤位。

(2) 将给煤机切手动,控制给煤量要比其余磨稍低,防止磨煤机长时间满煤造成分离器堵塞。

(3) 加强对磨煤机电流、分离器差压监视,注意倾听就地大罐声音,辅助判断磨煤机煤位。

(四) 磨煤机及附属系统就地检查及操作方法

1. 磨煤机高低压滤网切换注意事项

(1) 切换前检查 LCD 及就地油泵联锁已正常投入。

(2) 切换过程中,如果发生油泵跳闸,首先检查备用油泵已自动联启,如未联启立即手动启动。

(3) 确认已跳闸油泵已复位,准备再次启动。如果联启的油泵再次因流量低跳闸,则立即启动先前跳闸的油泵,并停止滤网的切换,恢复原滤网运行。

(4) 对润滑油压力、流量及管路是否泄漏进行全面检查,确定油泵跳闸原因。

(5) 如果两台油泵都不能启动造成磨煤机跳闸,应确认油枪自动投入正常,稳定燃烧。

2. 磨煤机润滑油高低压滤网切换操作方法

(1) 磨煤机高低压滤网的切换操作应两人进行,尤其是 350MW 锅炉已将磨煤机的顶轴润滑油控制盘移到油站外面,在进行滤网切换时应有一人站在顶轴润滑油控制盘前,做好油泵跳闸后的复位准备工作。

(2) 切换低压滤网时造成备用泵联动后,应将投入的低压滤网进油手动门关闭,300MW 锅炉磨煤机应恢复低压滤网三通阀的初始位置,确认润滑油流量正常[大于 2.5UKgal/min (11.365L/min)],将联启油泵停运,重新进行滤网充油操作,若出现流量下降过快现象,应联系检修检查低压滤网安装是否合适,无问题后重新操作,低压滤网切换时不允许两台油泵同时运行进行切换操作。因为低压滤网安装在油泵入口,启两台油泵入口负压过大,反而不利于低压滤网的切换。

(3) 切换时造成运行泵跳闸,负责监护的人员应立即将跳闸泵复位并投入 STAND-BY 位置,复位方法:将就地油泵启动开关旋至停止位置,再打至 STANDBY 位置。

(4) 切换过程中油泵声音异常或压力、流量快速下降时,应立即恢复初始状态,停止切换。未查明原因不得再次切换。

（5）350MW 锅炉磨煤机没有注油门，如高压滤网注油困难时，可考虑启动两台油泵切换。

（6）300MW 锅炉锅炉 B 磨煤机有停运机会时，应对高低压滤网进行切换并联系检修人员进行清理，以减小运行中切换滤网的风险。

（7）滤网切换时若进行过就地启停泵操作，操作完后应确认将运行泵、备用泵的控制方式切至远方控制。

3. 磨煤机喷淋油系统常见故障及就地检查、处理方法

（1）仪用气压力低。就地检查仪用气供气门是否正常开启（尤其是磨煤机进行过检修工作后），检查仪用气管路是否有泄漏或断裂，检查电磁阀是否动作正常。

（2）喷淋分配盘不喷油。一般为喷油顶针卡涩或者油温低黏度大，应立即通知检修进行检查处理，做好喷淋油分配盘的保温工作。

（3）喷淋油泵出力不足，压力低或油泵故障。立即通知检修更换新的喷淋油泵，然后对故障油泵进行处理。

（4）就地控制盘电脑死机。可以采取短时停电法（10s 以上），无效时可通知热工人员采取强制信号、甩信号线等方法，防止保护动作磨煤机跳闸，并通知检修人员手动浇油。

（5）喷淋系统循环超时。先手动喷淋一次，一般可以恢复正常。如果不能复位，按控制盘电脑死机处理。

（6）喷淋油桶油位低或者油温过低。立即更换新的经过预热的油桶，并检查喷淋油桶加热装置正常投入。

处理原则：如果就地手动喷淋报警仍无法复位，处理时间必须控制在 30min 以内；如果报警可以复位，处理时间超过 30min 时，应通知检修手动浇喷淋油。

4. 磨煤机煤位信号吹扫注意事项

（1）首先检查磨煤机就地吹扫盘工作正常（浮子状态正确），仪用气压力正常，将需要吹扫的煤位信号退出运行。

（2）进行煤位信号吹扫时应严格按照规定顺序操作，防止损坏变送器。

（3）在进行煤位信号吹扫前应与机长做好联系工作，进行煤位信号选择切换，加强运行侧煤位的监视，必要时维持磨煤机出力不变，将给煤机切手动控制，维持给煤量稳定。

（4）两侧的高低煤位不得同时进行吹扫。

（5）如果采用以上方法无效时，说明采样管堵塞严重，应联系检修人员使用高压氮气进行吹扫，如仍无效果则需要停磨煤机对取样管进行彻底处理。

（6）因煤中矸石过多造成煤位取样管堵塞，煤位指示异常时，应停止给煤机运行，投油稳燃对磨煤机吹扫 1～2h，将磨煤机内的矸石磨碎排出。

5. 煤位信号异常时就地判断煤位方法

煤位信号异常就地判断煤位主要从磨煤机的声音和密封垫处是否有煤粉冒出两个方面进行判断。一般大罐声音沉闷，密封垫处往外冒粉说明磨煤机内煤位较高；大罐声音变大，说明磨煤机内煤位较低。

6. 通过就地检查来判断分离器、煤粉管道是否堵塞

分离器堵塞通过就地测量分离器温度、观察风粉流速来综合判断，正常运行中分离器温度应在 70℃以上，当分离器温度低于 60℃时，分离器已经部分堵塞，温度越低堵塞越严重，如果分离器堵塞未及时疏通，就会进一步造成粉管堵塞。煤粉管道堵塞判断方法如下：

（1）就地看火孔看火，观察过粉情况。如喷燃器口呈现间断过粉或较稀时，送粉管可能存在局部堵塞。

（2）就地测量温度。如送粉管堵塞时，喷燃器口送粉管膨胀节后温度会升高、锅炉 12.5m 平台磨煤机可调缩孔处温度会降低（如自燃则正好相反、管道烧红）。此时可将煤粉采样口密封风开启，将采样口螺钉打开，从该处判断堵塞部位和堵塞程度。

具体判断方法：

1）开启采样口密封风，将采样口螺钉打开，缓慢关闭密封风，如有煤粉逐渐喷出，说明采样口以下管路畅通。

2）将密封风开大，防止煤粉喷出，用一较轻的平面物体插入采样口内，如感觉有上浮，说明管路尚未完全堵塞。

3）如上述方法无法判断管路堵塞情况时，可将该送粉管道对应的磨煤机出口煤粉关断挡板关闭，然后打开煤粉采样口螺钉，如该处有负压，则手抓一长纸条塞入采样口内，观察纸条漂移方向，如纸条向下漂移，说明与其相通的另一条煤粉管道通畅，该煤粉管堵塞；如纸条向上漂移，说明该煤粉管通畅。

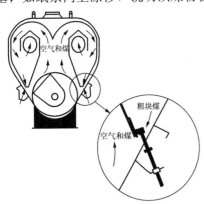

图 3-1　煤粉细度调整挡板示意图

4）打开靠近喷燃器处的采样孔可以判断过粉情况。

通知检修人员打开可能堵塞处的管道保温，敲击管道，通过声音判断堵塞部位和堵塞程度。

7. 磨煤机煤粉细度调整挡板的就地调整操作方法

煤粉细度调整挡板示意图如图 3-1 所示，通过分离器调整螺杆的旋进与旋出来调节煤粉细度，从而增大或减小磨煤机的出力。螺杆向里旋进（缩短）时，煤粉变粗，磨煤机出力增大；反之煤粉变细，磨煤机出力降低。

三、磨煤机运行中的异常处理

（一）磨煤机油泵跳闸

1. 现象

（1）磨煤机油泵出口压力低报警，流量低报警。

（2）备用油泵联起。

（3）可能引起磨跳闸。

2. 原因

（1）滤网差压大或滤网堵塞，使出口油量减少。

（2）油泵发生故障。

（3）热工回路故障。

3．处理

（1）油泵跳闸后，立即复归跳闸信号。

（2）油泵跳闸后，备用油泵未联起，应立即手动启动备用油泵，备用油泵不能联起，则延时 10s 后跳磨，按跳磨处理。

（3）若由于滤网差压大造成泵跳闸，则应清洗滤网或切换滤网后，重新启动油泵。

（二）磨煤机分离器堵塞

1．现象

（1）给煤机给煤量不正常的大于磨煤机出口煤流量。

（2）给煤量明显大于其他磨煤机给煤量。

（3）磨煤机内部压力大于其他磨煤机，分离器差压增大。

（4）磨煤机入口一次风温度明显高于其他磨煤机。

（5）煤粉变粗，炉渣变黑。

（6）飞灰变黑，飞灰可燃物增大。

（7）就地磨煤机分享器外壳温度低于 60℃。

2．原因

原煤中杂物如电线、杂草、塑料瓶等积存在分离器挡板处，造成回粉不畅或不回粉。

3．处理

（1）联系检修人员将分离器挡板摇开，对堵塞部位进行敲击，然后恢复分离器挡板开度至原先位置。

（2）敲击无效时停止磨煤机运行，联系检修清理分离器。

四、案例分析

（一）磨煤机内进水造成煤块板结

1．事件描述

磨煤机内原煤板结严重，启动磨煤机时电流大幅度摆动，大罐剧烈振动；磨煤机出口温度上升缓慢，主蒸汽压力不升反降。

2．原因分析

（1）磨煤机停运期间，惰化蒸汽阀门内漏严重。

（2）恢复安措时，误开消防水手动门。

（3）输煤皮带冲洗水误入原煤仓。

3．预防措施

（1）启动前对磨煤机本体进行认真检查，有进水迹象要特别小心。

（2）磨煤机电动机启动后，给煤量控制最低值，或者保持单台给煤机运行。

（3）全关冷风挡板，全开热风挡板，缓慢开大一次调整挡板，对磨煤机内水分"蒸干"。

（4）暂停机组升负荷，加大其余磨煤机出力，保持主蒸汽压力稳定，加强炉内燃烧工况的监视。

（5）原煤板结严重时，可停运给煤机，仅对板结的煤球进行研磨。

（6）待板结的煤球逐步变小时，磨煤机的振动会逐渐变小。

（7）当磨煤机振动恢复正常水平，磨煤机出口温度开始回升时，说明磨煤机内水分蒸发完毕。

（8）重新启动给煤机少量给煤，观察磨煤机大罐振动不再增加，磨煤机出口温度稳步回升。

（9）完成磨煤机正常启动的其他操作。

（二）活动密封风调整挡板润滑油中进煤粉

1. 事件描述

磨煤机运行中密封风调整挡板卡涩（开度 42%），密封风压不能满足要求，运行人员通知检修进行处理。检修人员活动调整挡板时造成密封风调整挡板突然全关，磨煤机跳闸。

2. 原因分析

运行人员对密封差压突然消失未做好事故预想，处理不及时，使大量煤粉漏入润滑油中，润滑油质污染，润滑油滤网差压突然增大，润滑油流量低保护动作，磨煤机跳闸。

3. 预防措施

磨煤机运行中活动密封风调整挡板时，要防止其突然关闭。必要时就地手动调整，当磨煤机停止后，再对密封风挡板卡涩进行处理，并进行全量程调试。

（三）减速机油压未建立启动磨煤机造成减速机损坏

1. 事件描述

4 号锅炉启动过程中，准备提前启动 4A 磨煤机。运行人员完成启动磨煤机的相关准备工作后启动 4A 磨煤机。大约 20min 后，就地检查发现 4A 磨煤机减速机油泵出口油压较低，为 50~60kPa，且减速机声音变大，经检查确认减速机油泵出口油压过低，立即停止 4A 磨煤机。

2. 原因分析

4A 磨煤机减速机油泵接线错误，油泵反转，减速机油压过低，造成减速机声音异常、振动大。

3. 预防措施

（1）加强设备变更检修项目的管理工作，运行人员收到设备变更单后，方可允许检修人员开始工作。

（2）加强减速机油系统压力开关的维护检修工作，提高其动作可靠性。在 LCD 上增加减速机润滑油压力指示测点，以便于运行人员监视。

（3）运行人员在对待每一项操作时，要尽可能的精心。在出现可能造成设备损坏的异常时，一定要果断停运磨煤，严格坚持宁停毋损的原则。

（4）设备检修后，未试运合格的设备不能列备用。在条件允许时，要及时对检修过的设备进行试运，因条件不具备未进行试运的设备，要做好记录，并择机完成试运。

第二节 给 煤 机 运 行

给煤设备将原煤连续、均匀并可调地送往磨煤机，其主要包括给煤机、煤仓、煤闸门和落煤管等。给煤机是制粉系统供给锅炉燃料的主要辅机之一。

一、给煤机的启动

（一）给煤机运行方式选择开关介绍

（1）给煤机运行方式选择开关是三位开关，分别为"REMOTE"、"OFF"、"LOCAL"三个位置。

（2）开关在"REMOTE"位置，闭锁了给煤机就地控制柜内的"远控"和"近控"运行方式开关，给煤机进入遥控方式，可在远方操控并响应给煤机启动允许信号。而"OFF"按键不论运行方式选择开关在什么位置都能断开给煤机运行。给煤机若需要在就地操作，运行方式选择开关必须经过"OFF"位置，停运给煤机，再到"LOCAL"位置，才能在就地操作给煤机。

（3）运行方式选择开关在"OFF"位置，则给煤机停运，此时按下"JOG"按键，可在就地启动给煤机，给煤量为20t/h。"JOG"按键也可用来短时间转动皮带或者调整皮带的运行位置，方便对皮带的检修。

（二）给煤机启动方法

1. 给煤机运行方式选择开关在"REMOTE"位置

收到给煤机启动指令后，给煤机先以容积方式运行，此时受给煤机皮带机构驱动电动机直接反馈的信号控制，显示器给出电动机每分钟转速。给煤机以这种方式运行到断煤信号装置检测到皮带上有煤为止，这时总煤量显示器和给煤继电器导通，如电子信号无误，则给煤机自动转为称重方式运行。显示器显示的是每小时给煤的吨数，如电子信号有误，则转为容积式计量方式。

2. 运行方式选择开关在"LOCAL"位置

此方式在用来给煤机校准或检查给煤机内部运行情况时采用。运行方式选择开关在"LOCAL"位置时，给煤机在容积方式下运行，按下"近控"按键，给煤机显示电动机转速，皮带上无煤时，给煤机可连续运行直至按下"关闭"按键或运行方式选择开关至"OFF"位。若皮带上有煤时，给煤机运行2s后停止。

二、运行中的检查与维护

（1）给煤机运行应平稳，无明显振动、内部无异常声音；通过观察窗检查皮带无跑偏，无严重划痕和撕裂；给煤机下煤均匀，皮带上无杂物堆积。

（2）给煤机就地控制箱给煤量和给煤总量显示正常，原煤仓煤位正常，给煤机无"断煤"和"堵煤"信号报警。给煤机控制装置正常。

（3）给煤机内照明良好，观察孔清洁，皮带张力合适，无跑偏或破损，密封风供应良好，无漏粉漏风现象。

（4）皮带清理刮板完好，运行正常，减速齿轮箱油位正常，油质合格，无漏油现象。

（5）运行人员不可对给煤机机械设备和微机控制系统进行调整，发现异常（称重托辊不转、清理刮板运转不正常、皮带跑偏、皮带有划伤、给煤机内有杂物、出现容积方式等）应及时联系检修处理。

（6）给煤机在"REMOTE"（遥控方式）运行时，不得按"OFF"（停止）键、"LO-CAL"（就地）键和"JOG"键。

三、常见故障处理

1. 减速箱温度过高

机体振动，减速机箱内油位低，蜗轮、蜗杆等部件磨损或减速箱内进入杂质等都是造成油温过高的主要原因。处理时应停止给煤机，将油放出，将减速箱解体检查，磨损部件更换，注入合格机油。

2. 整机振动

地脚螺栓松动，传动部分运行出现异常，是造成整体振动的主要因素。处理方法是先检查紧固地角螺栓，并逐步检查传动部分。

3. 漏粉、漏风

机壳、检修门及各法兰密封部位易漏风、漏粉。机壳出现裂纹时采用挖补或补焊措施，检修门及各法兰密封部位处理时，将密封螺钉紧固或重新填加密封材料。

4. 皮带跑偏

拧松皮带涨紧螺母，使皮带达到最大垂度，调正辊轮组支架，调整皮带张紧力，对正皮带导向装置，直到不跑偏为止。

5. 链条卡涩或折断

当链条发生卡涩现象或有跳动及碰撞声时，应仔细检查。如有一链条折断或链条卡住时，要停电处理。调整链条要注意平行度和松紧度。

6. 原煤仓蓬煤

当煤质变差、原煤的黏度变大，流动性变差，极易造成原煤仓蓬煤、返粉现象。

处理方法：原煤仓有蓬煤现象时，应采取敲打、疏通、掏煤等手段及时处理，防止原煤大面积板结。必要时该原煤仓停止上煤，进行清仓。

原煤仓走洞、原煤大面板板结，采用常规方法无效时，应进行人工清仓。在做好安全措施、保证原煤仓内通风良好的情况下，检修人员进入原煤仓内将四周的黏煤铲进洞口，洞口填满后启动给煤机对洞口拉空，然后再对洞口填满、拉空。直到整个原煤仓彻底拉空。

原煤仓严重蓬煤但未发现洞口时，此时应从原煤仓上部排煤，直到出现洞口，再参照走洞的方法进行拉空。

7. 给煤管或落煤管堵煤

当原煤湿度大、煤中杂物多、煤泥含量大、煤的黏度过大时，都会造成给（落）煤管堵煤。

处理方法：轻微堵煤时，一般通过就地敲打就能疏通；堵煤严重敲打无效时，应停止磨煤机、给煤机，通知检修处理。

第三节 一次风机运行

一次风机的作用是提供一次风（燃料风），携带煤粉进入锅炉燃烧。一次风可分为热一次风与冷一次风。通过空气预热器加热的热空气送入磨煤机，用于干燥和输送煤粉，称为热一次风；未经过空气预热器的一次风称为冷一次风，冷一次风用于调节磨煤机出口风粉温度。冷一次风同时给磨煤机提供密封风。

一、一次风机的启动和停运

（一）一次风机启动前检查项目

风机启动前必须按要求进行全面检查，检查各挡板电磁阀、保护、信号等送电，送上气源，检查一次风机变频（工频）送电正常，冷却水投入正常。

（1）检查风门挡板及执行机构销子、连杆完整无缺失、无脱落隐患。

（2）300MW锅炉一次风机运行中多次出现调节挡板锯齿形摆动现象，就地巡检时巡检人员还应该用手触摸调节挡板电动头，检查温度是否正常，以判断挡板电动机是否连续运转，防止电动机过热损坏。

（3）一次风机初次启动应注意检查风机转向正确。可根据风道入口，风道出口位置及风机外壳结构进行判断。从动力源方向看，以风机的出口方向为终点进行旋转，顺时针为右旋，逆时针为左旋。

（4）巡检时应注意检查一次风机入口调节挡板的就地指示开度与LCD显示一致。

（5）环境温度高时应注意加强对一次风机变频室温度的检查，防止变频器温度高造成跳闸。

（6）巡检时应确认一次风机入口调节挡板就地、远方切换手柄均已切为远方控制。

（7）一次风机变频启动前检查变频装置外观正常完整，各柜门关闭严密，变频器就地控制室内冷却空调运行正常，室内温度正常，变频装置送电正常，变频指示灯亮。变频器控制面板上无报警、故障指示，变频器处于良好备用状态，变频器控制面板上INTER-LOCK按钮在弹起位置，颜色显示为灰色。

（二）一次风机的启动

一次风机的启动分为变频启动和工频启动。

1. 一次风机的启动条件

（1）一次风机轴承冷却水投运正常。

（2）对应送风机启动完成。

2. 一次风机工频启动

（1）关一次风机出口挡板。

（2）关一次风机入口挡板。

（3）在LCD按工频启动按钮，一次风机工频启动。

（4）检查一次风机电流返回正常，延时40s，开启一次风机出口挡板、空气预热器一次风机出、入口挡板。

（5）打开一次风机入口挡板，调节一次风压正常。

3．一次风机变频启动

（1）检查变频器在"变频"位，变频器准备好信号返回且投入自动，无异常报警。

（2）关一次风机出口挡板。

（3）关一次风机入口挡板。

（4）在 LCD 按变频器启动按钮，一次风机变频器启动。

（5）待风机转速大于最小设定转速（400r/min）时，一次风机出口挡板开。

（6）延时 45s，空气预热器一次风出口挡板开。

（7）延时 60s，空气预热器一次风入口挡板开。

（8）将入口调节挡板切手动控制逐渐开大，控制一次风机变频转速在 400r/min 以上。入口调节挡板全开后将其投入自动，确认方式变为"STANDBY"，一次风压由变频器自动控制。

4．一次风机变频运行时的注意事项

（1）一次风机变频器在出现轻度故障报警时，变频跳为手动，同时闭锁机组负荷增降。

（2）一次风机变频器在出现重度故障报警时，联跳风机及上级开关，机组快速甩负荷。

（3）由于一次风机存在着入口调节挡板和变频转速调节两种执行机构，两者之间在逻辑上存在闭锁关系：

1）两台一次风机变频器只要有任意一台处于变频自动调节方式时，则一次风机入口调整挡板位置在"STANDBY"方式。入口调整挡板此时无法投入自动，但可以根据实际情况将入口调整挡板切到手动，进行开启、关闭操作。在进行手动操作后应及时将其切到"STANDBY"状态，入口调整挡板的开度保持当前开度不变。

2）一次风机处于变频自动运行方式时，如果将其全部退出自动切到手动状态，此时如果入口调整挡板在"STANDBY"状态，调节挡板就会投入自动。此时如将任意一台变频切到自动，调节挡板就会退出"自动"，切换至"STANDBY"状态。

3）两台一次风机都处于工频运行状态，则变频调节不起作用，由入口调整挡板调整一次风压。

5．一次风机的停运

所有磨煤机停运后，按以下步骤停运一次风机。

（1）关一次风机入口挡板。

（2）在 LCD 上按一次风机工频（变频）"停止"按钮。

（3）确认一次风机停运后，关一次风机出口挡板。

（4）关空气预热器一次风入口挡板。

（5）关空气预热器一次风出口挡板。

二、运行中的监视与操作

（一）一次风机运行监视及注意事项

（1）风机电流正常，监视风机电流的变化趋势，不超过额定电流且无周期性摆动现象。

（2）各挡板、调节装置动作良好，LCD 位置指示与就地一致。

（3）冷却水畅通，流量正常，风机停止时应保持冷却水运行。

（4）轴承温度不能超过环境温度 40℃（温升），轴承最高温度不大于 95℃，轴承温度高报警值为 95℃。

（5）检查轴承振动，一次风机轴承振动正常。

（6）风机启动后，应尽快打开入口挡板和出口挡板，以避免风机长时间运行在不稳定区。

（7）应避免风机长时间空载运行。

（8）运行中应保持油温、油位和油质正常。

（9）运行中检查风机变频室空调运行正常，变频室温度小于 30℃。

（10）监视空气预热器出口一次风压的波动情况。当空气预热器差压增大、漏风严重时，空气预热器出口一次风压会以 1min 为周期出现摆动现象，造成锅炉燃烧工况的大幅度波动，此时在满足制粉系统通风出力的前提下，应尽可能降低一次风压设定值，以减小空气预热器漏风造成的一次风压摆动现象，从而减小对锅炉燃烧工况的扰动。

（11）运行中应通过偏差设置尽量保持两台风机出力相同（运行电流基本相同）。

（二）一次风机的工、变频运行方式切换方法、注意事项

1. 两台一次风机变频运行，将其中一台切为工频方式（以 B 一次风机为例）

（1）保留两台磨煤机（一般为 C、D）运行，投入 CD 层油枪，将磨煤机出力逐渐降低。

（2）降负荷前将 A、B 一次风机的变频控制切为手动控制方式并保持最大指令，检查 A、B 一次风机入口调节挡板切为自动控制方式，调节正常。

（3）将 2B 一次风机入口调节挡板切至手动位，缓慢关闭上述挡板，同时检查 A 一次风机入口调节挡板自动开启，在此过程中以保持一次风压稳定为操作基准。

（4）将 B 一次风机入口调节挡板关至"0"位置以后，检查 A 一次风机运行正常，电流在额定范围内，并手动控制各磨煤机辅助风挡板开度不大于 10%，运行磨煤机入口一次风压正常，锅炉燃烧正常。

（5）手动缓慢降低 B 一次风机转速至最小指令，在 LCD 上将 B 一次风机停运，停运以后注意检查出口挡板应自动关闭，否则手动关闭。

（6）将 B 一次风机电源切至工频方式。

（7）在 LCD 上功能组工频启动 B 一次风机，检查 B 一次风机工频启动正常。

（8）将 B 一次风机入口调节挡板切为手动控制方式，缓慢开启，监视 A 一次风机入口调节挡板自动关小，在此过程中以保持一次风压稳定为操作基准，当两侧风机出力一致时，将 B 一次风机入口调节挡板投入自动控制。

2. 切换注意事项

（1）由于正常运行中一次风机入口调节挡板长期保持全开状态，可能会出现卡涩现象，当一次风机调节挡板采用就地关闭方法仍无法完全关闭时，一次风机不允许停止，此时可以采用关闭出口关断挡板的方法联跳一次风机，但是应将一次风机的变频指令

降至最小，同时应投入 6 支油枪稳定燃烧。确认一次风机跳闸 RB 信号触发逻辑已强制为 0。

（2）在一次风机变频指令降至最小时，如果入口调节挡板开度仍较大，停运一次风机的操作应紧凑，防止一次风压从停运风机侧泄压，导致一次风母管压力大幅度下降。

3. 一台一次风机变频运行，入口调节挡板卡涩情况下变频启动另一台一次风机启动注意事项

（1）启动前因入口调节挡板无法关闭，应联系热工人员强制启动允许信号。

（2）变频启动后应在出口调节挡板开启之前适当将变频指令增加，出口调节挡板开启后应快速将 B 一次风机的变频指令加到 1000r/min 以上，防止 B 一次风机转速过低造成一次风压从 B 一次风机入口泄压，影响锅炉的稳定燃烧。

（3）启动 B 一次风机前应增加油枪数量强化锅炉燃烧。

三、案例分析

（一）300MW 锅炉一次风机入口调整挡板运行中大幅度摆动

1. 事件描述

4 号机组有功负荷 206MW，4B、4C 磨煤机运行，一次风压 11.07kPa，4A 一次风机电流 73A，入口调整挡板开度 28%，4B 一次风机 76A，入口调整挡板开度 29%，两台一次风机入口调节挡板均投入自动控制方式。运行人员监盘时发现 LCD 上 4 号炉一次风压出现大幅度摆动，范围在 8.82~13.5kPa，同时发现 4B、4C 磨煤机筒压出现与之相随的摆动，炉膛负压在 −580~+300Pa 内大幅摆动，汽包水位在 −125~+80mm 之间摆动。检查发现在指令不变的情况下 4A 一次风机入口调节挡板在 20%~90% 范围内大幅度摆动，4A 一次风机电流在 66~105A 之间摆动。将 4A 一次风机入口调节挡板切为手动控制后，摆动现象不消失，将 4A 一次风机入口调节挡板停电，维持一次风压稳定。

2. 原因分析

（1）一次风压摆动的原因是由于 4A 一次风机入口调节挡板故障波动造成 4A 一次风机出力大幅度摆动所致。4A 一次风机入口调节挡板故障原因为控制电路板故障造成。

（2）一次风压波动过程中，由于磨煤机入口调整挡板在手动位置，造成磨煤机出力相应大幅度波动，炉内燃烧不稳定，相应炉膛负压、汽包水位出现波动。

3. 预防措施

（1）运行中发现一次风机调节挡板摆动，应立即投油稳定燃烧，并立即将挡板切为手动控制，观察调节挡板摆动现象是否消失，若没有效果应立即将调节挡板停电，然后就地手动调整两侧一次风机出力均衡。

（2）运行中应加强一次风调节挡板及一次风机电流的监视，发现锯齿形摆动应及时查明原因并采取措施。

（二）运行中单侧一次风机故障停运处理注意事项

（1）确认 50%RB 动作，相应磨煤机跳闸，机组快速甩负荷。

（2）加强监视一次风机轴承振动、温度等，参数达保护值应紧停一次风机。

（3）一次风机跳闸后的首要任务是稳定锅炉燃烧，重点检查油枪的自动投入情况，发

现油枪自投不正常时应手动进行干预。

（4）300MW 锅炉未设置 RB 功能，一次风机跳闸后，一次风压大幅度降低，如三台磨煤机运行应立即紧停上层磨煤机、维持一次风母管压力正常，为防止主蒸汽压力的快速下滑，应以较快的速度降低机组有功负荷（速率不低于 5MW/min）。

（5）监视运行一次风机电流稳定、不超限，否则继续降低机组负荷。

第四章

炉 水 泵 运 行

第一节 炉 水 泵 启 动

一、启动前准备

1. 炉水泵启动前的检查

（1）确认炉水泵电动机已注满水，且转向正确。

（2）确认炉水泵电动机绝缘正常。

（3）炉水泵联锁投入，保护正确投入。

（4）外置冷却器冷却水流量大于 82L/min（流量观察孔指示 9 格）、隔热栅低压冷却器冷却水流量大于 21L/min（流量观察孔指示 7 格）及事故冷却水系统正常。

（5）炉水泵电动机冲洗干净，冲洗水水质合格，清洗水冷却器阀门及连接管路的密封完好。

2. 启动条件

（1）闭式冷却水投入运行。

（2）炉水泵电动机腔室高压冷却水温小于 60℃。

（3）汽包水位大于 −100mm。

二、炉水泵的启动

1. 启动步骤

（1）打开炉水泵出口电动门。

（2）在 LCD 上按炉水泵"启动"按钮，检查炉水泵启动正常。

2. 炉水泵的点动

（1）炉水泵的第一次点动中，必须确认电动机的转向正确。

（2）电动机重新充过水的炉水泵，在投入运行前应进行三次点动。即炉水泵启动 2～3s 后停下。每次点动应间隔 10s 以上。炉水泵进行点动时，应保持微量的注水。进行三次点动目的是为了消除电动机内残留的空气，防止电动机在运行中，因滞留空气溢出，使泵侧热水进入空气占据的空间而引起电动机的烧损。在进行炉水泵点动操作时，应注意汽包水位的变化情况，及时进行补水。

3. 炉水泵启动注意事项

（1）炉水泵严禁在电动机内无水和锅炉水位低的情况下启动。

（2）两台炉水泵不准同时启动。

（3）炉水泵启动前应进行充分的点动排空操作，炉水泵严禁在电动机和锅炉无水及汽包水位异常的情况下启动。

（4）如炉水泵电动机没放水，短时间停炉后启动炉水泵，可不必进行排空气操作。

（5）启动第一台炉水泵前，应适当提高汽包高水位（一般维持在＋200mm以上），炉水泵启动后应根据水位的变化趋势及时进行调整。

（6）炉水泵不可两台同时启动，启动时应注意不超过其启动时间，否则应及时停运查明原因。

（7）炉水泵的联锁逻辑为A、C运行时，若其中一台跳闸则B-BCP联启。若A、B或B、C运行时，其中一台跳闸则备用泵将不联启，并引发50％RB。故启动炉水泵时保持A、C运行，B炉水泵列备用。

4. 炉水循环泵的停运及电动机放水

（1）锅炉正常停运进行循环冷却时应及时停运一台炉水循环泵，在锅炉进行放水操作前停运所有炉水泵。

（2）强制冷却停炉时应保持两台炉水循环泵运行，汽包水温降到63℃以下锅炉进行放水前停止所有炉水循环泵。

（3）炉水循环泵电动机腔室的放水需在汽包壁温降到60℃以下，且炉水放完后进行，放水时应先放泵体侧水且炉水泵壳体温度无回升后方可进行电动机放水。冬季检修期间还应解开炉水循环泵高压冷却水软连接法兰进行彻底放水。

第二节　炉水泵运行操作

一、运行中监视与操作

1. 炉水循环泵运行中监视内容

（1）运行中应重点检查炉水泵的注水管路，包括空气门、放水门、电动机法兰和电动机腔室注水管路各阀门无泄漏现象，如果发生泄漏将会导致泵侧的高温高压炉水经过轴颈间隙流入电动机内，造成电动机温度不正常升高或烧损。

（2）重视炉水循环泵电动机腔室内高压冷却水温度的检查，运行炉水泵电动机腔室温度一般在35～39℃，备用炉水泵电动机腔室温度一般在42℃左右，巡检时发现炉水泵电动机腔室温度较正常值有升高现象，应及时查明原因。巡检时还应注意核对就地温度表与LCD上显示温度无较大偏差。

（3）注意检查各阀门的状态尤其是电动机腔室的注水管路各阀门的开关状态是否正确。炉水泵的注水管路水源有三路，分别来自给水泵出口、凝结水联箱、凝结水输送泵出口。由于炉水泵电动机在投入前已充满了冷却水，正常运行中是不需要补水的，运行中各台炉水泵高压冷却水补水管路的总门开启，调整门及调整门后手动门应关闭。给水母管供炉水泵高压冷却水门（就地位置汽轮机房12.5m西侧）应保持开启，作为事故情况下的电动机腔室注水的备用水源。凝结水联箱来补水止回阀后手动门应检查关闭，否则止回阀不严会造成给水窜入凝结水联箱，凝结水输送泵供电动机腔室补水仅在机组启动炉水泵电动机注水、冲洗时使用，正常运行中管路上各阀门（汽轮机侧 6.5m 及 9m 炉水泵平台各一阀门）均应关闭严密。

（4）注意检查炉水泵高压冷却水放水门、采样门关闭严密并机械加锁。

（5）注意检查各冷却水回水观察窗冷却水量正常（外置式冷却器冷却水流量指示 9 格，隔热栅冷却水观察窗指示 7 格以上），冷却水流量开关手柄位置正确。清洗水冷却器投入正常，冷却水流量正常（注意观察回水观察窗内小球的浮动情况），清洗水冷却器高压冷却水的出水温度应低于 45℃，保证高压冷却水系统泄漏时，能及时进行注水。

（6）就地巡视时应检查炉水循环泵隔热栅的事故冷却水手动门为开启状态，以保证事故冷却水的良好备用。

（7）冬季锅炉侧伴热投入期间，炉水泵区域的伴热不应投入，否则会因该处管路内存水不流动，受热膨胀造成管路压力异常升高。

（8）炉水泵电动机腔室温度的监视。炉水泵设有电动机腔室温度高跳闸保护。炉水泵正常运行中，闭式冷却水必须充足。炉水泵电动机腔室温度不得超过 60℃。如果闭式冷却水流量不足，炉水泵电动机腔室温度就会升高。冷却水一般中断 5min，电动机就会因为温度升高引起联锁跳闸。隔热栅冷却水中断 10min，会烧损电动机绕组。运行中应加强炉水泵电动机温度参数及闭式冷却水流量的监视、检查。就地冷却水回水管路设有炉水泵冷却水流量开关，冷却水流量低时 LCD 会发相应的报警，运行中应加强相关报警的监视。

（9）炉水泵进出口差压的监视。炉水泵进出口差压除了反映锅炉水循环的好坏，还可以用以预测水冷壁内结垢的程度。利用炉水泵进出口差压与循环系统内阻力直接有关的特点，不需要割管检查，在运行中就可以判断，为定期酸洗提供依据。

2. 炉水泵的就地操作

（1）炉水泵电动机的冲洗。炉水泵电动机注水前，应首先对充水管路进行冲洗。炉水泵电动机内轴承需要用水来润滑，电动机需要用水来冷却，水润滑轴承的润滑膜非常薄，容不得任何细小杂质混入，因此在电动机注水前应对充水管路进行冲洗，待冲洗合格后才能与电动机相连。冲洗水应是合格的除盐水。在锅炉启动前的冲洗一般均采用从凝结水输送泵出口来的除盐水。

（2）炉水泵电动机注水。炉水泵电动机内注水要求严格控制水量、缓慢进行，以使电动机内空穴中的空气能随水溢出，该流量的控制通过清洗水调整门的开度进行确定。一般将清洗水调整门开 1/4 圈左右即可。冲洗中还应开启外置式冷却器的排空门，关闭泵出口门，从泵体放水门处确认电动机内已注满水。

（3）炉水泵电动机的连续注水。为保证电动机腔室内的水质不受到污染，在锅炉本体受热面进行化学酸洗和锅炉上水前及锅炉进行水冲洗时均应进行炉水泵的连续水冲洗，使适量的高压冷却水经过轴颈部间隙溢出，以防止酸液、不合格炉水及炉水中沉淀物进入电动机内。但需要注意的是在锅炉进行水压试验开始升压前或锅炉启动期间开始升温升压前，应及时关闭炉水泵电动机注水管路上的各阀门，防止随着炉水泵内压力的升高，造成工质倒流。同时应及时关闭凝结水补水泵出口管路、凝结水联箱供电动机腔室补水管路各阀门，防止因凝结水补水管路止回阀不严造成给水窜入凝结水系统。

二、案例分析

闭式冷却水泵切换过程中造成隔热栅事故冷却水投入，炉水泵电动机温度异常升高。

1. 事件描述

机组正常运行中进行 1 号机闭式泵定期切换，启动 1B 闭式泵，就地检查运转正常，停运 1A 闭式泵。LCD 发"闭式水母管压力低"、"1A、1B 炉水泵电动机冷却水流量低"报警，1A 闭式泵联启，事故闭式水供水门及疏水门打开。就地检查闭式水泵出口压力由 0.6MPa 降为 0.4MPa，检查高位水箱水位正常，检查炉水泵冷却水观察窗几乎看不到水流，LCD 上运行炉水泵电动机腔室温度上涨 7℃（最高 43℃）。

2. 原因分析

事件的主要原因是在停运原运行闭式冷却水泵时，母管压力瞬间降低，闭式冷却水压力低开关动作，母管压力恢复后因开关故障无法复位，导致炉水泵事故冷却水联锁投入，汽轮机侧 22.5m 平台闭式冷却水供炉水泵事故冷却水门开启，炉侧 6.5m 磨煤机冷风挡板平台事故闭式水疏水门联开，引起闭式冷却水系统尤其是炉水泵区域压力下降，造成炉水泵电动机冷却水流量低，电动机腔室温度升高。

3. 处理措施

尽快提高闭式水压力，恢复炉水泵闭式冷却水的水量，是该异常事件处理的关键。

（1）检查炉侧 12.5m 炉水泵正常冷却水回水门开启正常，若关闭设法开启，保证炉水泵冷却水的正常供给。

（2）关闭炉水泵事故冷却水疏水门及采样架事故冷却水疏水门，如无法关闭将关断阀前手动门关闭，切除泄压点，尽快使母管压力恢复正常。

（3）启动凝结水输送泵，加强高位水箱上水，保证水位正常。

第五章

燃 油 系 统 运 行

第一节　燃油系统监视与操作

一、油枪的投入

（一）就地投入油枪操作的注意事项

（1）就地投入油枪时应联系监盘人员做好油枪投入准备，相关运行参数如炉膛负压、总风量、二次风箱差压、汽包水位等参数已调整正常或做好调整的准备。

（2）350MW 机组已有油枪投入，在继续投入油枪时，应联系监盘人员通过调整炉前燃油母管压力调整门控制燃油压力在 1.0MPa 以上方可进行投入油枪的操作，防止投油瞬间因燃油母管压力突降造成运行油枪跳闸。

（3）就地进行油枪投入操作后发现油枪没有着火，应立即切断油枪供油，查明原因后，方可继续进行点火操作。

（4）油枪投入正常后注意将控制方式切为远方控制。

（二）点火器不正常时，必须用火把就地点火的操作方法及注意事项

锅炉启动时，一般不允许用火把进行点火操作。但因点火器工作异常无法正常打火且必须投入该支油枪时，就地点火操作应注意以下几点：

（1）就地点火人员必须站在看火孔的侧面，并看好退路。点火人员做好自身的安全防护工作（应戴手套、头盔，穿防烫服）。

（2）注意做好联系工作，就地点火把操作和盘上的投油操作应配合好。

（3）点火前适当提高炉膛负压，防止油枪着火瞬间炉膛压力升高，火焰喷出炉膛烧伤点火人员。

（4）进行油枪点火操作时，如果油枪未着火，应进行充分的炉膛吹扫后方可继续进行点火操作。

（5）点火时注意应先点着火把伸入炉内放到油枪下方，再进行油枪的投入操作，防止可燃油气局部聚集瞬间爆燃造成看火孔喷火伤人。

二、油枪备用期间的检查内容

（1）检查油、汽管道保温良好，无积油、积粉。重点检查油管路地面有无渗漏油痕迹，尤其应注意检查高温煤粉管道保温上无积油痕迹。

（2）确认油系统的各阀门位置状态正确；油枪、点火器均在退出位置，观察雾化蒸汽

压力、燃油压力表无指示，否则应查明是否有泄漏现象。

（3）注意检查就地油枪及点火器控制盘的控制方式均切为远控方式，以保证油枪的正常备用。

（4）注意监视燃油雾化蒸汽压力无摆动现象，管路无异常振动，否则应开启雾化蒸汽疏水器旁路手动门进行手动疏水。

（5）冬季运行期间应对 300MW 机组油枪的仪用空气管路进行定期疏水，防止仪用气管路积水造成油枪动作异常。

（6）火检冷却风机投入正常。

三、油枪投运期间的注意事项

（1）油枪投入期间应有专人定期监视油枪的运行情况，重点检查油枪的着火情况是否良好。

（2）油枪投入期间应认真检查燃油管路无漏油现象，尤其是无燃油漏到高温煤粉管道的可能，否则应立即停运油枪并联系检修人员更换保温。

（3）油枪投入期间就地应核对二次风挡板开度与 LCD 指示是否一致，有无卡涩导致油枪缺风或风量过大的现象。

（4）锅炉启动期间，应定期检查捞渣机上体槽是否有大量燃油积存，发现积油较多应立即将油枪停运，查明油枪雾化不良的原因。

（5）油枪投入期间应注意检查烟囱无大量黑烟冒出，否则应认真检查油枪的着火情况。

四、锅炉启动期间判断油枪着火情况的方法及注意事项

（1）油枪的着火点不应太远，否则会出现燃烧不稳定的现象。

（2）正常火焰应该很明亮稳定，无大量黑烟。如果发现火焰暗红闪动，多因风量偏小，油压偏低，雾化不良所致。如果有大量黑烟说明配风不足、喷嘴堵塞造成，应重点检查油枪层对应的二次配风挡板是否卡涩现象。启动初期炉膛温度较低也是重要原因，随着炉膛温度的升高，该现象会有所改观。

（3）锅炉启动期间进行油枪着火情况判断时应站在对面看火孔判断。若看火孔对应层的油枪已投入，可以站在上层看火孔进行观察。

（4）油枪着火瞬间，炉膛负压会出现大幅度波动现象，看火时不应正对看火孔，待炉膛压力稳定后再进行着火情况的判断。

第二节　燃油系统运行调整

一、燃油系统的运行监视及操作调整

（一）机组正常运行中，燃油系统的重点监视项目及注意事项

（1）重点监视雾化蒸汽及燃油压力（雾化蒸汽压力不低于 0.65MPa，燃油压力不低于 1.8MPa）均在正常范围，油枪处于良好备用状态。

（2）300MW 机组应通过供回油流量差的情况判断油枪是否有泄漏现象，正常情况下供回油流量差值为零。

（3）300MW 机组应确认油枪的快投功能投入（油枪投入时不进行吹扫程序），以保证事故情况下的油枪快速投入。

（4）350MW 机组应确认炉前燃油调整门处于"STANDBY"状态，以保证事故情况下油枪的快速可靠投入。

（5）应确认油枪、点火器 LCD 上显示均已退出，如无法退出应及时联系热工人员强制退出。

（6）300MW 机组应确认磨煤机跳闸联锁油枪投入按钮正常投入。

（二）燃油量调节

350MW 机组油主控（FUEL OIL MASTER）有两种控制方式，即"手动"和"自动"，只有在燃油调整阀在自动方式，油主控指令才起作用。运行人员可以改变油主控指令（油主控"手动"，调整阀"自动"时），或直接改变调整阀开度（调整阀"手动"时），来人为改变燃油流量。当燃油流量控制阀在手动状态调整油量时，油主控设定值会自动跟踪实际油量。油主控投自动的条件：燃油流量控制阀自动；投入的油枪数不小于两支；未发生 FCB；磨主控不在自动方式。

自动条件下油主控指令的生成：在油主控投自动条件下，送到炉侧的燃料指令减去实际煤量（锅炉投煤时），得出燃油量指令，它与实际燃油量比较后，去调整燃油流量控制阀，进而调整燃油流量。

燃油最低压力控制：在燃油流量调整阀自动时，无论油主控在自动还是手动，阀门的最小开度均受制于最小压力控制，即燃油压力低于 0.34MPa 时，燃油控制阀将不再跟踪油主控指令调整燃油流量，而是转入压力控制状态（在 LCD 上的"FUEL OIL FLOW CV"的状态由 FLOW 转为"PRESS"），并在油压大于 0.44MPa 后重新改为流量控制回路。

机组启动、停运过程中，需要根据情况增加、减少油枪的数量，保证燃油压力、流量满足燃烧的要求。锅炉启动过程或停机过程投油助燃时，一般先投入两支油枪，并根据要求逐渐增大燃油调整阀的开度，当燃油压力大于 0.98MPa 后，意味着要增加油枪数量来继续增加油量，可以就地手动投入一支油枪或 LCD 增加一对油枪。启动过程磨煤机出力增加后，或者停机后期需要减少燃油流量，可以逐渐减小燃油调整阀的开度，当发现燃油压力低于 0.6MPa 后，则需要通过减少油枪数量的手段减少油量，可以就地撤一支油枪或对角两支油枪。

在磨主控自动状态、投运油枪时，油主控可以在"自动备用"状态运行，这时燃油调整阀在"自动"状态下，系统会自动给定一个燃油流量，满足燃烧需求。油枪数在 2～3 支，该给定流量为 4.0t/h；油枪数为 4～5 支，给定流量 7.8t/h；油枪数为 6～7 支，给定流量 12t/h；油枪数为 8 支，给定流量 12.8t/h。比如 FCB 或 RB 发生，锅炉自动投入了 CD 层 4 支油枪，这时油主控给定燃油流量为 7.8t/h。

正常运行中，须将燃油流量调整阀和油主控置"自动备用"状态，以保证发生 FCB、RB 时油枪自动投入，自动调整燃油压力和流量，保证锅炉燃烧稳定。

（三）锅炉启动期间投入油枪的注意事项

（1）油枪投入前，应确认油枪投入延时联跳脱硫保护已退出。

（2）锅炉点火前应确认锅炉总风量正常，350MW 机组一般保持在 30%，300MW 机组一般要保持总风量不低于 500t/h，同时应通过手动控制各层二次风挡板的开度，将炉膛风箱差压维持在 0.4kPa 以上。油枪层的二次配风挡板应投入自动控制，且投入油枪层附近的二次风挡板不可关的过小。

（3）锅炉启动油枪投入时，可以通过炉膛负压、燃油压力的波动情况来判断油枪是否着火正常。300MW 机组可通过供回油的流量差来判断油枪过油是否正常。判断油枪着火时不可单纯根据油枪的火检信号来判断，还必须通过炉膛火焰电视、就地检查等手段进行全面的综合判断。

（4）油枪着火后应对油枪层二次配风挡板进行核查，尤其是注意检查就地二次配风挡板是否开启，与 LCD 上指示是否一致，防止油枪缺风运行造成燃烧不完全。

（5）油枪投入后，应关注主蒸汽压力、主蒸汽温度的变化速率，根据升温升压的实际速率合理调整燃油量。

（6）油枪投入后应立即投入空气预热器的蒸汽吹灰，防止油烟在尾部受热面积存，造成着火事件。

（7）350MW 机组投油时，应将燃油回油电动门关闭，通过入口燃油调整门控制燃油母管压力在 1.0MPa 左右，就地手动投入一支油枪运行，当再次投入油枪时，应预先提高燃油压力，防止因燃油压力低，造成运行油枪跳闸。

（8）300MW 机组炉前燃油压力调整门动作不可靠（启动期间曾出现过突然关闭的异常），注意锅炉启动投油期间应将其旁路门适当开启。为防止炉前燃油滤网堵塞造成燃油压力突降引发油枪跳闸，350MW 机组在启动期间可考虑将炉前油滤网旁路门适当开启。

（四）油库停运燃油泵的操作注意事项

油库两台燃油泵运行期间，当燃油母管压力高于 2MPa 时，油泵出口再循环阀会自动打开。油库值班员停运其中一台燃油泵时，由于油泵出口再循环阀不能快速关回，会引起燃油母管压力迅速下降，造成 300MW 机组锅炉油枪因燃油母管压力低不允许投入（持续 1min 左右）。如果此期间发生异常，油枪不能正常备用，应需采取如下措施：

油库值班员在停运其中一台运行泵前，汇报值长，联系 1 号机机长在 LCD 上将燃油泵出口再循环门切手动关闭后再进行停泵操作，1 号机机长在确认燃油泵停运、燃油母管压力正常后将油泵出口再循环阀投入自动控制。

二、案例分析

（一）锅炉启动过程中油枪灭火但未自动跳闸退出导致锅炉爆燃

1 号机组等级检修结束，锅炉启动点火，投油过程中发生锅炉爆燃事件

1. 原因分析

（1）机组启动前，热工专业对所有油枪进行了静态试验。第一次启动点火中，发现

AB-2 角点火器进入速度过慢,在规定的时间内点火器无法推进到位,引起该支油枪发"油枪跳闸"信号,从而造成该支油枪点火失败。为了保证该支油枪能够顺利点火,热工人员将该支油枪的"油枪跳闸"信号固化,将此油枪投入运行。

AB-2 发"油枪跳闸"信号起如下保护作用:关闭 AB-2 号角油阀,油阀关闭后打开吹扫阀开始对油枪进行 6min 的吹扫,吹扫期间投入点火器点燃吹扫出来的积油。由此可见,"油枪跳闸"信号的固化,使得 AB-2 号油枪点火失败时,其油阀不能关闭、吹扫功能不再进行、油枪不能正常退出,而继续进油。

点火时,运行人员先投入 AB-2、AB-4 号角,点火失败,由于 AB-2"油枪跳闸"信号固化使得其角阀不能关闭,继续向炉膛供油,导致炉膛可燃气体堆积,当继续点燃 AB-1 号油枪时,引起炉膛可燃气体爆燃。

(2)点火时运行人员先后进行了 AB-1、AB-3、AB-2、AB-4 角的点火过程,均点火失败,且 AB-2 号角跳闸后未退出,但运行就地配合人员并未检查出 AB-2 号角油枪未着火又未关闭角阀且未进行吹扫的重大隐患;运行监盘人员对 AB-2、AB-4 油枪实施点火操作后,未与就地复核、也未认真对待工业电视上看不到火焰的现象,而是仅仅依据火检信号就认为 AB-2 号角油枪已着火。继续点燃 AB-1 号角油枪,这是此次事件的又一重要原因。

2. 预防措施

在锅炉启动油枪点火过程中,运行人员应在就地观察确认油枪是否着火,并与监盘人员复核;油枪点火失败后,运行人员应确认该油枪角阀关闭,并且在该油枪吹扫结束以前不准对其他油枪进行点火操作,以保证点火失败后吹扫充分。机组运行中,无论是自动投油枪还是手动投油枪,运行人员都要到就地检查核实油枪实际状态,尤其是停止投油后,应仔细检查油角阀、雾化阀、吹扫阀状态是否正确。

(二)并网前启动磨煤机投油方式不合理造成锅炉爆燃

1. 爆燃过程分析

1 号机组并网前,CD 层投入 4 支油枪,AB 层投入 2、4 号角油枪,在启动 1B 磨煤机时,因磨煤机润滑油泵不出力,导致 1B 磨煤机暂无法启动,随后因并网需求,准备启动 1A 磨煤机,在启动磨煤机过程中引起锅炉爆燃。

2. 启动磨煤机前投油方式不合理造成锅炉爆燃原因分析

机组启动前按事先安排,在并网前准备启动 1B 磨煤机,因此将 CD 层油枪全部投入运行,而 AB 层只投入两只油枪,但在启动 1B 磨煤机过程中发现其出现暂时性故障,导致其无法按计划启动,而此时机组并网工作又迫在眉睫,因此紧急启动 1A 磨煤机。

因 AB 层只有两只油枪,炉膛底部燃烧不是很强烈,火焰底部托起作用不是很明显,而 1A 磨煤机检修后首次启动,煤粉未被充分加热,煤、油混合不是很充分,导致煤粉进入炉膛引起锅炉爆燃。

3. 并网前启磨防止锅炉爆燃的措施

(1)磨煤机启动前炉膛温度一般在 400℃ 以上、一次风温在 100℃ 以上、二次风温在 160℃ 以上方可进行启磨操作。

（2）启动磨煤机前必须在就地确认各油枪着火良好，待启动磨煤机对应喷燃器的下层油枪已完全投入运行，方可启动磨煤机。350MW 机组并网前启动磨煤机规定启动 B 磨煤机，启动前应确认 AB 层油枪全部投入，300MW 机组并网前启动磨煤机，规定先启动 A 磨煤机，应将 AB 层油枪全部投入。

第二篇

汽机运行

第六章

汽 轮 机 运 行

第一节 汽 轮 机 简 介

一、350MW 机组汽轮机简介

某电厂 350MW 机组（1、2 号机组）采用亚临界、一次中间再热、反动式、单轴双缸双排汽凝汽式汽轮机，型号为 TC2F-35.4″。

汽轮机高中压缸两侧对称布置有两个高压汽室及两个中压汽室，每个高压汽室中包括一个高压主汽门和两个高压调节汽门，高压主汽门水平方向动作，阀体由主阀和预启阀两个单座阀构成，预启阀位于主阀内；中压主汽门与中压调节汽门构成中压联合汽门。汽轮机高中压缸为合缸结构，由外缸和内缸构成双层汽缸。低压缸为对称双层缸结构，对称分流布置，内、外缸均由钢板焊接而成。汽缸的结构形状与滑销系统设计合理，能保证汽缸沿一定方向自由、对称胀缩。

汽轮机高/中压转子和低压转子采用实心合金钢锻件加工制作而成，高/中压转子采取对向布置，并在高压转子末端及高中压转子间布置有平衡盘。高压缸调节级采用单列冲动式叶片，其余叶片全部采用反动式。

高中压转子的 1、2 号轴承采用四瓦块可倾瓦，低压转子的 3、4 号轴承采用三瓦块可倾瓦，推力轴承为瓦块自平衡型，其轴向负荷平均分配到六瓦块上。同时与转子上设置的平衡盘共同来平衡机组所产生的轴向推力。

轴封系统采用鼓型转子和迷宫式。汽轮机、给水泵汽轮机的轴封合用同一轴封系统。在高负荷时高压轴封的漏汽回至供汽母管供低压轴封用汽，实现汽轮机的轴封自密封。

调速系统采用数字电液调节，调速范围为 $0 \sim 100\%$ 额定转速。共有四个电液转换器 E/H（1、3 号 GV 共用一个 E/H，2、4 号 GV 共用一个 E/H，MSV 用一个 E/H，ICV 用一个 E/H），10 个油动机（高压主汽门油动机 2 个，高压调速汽门油动机 4 个，中压主汽门油动机 2 个，中压调速汽门油动机 2 个）。汽轮机的油系统分为两个系统：高压油系统用于操作伺服机构和控制装置；润滑油系统用于轴承及盘车装置的润滑。润滑油系统除供汽轮机用油外，还作为发电机密封油系统备用油。

350MW 机组汽轮机主要热力系统有：主蒸汽、再热蒸汽及旁路系统，抽汽系统，给水系统，凝结水系统，循环水系统，凝汽器抽真空系统。

350MW 机组汽轮机主要设计参数见表 6-1。

表 6-1　　　　　　　　　　　　　350MW 机组汽轮机主要设计参数

额定负荷	350MW	最大负荷	380.1MW
转速	3000r/min	旋转方向（从机头看）	顺时针
主汽门前主蒸汽压力	16.67MPa	主汽门前主蒸汽温度	538℃
中压主汽门前汽温	538℃	低压缸排汽压力	0.0049MPa
额定负荷主蒸汽流量	1076.8t/h	最大负荷主蒸汽流量	1205t/h
额定负荷再热蒸汽流量	848.47t/h	额定负荷排汽量（含 BFPT）	626.31＋39.04＝665.35t/h
额定负荷高压缸排汽压力	3.97MPa	额定负荷高压缸排汽温度	327℃
额定负荷中压主汽门前压力	3.66MPa	额定负荷低压缸进汽压力	0.823MPa
额定负荷低压缸进汽温度	315.6℃	额定负荷给水温度	285℃
额定负荷保证热耗率	7793kJ/kWh	末级叶片长度	900mm（35.4in）
连续运行周波允许变化	48.5~50.5Hz	高压缸内效率	88.4%
中压缸内效率	96.9%	低压缸内效率	89.5%
汽轮机级数	共 34 级。高压缸：12 级；	中压缸：10 级；	低压缸：2×6 级
高中压缸结构	合缸、双层缸	低压缸结构	三层缸
转子类型	整锻式	转子连接方式	刚性联轴器
临界转速	发电机转子一阶：900r/min； 发电机转子二阶：2340r/min	低压转子一阶：1610r/min； 低压转子二阶：3700r/min	高中压转子一阶：1690r/min

二、300MW 机组汽轮机简介

某电厂 300MW 机组（3、4 号机组）采用亚临界、一次中间再热、单轴、双缸、双排汽、反动式、直接空冷凝汽式汽轮机，型号为 NZK-300-16.7/537/537。

汽轮机高中压缸两侧对称布置有两个汽室，每个汽室中包括一个主汽门和三个高压调汽门，高压主汽门水平方向动作，阀体由主阀和预启阀两个单座阀构成，预启阀位于主阀内；中压主汽门与中压调汽门构成中压联合汽门。汽轮机高中压缸为合缸结构，由外缸和内缸构成双层汽缸。高中压汽缸由高中压外缸、高压内缸、中压内缸组成，形成双层缸结构。内外缸均为合金钢铸造而成。低压缸由外缸、1 号内缸、2 号内缸组成，形成 3 层缸结构，对称分流布置，内、外缸均由钢板焊接而成。汽缸的结构形状与滑销系统设计合理，能保证汽缸沿一定方向自由、对称胀缩。

高中压转子是由一根 30Cr1Mo1V 耐热合金钢整锻而成，低压转子由 30Cr2Ni4MoV 合金钢整锻而成。高/中压转子采取对向布置，并在高压转子末端及高中压转子间布置有平衡盘。高压缸调节级采用单列冲动式叶片，其余叶片全部采用反动式。

汽轮机组轴瓦均采用四瓦块可倾瓦，推力轴承为六瓦块自平衡型，其轴向负荷平均分配到六瓦块上。同时与转子上设置的平衡盘共同来平衡机组所产生的轴向推力。

轴封系统采用采用疏齿形汽封，在高负荷时高压轴封的漏汽回至供汽母管供低压轴封用汽，实现汽轮机的轴封自密封。

调速系统采用数字电液调节，调速范围为 0~100% 额定转速。共有十个电液转换器 E/H（1~6 号高压调门 GV 各用一个 E/H，两个主汽门 TV 各用一个 E/H，两个中压调门 ICV 各用一个 E/H），12 个油动机（高压主汽门油动机 2 个，高压调速汽门油动机 6 个，中压主汽门油动机 2 个，中压调速汽门油动机 2 个）。汽轮机的油系统分为两个系统：高压 EH 油系统用于操作伺服机构和控制装置；低压润滑油系统用于轴承及盘车装置的润滑。润滑油系统除供汽轮机用油外，还作为发电机密封油系统备用油。

300MW 机组汽轮机主要热力系统有：主蒸汽、再热蒸汽及旁路系统；抽汽系统；给水系统；凝结水系统；空冷系统；抽真空系统。

300MW 机组汽轮机主要设计参数见表 6-2。

表 6-2　　　　　　　　　　　　300MW 机组汽轮机主要设计参数

额定负荷	300MW	最大负荷	333.55MW
转速	3000r/min	旋转方向（从机头看）	顺时针
主汽门前主蒸汽压力	16.7MPa	主汽门前主蒸汽温度	537℃
中压主汽门前汽温	537℃	低压缸排汽压力	0.016MPa
额定负荷主蒸汽流量	931.13t/h	最大负荷主蒸汽流量	1056t/h
额定负荷再热蒸汽流量	778.92t/h	额定负荷排汽量	618.07t/h
额定负荷高压缸排汽压力	3.662MPa	额定负荷高压缸排汽温度	317.6℃
额定负荷中压主蒸汽门前压力	3.296MPa	额定负荷低压缸进汽压力	0.783MPa
额定负荷低压缸进汽温度	330.1℃	额定负荷给水温度	273.2℃
额定负荷保证热耗率	8153.7kJ/kWh	末级叶片长度	620mm
连续运行周波允许变化	48.5～50.5Hz	高压缸内效率	87.52%
中压缸内效率	93.26%	低压缸内效率	92.92%
汽轮机级数	共 34 级（高压缸：1+12 级；中压缸：9 级；低压缸：2×6 级）		
高中压缸结构	合缸、双层缸	低压缸结构	三层缸
转子类型	整锻式	转子连接方式	刚性联轴器
临界转速：	发电机转子一阶：1290r/min；发电机转子二阶：3453r/min	低压转子一阶：1755r/min；低压转子二阶：4194r/min	高中压转子一阶：1673r/min；高中压转子二阶：3944r/min

第二节　汽轮机运行监视与检查

汽轮机正常运行中的维护，是保证安全经济发供电的重要环节之一。汽轮机运行的值班员应该高度负责，认真、仔细、正确地执行规程，随时监视，定时巡回检查，认真操作，合理调整，对运行与备用中的设备要进行定期试验和切换。

一、汽轮机运行中的参数监视

运行中应该经常监视、巡视的参数有：汽轮机的负荷与转速（电网频率），主蒸汽的压力、温度与流量，调节级汽室的汽压（监视段压力），各抽汽口的汽压，供热蒸汽的压力、温度与流量，凝汽器的真空与排汽温度，凝结水过冷度，循环水出、入口温升及凝汽器端差，凝结水硬度，各加热器进、出口水温及疏水水位、温度，除氧器含氧量，发电机出、入口风温，主油泵出口压力，调速油、脉冲油、保安油、润滑油压力，冷油器出口油（润滑油）温度，轴承和推力瓦温度，推力瓦工作面的乌金温度，主油箱油位与油过滤网前、后油位差，均压箱的汽压、汽温，转子的轴向位移，汽轮机的胀差，调速汽阀、油动机开度等。

二、汽轮机运行中的巡回检查内容

高、中、低压胀差与缸胀；各主汽门与调节汽门开度情况，阀杆有无漏汽；各轴承的振动情况，回油情况，回油温度，各油挡处是否漏油；主油箱、密封油箱油位是否正常；轴封供汽情况，排汽温度，机组运转声音等是否正常；发电机冷却风温、冷却水系统运行情况；检查汽、水、油系统严密性情况和有无漏氢情况。

三、汽轮机运行中的定期试验

主汽门和调速汽门、中压联合汽门活动试验；回热抽汽管道的水压止回阀、调整抽汽管路上的止回阀、安全门定期进行试验；事故备用油泵及其自启动装置的试验；油箱油位计的活动，定期放出油箱底部的积水；各种自动保护装置的定期试验；真空严密性试验；辅助设备的定期轮换试验。

四、汽轮机运行中几个重要指标的监督

1. 监视段压力的监督

在凝汽式汽轮机中，除最后一、二级外，调节级汽室及各段抽汽室压力均与主蒸汽流量近似成正比例变化。根据这个原理，在汽轮机运行中，监视这几处汽压的变化，就可以有效地监督通流部分工作是否正常。因此，通常把调节级汽压和各段抽汽压力称为监视段压力。

一般情况下，制造厂都给出各种型号汽轮机在额定负荷下的蒸汽流量和各监视段的压力值，以及允许的最大蒸汽流量和各监视段压力。对于每台具体机组，使用单位应参照制造厂给定的数据，在机组安装或大修后，通流部分处于正常工作情况下，实测主蒸汽流量与各监视段压力的变化关系，并绘制成曲线，作为平日运行监督对比的标准。如果在同一负荷下（汽轮机的初、终参数相同），监视段压力升高，这说明该监视段以后的通流面积减小，通流部分有可能结垢，有时由于某些金属零件碎裂或机械杂物侵入，堵塞了通流部分，或是由于叶片损坏变形等引起。临时停用加热器时，若主蒸汽流量不变，也将引起监视段压力升高。通过对监视段压力变化的观察分析，还可以判断通流部分的蒸汽流量是否过大（避免某些级过负荷），可以及时地把负荷减小到监视段压力允许的数值，或把某些级的压差降低到允许的数值范围内，以防止机组内的零部件被超压破坏。对于监视段压力，不仅要监督其绝对值的变化，还要监督各级段之间的压力差是否超过标准值，防止某个级段的压差超过标准值而引起该级段的隔板和动叶工作应力增大，造成设备损坏。

一般情况下，每周或每旬记录一次监视段压力，并与大修后记录的标准值比较，当发现超过标准值 1.5%～2% 以上时，应当每天都进行一次记录和核对（应先校验压力表，确认其无误）；如发现超过标准值的 5%（反动式机组不应超过标准值的 3%），应当采取

限制措施。如果分析后认为是由于通流部分结垢引起的，应进行清洗；如果是由于通流部分损坏引起的，应当及时申请停机修复，暂时不能停机修复时，应把机组负荷限制到与监视段压力相应的允许范围内，以保证机组安全运行。

2. 轴向位移的监督

在机组的运行中，轴向推力增大的因素有：①负荷增加，则主蒸汽流量增大，各级蒸汽压差随之增大，使机组轴向推力增加。抽汽供热式或背压式机组的最大轴向推力可能发生在某一中间负荷，因为机组除了电负荷增加外，还有供热负荷增加的影响因素；②主蒸汽参数降低，各级的反动度都将增加，轴向推力也随着增大；③隔板汽封磨损，漏汽量增加，使级间压差增大；④机组通流部分因蒸汽品质不佳而结垢时，相应级的叶片和叶轮前后压差将增大，使机组的轴向推力增加；⑤发生水冲击事故时，机组的轴向推力将明显增大。

汽轮机转子在运行中受到轴向推力的作用，会发生轴向位移，通常称为"窜轴"。监督窜轴指标，可以了解推力轴承的工作状况及汽轮机动静部分轴向间隙的变化情况。作用在转子上的轴向推力是由推力轴承来承担的，轴向推力过大或推力轴承本身的工作异常，都会造成推力瓦块烧损事故；轴向位移增大还会使汽轮机动静部分碰摩而损坏设备，所以在汽轮机的运行中，必须严格监督轴向位移和推力瓦块温度的变化。

在机组的运行中，发现机组轴向位移增大时，应对汽轮机进行全面检查：监视推力瓦块温度升高程度，仔细倾听机内声音，测量各轴承的振动值等。轴向位移值变化较大时，往往来不及检查和处理；如果位移值显著增大，说明推力瓦块乌金已经发生磨损或熔化，会很快发展到机组不能继续运行的程度，所以在正常运行中要经常监视推力瓦块温度和回油温度的变化，这与直接监视轴向位移变化相比，可以提早许多时间发现问题。一般规定推力瓦块乌金温度不允许超过 95℃，回油温度不允许超过 75℃，如在运行中发现推力瓦块温度显著升高时，应及时减负荷，使瓦块温度恢复到正常值。在运行中若因轴向位移值超过极限而引起轴向位移保护动作、机组跳闸时，应立即解列停机，防止推力盘损坏或通流部分动静部件碰摩，使事故扩大；在停机过程中要认真记录转子的惰走时间。若轴向位移值超过极限而保护拒动作时，要迅速检查、判断，若确认指示值正确时，立即紧急停机。

3. 初参数和终参数的监督

在汽轮机运行中，初终汽压、汽温、主蒸汽流量等参数都等于设计参数时，这种运行工况称为设计工况，此时的效率最高，所以又称为经济工况。运行中如果各种参数都等于额定值，则这种工况称为额定工况。目前，大型汽轮机组的热力计算工况多数都取额定工况，为此机组的设计工况和额定工况成为同一个工况。在实际运行中，很难使参数严格地保持设计值，这种与设计工况不符合的运行工况，称为汽轮机的变工况。这时进入汽轮机的蒸汽参数、流量和凝汽器真空的变化，将引起各级的压力、温度、焓降、效率、反动度及轴向推力等发生变化。这不仅影响汽轮机运行的经济性，还将影响汽轮机运行的安全性。所以在日常运行中，应该认真监督汽轮机初、终参数的变化。

第三节　润滑和控制油系统运行

一、润滑和控制油系统简介

（一）油系统的流程

1. 润滑油系统流程

正常运行时，主油泵与汽轮机转子同轴 3000r/min 进行旋转，主油泵的入口管路接在 1 号射油泵的出口，主油泵的高压油分别供给 1、2 号射油器，主油泵的高压油经过 2 号射油器降压后送到汽轮机油冷却器进行冷却，通过汽轮机润滑油滤网送入汽轮发电机组的各个轴承，对轴承进行润滑冷却后通过回油母管回到主油箱形成循环。启、停机时由交流润滑油泵供油。直流事故油泵作为交流油泵的备用泵，其供油不经冷油器和汽轮机供油滤网。顶轴油泵的油取自汽轮机润滑油滤网的出口，回油通过润滑油回油管回到主油箱。

2. 控制油系统流程

汽轮机转子在 3000r/min 以下时通过高压辅助油泵或高压启动油泵建立控制保安油压，转子达到 2850r/min 主油泵开始工作，主油泵出口油一部分经过 1 号射油器降压后进入主油泵入口，另一部分直接进入控制保安系统，建立控制保安油压。控制保安油又分为纯低压透平油系统和低压透平油与高压抗燃油相结合的系统。350MW 机组采用纯低压透平调节油系统，300MW 机组采用纯低压透平油与高压抗燃油相结合的系统。

低压透平油纯电调系统，其工质油为低压透平油，油压一般在 4MPa 以下，由主油泵或高压辅助油泵的出口油一路进入油动机的活塞，作为油动机活塞上下运动的动力油源，另一路经过减压后进入电液转换器转换为控制油，再进入油动机的继动活塞，作为控制油压控制进入油动机活塞的油量，实现阀门的开关，回油回到主油箱。

高压抗燃油有一套独立的抗燃油系统，抗燃油压最高达 17MPa，一般为 15MPa 左右，抗燃油从油箱经两台油泵（其中一台备用）送出后，在高压油管路上经过过滤器、溢流阀和蓄能器，高压油分别进入到高压油动机的电液转换器以及中压油动机的电液转换器，通过电液转换再到油动机，分别控制高压调门和中压调门，回油回到高压抗燃油箱。

（二）油系统的作用

1. 润滑油系统的作用

润滑油系统的作用是给汽轮发电机的支持轴承、推力轴承和盘车装置提供润滑和冷却，为氢密封系统供备用油以及为操纵机械超速脱扣装置供压力油。该系统设有可靠的主供油设备及辅助供油设备，在盘车、启动、停机、正常运行和事故工况下，满足汽轮发电机组的所有用油量。

润滑油系统中使用的油是高质量、均质的精炼矿物油，并且必须添加防腐蚀和防氧化的成分。此外，它不得含有任何影响润滑性能的其他杂质，350MW 机组润滑油牌号为 Shell turbo T32 透平油，300MW 机组润滑油牌号为 Shell turbo 32 透平油。

为了保持润滑油的完好，提高汽轮发电机组零部件的使用寿命，对于油的清洁度和油温的要求尤其严格。汽轮机投运前的油冲洗和油取样及清洁度等级的评定按国家标准执行。

2. 调节油系统的作用

低压透平油纯电调系统，通过透平油进入油动机的活塞实现主、再热蒸汽阀门和调门的开关；在主汽门和调汽门的安全油路上设有遮断电磁阀和试验电磁阀，使主汽门和调汽门具有遮断控制和活动试验的功能。系统遮断电磁阀有两个：一个为动合节点的遮断电磁阀，一个为动断节点的遮断电磁阀，使保护系统动作的可靠性大大提高。

高压抗燃油系统通过高压油进入油动机的活塞实现主、再热蒸汽阀门和调门的开关；高压油还送到用于超速保护的 OPC 阀，其保护信号一方面由 OPC 系统执行超速保护；另一方面又通过隔膜阀与汽轮机透平油系统联系，危急遮断器动作时，先泄掉透平油压，而后通过隔膜阀使高压抗燃油系统跟随动作。系统遮断电磁阀有四个，为动断节点的遮断电磁阀，系统应用了双通道概念，布置成"或-与"门的通道方式，从而保证此系统的可靠性。

（三）油系统的组成

1. 润滑油系统的组成

润滑油系统由汽轮机主轴驱动的主油泵、冷油器、顶轴装置、盘车装置、排烟系统、油箱、油箱管路及附件、油处理系统管路及附件、润滑油泵、事故油泵、启动油泵（氢密封泵）、油净化装置、滤油装置、油箱电加热器、油位开关、油位指示器、套装油管路、阀门、各种监视仪表等构成。下面对主要设备进行简要介绍。

（1）润滑油主油箱。350MW 机组为圆筒形立式油箱，300MW 机组为圆筒形卧式油箱，由钢板卷制而成。其安装在汽轮机 0m 或 3.5m 地面的汽轮发电机组前端。油箱顶部焊有圆形顶板，交流润滑油泵、直流事故油泵、启动油泵（氢密封泵）、排烟装置、油位开关、油位指示器等都装在顶板上，油箱内装有射油器、电加热器及连接管道、阀门等。油箱顶部开有人孔，装有垫圈和人孔盖。油箱底部有法兰连接的排油孔。

（2）主油泵。主油泵是蜗壳离心泵，安装在前轴承箱中的汽轮机延伸轴上。在启动和停机时，由高压辅助油泵向主油泵提供压力油，主油泵的进油管和 1 号射油器出口相连接。排出压力油管进入油箱和射油器进口管相连接。正常运行时，主油泵供给汽轮发电机组的全部用油，它包括轴承用油、机械超速脱扣和手动脱扣用油，高压氢密封备用油。

（3）高压辅助油泵（启动油泵）。高压辅助油泵（启动油泵）是主油泵的备用泵，以便在启动、停机、事故时向调节系统和保安系统提供压力油。同时对于高压启动油泵还作为密封油系统的备用油泵。

（4）交流润滑油泵。安装在油箱的顶板上，该泵是垂直安装的离心泵，能保持连续运行，其完全浸没在油中，通过一个挠性联轴器由立式电动机驱动。电动机支座上的推力轴承承受全部液压推力和转子的重量。其经过油泵底部的滤网吸油，泵排油至主油泵进油管及经冷油器至轴承润滑油母管。该泵只在启动和停机阶段，当主油泵排油压力较低时使用。装在泵出口的止回阀可以防止油从系统中倒流。

（5）直流事故油泵。一台直流电动机驱动的事故油泵，安装在油箱顶板上。该泵是一台垂直安装的离心式泵，能保持连续运行。它是交流润滑油泵的备用泵。它只在紧急情况下使用，如交流电断电或轴承油压由于某种原因而不能维持正常等情况时，该泵由蓄电池系统供电,装在泵出口的止回阀可以防止油从系统中倒流。

(6)冷油器。冷油器为两台,一台运行,一台备用。润滑油在冷油器壳体内绕管束循环,管内通入冷却水。通向冷油器的润滑油由手动的三通阀控制,该阀把润滑油通向两台冷油器中的一台,运行中可以通过转动三通阀进行冷油器的切换。

(7)油管路。本系统采用了套装的油管路,外部的大管子起保持作用,兼作回油管,直接进入主油箱。大管子内部的较小油管是压力油输送管,一旦压力油泄漏,则不会使油喷射到主部件上。

(8)顶轴装置。系统中有两台手动伺服变量轴向柱塞泵,自滑油母管来油,经滤油器引入轴向柱塞泵进口。在滤油器与柱塞泵连接的管道上,装有二只低压控制器,当油压下降至 0.049MPa 时发出报警信号;当油压降低至 0.0196MPa 时,自动切断电动机的电源。当压力控制器发出报警信号后,维护人员应立即检查入口滤网是否需要清洗或更换。

高压顶起油自轴向柱塞泵出口引入集管,由集管引出各支管通向各轴承顶起管路接头。各支管上均装有节流阀 2 和单向阀 1,用以调整各轴承的顶起高度,防止各轴承之间的相互影响。其中节流阀用来调整顶轴油压,单向阀是为使机组运行时防止轴承中压力油泄走。集管上装有安全阀 3,用以限制集管油压。并防止供油系统中油压超过最大允许值。

在输往各轴承压力油的支管上还装有油压控制开关。应在盘车时确定顶起转子的最低值之后,记录此时各支管上压力表示数,并将油压控制开关整定在顶起转子的最低值。当油压低于该值时,联锁备用顶轴油泵启动。如四个压力表示数值显示任一轴颈没有顶起,不得启动盘车装置。

顶轴油装置工作正常与否的主要标记是顶轴油压力,启动后顶轴油压应在规定范围内,一般应大于5MPa。如油压过高说明转子未充分顶起,导致高压排油不畅而憋压;如果偏低时说明高压管道有漏油现象或顶轴油泵及系统工作不正常,应查明原因予以消除。另外,因为顶轴油压力较高,要经常检查顶轴油系统的密封性,做到随漏随堵,确保顶轴油压力符合要求。

2.调节油系统的组成

汽轮机调节保安系统的组成按其功能可分为供油系统、执行机构、危急遮断 3 大部分。下面重点介绍调节供油系统,按照控制压力的划分为采用高压抗燃油的调节用油系统、采用低压透平油的调节用油系统。

(1)透平油低压调节系统由汽轮机主轴驱动的主油泵、冷油器、顶轴装置、盘车装置、排烟系统、油箱、油箱管路及附件、油处理系统管路及附件、润滑油泵、事故油泵、启动油泵(氢密封泵)、油净化装置、滤油装置、油箱电加热器、油位开关、油位指示器、套装油管路、阀门、各种监视仪表等构成。

(2)高压抗燃油(EH)供油系统是一个全封闭定压系统,它提供控制部分所需要的全部动力油。它由油箱、油泵-电动机组件、控制块、滤油器、磁性过滤器、溢流阀、蓄能器、自循环冷却系统、抗燃油再生过滤系统、EH 油箱加热器、端子盒和一些对油压、油温、油位进行报警、指示和控制的标准设备所组成。

二、油系统运行中的监视与操作

（一）油系统的运行

汽轮发电机组在额定转速下运行时，主油泵供应润滑油系统所需的全部用油，来自主油泵的压力油进入机械超速装置机构，同时也进入油箱内部管道为射油器提供动力油。从1号射油器排出的油供主油泵吸入口，通过主油泵升压后供给调速系统用油。同时，2号射油器排出的油通过冷油器后供给汽轮发电机组轴承润滑用油。

润滑油供油系统是个封闭系统，所有润滑后的油通过油箱顶部回到回油箱中。油进入油箱前靠自身重力通过一个磁性滤网，进行杂质的过滤。当油箱中油位过高或过低，油位指示器和油位开关都会发出警报。在机组初始运行期间，必须经常监视油箱回油箱中的油位。为了去除进入油系统中的水分，在汽轮机运行期间，油净化装置必须投入工作。

当机组投盘车装置和启动期间，在主油泵不能正常供油情况下，由辅助油泵和交流油泵供给机组用油。在机组启动过程中，主油泵出口压力随汽轮机转速增加而增加，大约在2850r/min，主油泵足以提供机组所需的全部用油。这时不再需要辅助油泵，必须尽快手动停运高压辅助油泵和交流油泵，防止油泵憋压损坏油泵。切换过程中要密切监视油压的变化，防止油压异常后不能及时发现。

直流事故油泵是交流润滑油泵的备用泵，它受油压力低开关的控制。当轴承润滑油母管油压降到其整定值时即启动。油压升高增加后，直流事故油泵需要手动停下。在油系统未启动期间，直流事故泵必须停电，当交流润滑油泵运转正常油压建立后，然后再给直流油泵送电并将控制开关置于"自动"，防止直流事故泵突然启动。

在机组启动运行阶段，是润滑油系统进行复杂切换的过程，该过程最容易引起断油烧瓦，运行人员必须小心谨慎。

（二）油系统的巡检及就地操作

1. 润滑油系统运行中的巡检

（1）主油泵出、入口压力，汽轮机润滑油母管压力、回油顺畅、温度正常。

（2）主油箱排烟风机运行正常，无渗油漏油现象，如备用风机有倒转现象，应将其出口门关闭。定期切换后应用手摸温度的方法和主油箱负压表综合判断排烟风机的运行是否正常。

（3）射油器出、入口压力正常，主油箱油位正常。油位指示计要定期进行校验，浮标式油位计在巡检时要活动2～3次，以免卡涩后造成误判。

（4）注意检查 EH 油箱油温。当 EH 油箱油温低于20℃时，EH 油系统闭锁油泵的启动。当 EH 油箱油温高于50℃时要及时查找原因。

（5）正常运行时 EH 油泵的电流一般在15A以下，如果电流增大，说明油泵工作异常或系统有内漏的情况。

（6）EH 油系统控制箱上"远方/就地"旋钮在"远方"位，油泵的联锁"投入/退出"旋钮在"投入"位。停运油系统时，必须将 LCD 和就地的联锁都退出后才可停运，否则会联启。

（7）EH 油系统的再生泵和循环泵保持运行正常。

2. 主油泵和辅助油泵的切换

当启机时汽轮机转速升至3000r/min定速后，应及时停运辅助油泵，以防止油压高损坏油泵。因此要求定速后，及时手动停运高压启动油泵、交流润滑油泵，停运过程中要密切监视润滑油压。若机组做油泵联动试验，应在试验完毕后注意检查强制信号是否全部取消，及时投入交、直流润滑油泵联锁；在高压启动油泵停运时，还应注意检查安全油压变化情况。

3. 油泵联动试验时其他注意事项

（1）试验过程中，旋转试验手轮要缓慢、平稳。

（2）300MW机组在LCD上先停运交流事故油泵，30s后再停运直流事故油泵。

（3）试验过程中，要抓紧各项工作，尽量缩短试验时间。

（4）集控与就地旋转润滑油试验阀操作人员必须加强联系，互相配合好。

（三）油温的调整

正常运行情况下，冷油器出口处的润滑油温在38～43℃范围内。如果油箱中油温低于10℃，为防止油泵电动机过流不能启动油泵，应先利用油箱中的电加热器和油净化装置提升油温。

在启动阶段，必须关闭冷油器冷却水，使油温达到适当温度。此后，调整通过冷油器的循环水流量，以保持冷油器出口温度在38～43℃范围内。

当夏季环境温度较高，汽轮机冷却器调门全开油温仍高时，可采用少量的工业水进行冷却。

（四）排烟系统的运行

排烟系统由阀门、管道、排烟装置等组成。风机、油烟分离器及风门布置在油箱顶板上，两套并联；其中一套备用。两套风机共用一台装在排烟管道上的油烟分离器。可通过调整摇杆式风门调节风机流量。油烟分离器装在吸气侧管道中，它能把烟气中所含的润滑油分离开。风机所抽出的烟气通过管道中的油烟分离器后排向大气。油箱负压过高将会引起油中带水，影响油质；负压过低又会引起回油不畅，出现轴承甩油的现象，因此运行中要注意调整风机入口负压在适当范围内。

（五）冷油器的切换

射油器和辅助油泵出口供轴承的润滑油经冷油器送至汽轮发电机组的各轴承。两台冷油器之间装有三通切换阀，可以在运行中切换。在切换前，必须通过冷油器油侧的注油和排空管路检查备用冷油器确实充满油，方可进行切换；在切换过程中要注意监视润滑油压，就地与控制室密切联系，缓慢转动三通阀，以免在切换过程中造成断油事故。

（六）EH油管道振动注意事项

300MW汽轮机调门多次出现异常，根本原因为调门处于不稳定区域时，调门大幅度、长时间摆动并且伴随着EH油管道的剧烈振动。因此在运行中应注意以下事项：

（1）由于汽轮机高调门摆动时伴随着EH油管道剧烈振动，升降负荷时尽量使高调门开度在30％以下或全开，避开拐点区域。

（2）在负荷稳定的工况下，出现调门摆动时可采用调整主蒸汽压力的方法使调门避开拐点区域。

（3）运行中如背压变化，在调整主蒸汽压力后仍不能避免调门大幅度的摆动时，应申请调整负荷避开拐点区域。

（4）利用检修机会优化各个调阀的控制参数，使各调阀重叠度配合更加合理。

三、油系统的事故案例

（一）汽轮机 4 号瓦油档处甩油

1. 事件发生前状态

3 号机组接带负荷 180MW，两台磨煤机运行，两台电动给水泵运行，3B 主油箱排烟风机运行，3 号汽轮机 4 号瓦油挡处甩油。

2. 事件过程

3 号机组进行定期切换工作，电气人员摇测 3A 主油箱排烟风机电动机绝缘合格后送电。启动 3A 排烟风机，停运 3B 排烟风机，此后巡检值班员检查负压正常，6h 后值班人员检查 3 号机 4 号瓦油挡处甩油，设备上油迹比较多，立即组织人员进行分析、检查。经过细致检查，确认 3A 排烟风机电动机并没有启动，只是由于风机出口止回阀不严引起的风机倒转，并不是电动机所驱动的旋转，此后重新启动 3B 排烟风机，甩油现象消失。运行人员和点检部人员共同检查 3A 排烟风机开关下口无电压，将开关拉出检查无问题后试送电启动正常。

3. 事件原因

（1）电气人员摇测电动机绝缘后开关送电时一次插头没有送到位，开关为封闭式，开关送电后插头接触是否良好无法检查，只能看开关位置指示，但 MCC 位置故障不能正常指示。

（2）排烟风机 LCD 上无电流显示，也无入口负压显示，机长安排巡检人员定期切换时没有详细交待注意事项，启动电动机后汽轮机巡检没有检查电动机运转是否正常，只凭主油箱上负压表显示就认为排烟风机切换正常。

（3）当发现 4 号瓦油挡处甩油增大后，白班没有引起重视，没有结合操作分析甩油增大的原因，只是向中班进行了交代，中班接班后也没有对异常事件进行及时分析，只是简单的通知检修检查。

4. 采取措施

（1）规范定期切换操作，转动设备、电动机启动时必须就地检查具备启动条件，启动后 LCD 上检查电流正常，巡检必须就地检查电动机运转正常，系统参数正常。

（2）定期切换完设备后应参考相关表计、参数来辅助判读设备运行是否正常。

（二）3 号机 EH 油管道泄漏，机组跳闸

1. 事件发生前状态

3 号机组接带负荷 210MW，两台磨煤机运行，两台电动给水泵运行，3AEH 油泵运行。

2. 事件过程

LCD 发现 EH 油泵出口油压较正常值 14.5MPa 低、油泵电流较正常值 15A 增大、油温升高。EH 油管路振动增大，严重时 EH 油泵声音较大。EH 油压持续缓慢下降，达到

12.3MPa 时备用泵联启，两台 EH 油泵运行后管路振动加大，引起管路焊口开裂 EH 油喷出，EH 油箱油位迅速下降无法维持，机组跳闸，MFT 动作后联动发电机与系统解列。

3. 事件原因

（1）EH 油温过高。

（2）AST 电磁阀密封圈内漏。

（3）AST 管路节流孔板脱落。

（4）管道焊口焊接工艺不良。

4. 采取措施

（1）夏季高温时要注意 EH 油的温度是否正常，如出现温度过高情况可采取增加轴流风机、控制机组负荷等措施。

（2）运行中注意通过 EH 油压、EH 油泵电流、EH 油管道温度等方法综合判断内漏部位，以便分析处理。

（3）检修中对 EH 油系统的密封圈、节流孔、焊缝等进行全面检查，发现隐患及时处理。

第四节　密封油系统运行

一、密封油系统简介

密封油系统由密封环、空侧密封油泵、氢侧密封油泵、事故密封油泵、差压调整阀、备用油差压调整阀、均压阀、减压阀、油泵差压低报警、油位高—低报警、备用油供油压力报警、冷油器、油滤网、密封油差压表、油压表、油温表等组成。

氢气内冷式汽轮发电机组为了防止内部氢气沿轴颈泄漏而采用油压密封装置来进行密封，密封油装置由空气侧密封油回路及氢气侧密封油回路组成。空气侧密封油回路及氢气侧密封油路保持独立，流入空气侧的油用于空侧密封，流入氢气侧的油用于氢侧密封。

在空侧油回路中，空侧密封油泵出口油压通过差压调整阀将其压力调整至比机内氢气压力高 0.085MPa，然后密封油通过空气侧"密封环内的小孔"流入发电机轴与密封环之间的槽内，并排至空气侧，进入空气侧的密封油与轴承油混合在一起，经过Ⅱ形密封箱，再进入空侧油泵的入口，完成循环过程。

在氢侧密封油回路中，氢侧密封油泵打出的油通过均压阀的调节使氢侧密封油压力与空侧密封油压力保持相同，氢侧密封油通过氢侧密封环上的小孔，进入发电机轴与密封环之间的槽，并沿发电机轴流至氢侧。流入氢侧的油进入安装在轴承室内的消泡箱内，再进入到氢侧密封油箱，而后送回至氢侧油泵的入口，组成了氢侧密封油回路，完成循环过程。

密封油备用油源：空侧密封油备用油源由三部分组成，所以发电机密封油系统有非常可靠的油源，一般不会造成断油事故。

第一路备用油源是高压备用油源，即来自汽轮机轴头同轴的润滑油高压油泵或高压密封油泵，密封装置高压备用密封油入口压力不低于 0.6MPa，正常运行时备用油差压调节阀自动断开，一旦空侧油源发生故障，密封油压力降低到比发电机内部压力高0.056MPa时，备用油差压阀自动打开保持密封油压力比氢压高0.056MPa。

第二路备用油源为空侧直流密封油泵，如果主油源和高压备用油源都停止供油时，当密封油压力降低到比发电机内气体压力仅高0.035MPa时，发出密封油供油压力低报警，并自动启动备用直流密封油泵，使密封油压力恢复并保持高于发电机内压力0.085MPa。

第三路备用油源为低压备用油源，它来自汽轮机低压润滑油。该油源入口压力应不低于0.2MPa，由于这路油源压力较低，它只能保证大轴转动时密封瓦不发生磨损事故，所以当其他油源都失去后应立即停止机组运行，将发电机氢压降低到0.014MPa以下，以免氢气外溢，发生着火、爆炸事故。

二、密封油系统的运行

1. 密封油系统的正常运行维护与注意事项

（1）密封油系统应在机组投入盘车前投入运行，机组冲转前，发电机内氢气参数必须合格。

（2）因为氢侧密封油压跟踪空侧密封油压的变化，因此在密封油系统启动时应先启动空侧交流密封油泵，而后启动氢侧交流密封油泵。

（3）在发电机内充有氢气时，必须保持密封油压正常，同时应保持润滑油系统和密封油系统的排烟风机正常运行。这是因为密封油与润滑油系统相通，这时含氢的密封油会从连接的管路进入主油箱，氢气如果在主油箱中积聚，就有发生氢气爆炸的危险和主油箱失火的可能，因此Ⅱ形油箱、主油箱上的排烟风机也必须保持连续运行。

（4）密封油系统运行中，应检查密封油系统的高低压备用油源投入正常，以确保发电机安全、连续运行。

（5）正常运行时空侧、氢侧密封油差压应在正常范围内，这是因为空气、氢气侧油压理论上最好完全相等，这样两侧油流不会交换，在实际运行中不可能达到这种要求，为了不使氢气侧油流向空气侧引起漏氢，所以规定空气侧密封油压稍大于氢气侧油压。如果空气侧密封油压高的过多，空气侧密封油就会窜向氢气侧，一会导致氢气纯度下降，二会导致氢侧密封油箱满油。反之若氢气侧密封油压大于空气侧密封油压过多，氢气侧密封油就会窜向空气侧，使氢气泄漏量增大，还要引起密封油箱缺油，主油箱内积存氢气，不利于安全运行。

（6）Ⅱ形油箱负压在正常范围内，排烟风机用来排除密封油回油析出的烟气和蒸汽，以防油质变坏，同时保证Ⅱ形油箱处于微负压，使回油流畅，防止密封油往外漏而引起火灾。若保持负压过高，易造成抽油烟带油，同时外界的湿空气也易进入回油系统，恶化油质；若保持负压过低，易造成密封油回油不顺畅，出现向外漏油而引起火灾。

（7）氢冷发电机密封油系统的差压阀，平衡阀，必须保证动作正确、灵活、可靠，以确保密封油压大于氢压，氢油压差在要求范围内。运行人员应严格监视密封油箱油位，防止由于油位过低导致密封油压下降而造成漏氢。

（8）空侧、氢侧备用密封油泵应在检修后进行联动试验，以确保运行泵出现故障时，备用泵能够顺利联起。

（9）如氢侧密封油泵故障停止运行，在只有空侧密封油泵运行的情况下，密封油系统也可短暂运行，但进入发电机内的空气量将相比空侧、氢侧密封油泵同时运行时有较大增加，消泡箱内及发电机内的氢气纯度同正常情况下相比，自氢侧油泵停止数小时约将下降5%～10%，对发电机的安全运行有较大影响。因此必须尽快排除故障，投用氢侧密封油泵。在排除氢侧密封油泵故障期间可临时采用充排氢的方法来提高氢气的纯度。

（10）密封油系统检修后或 C 级以上检修后，为保证发电机的安全运行，必须进行密封油系统的相关试验。试验项目有：油水检测仪报警试验、回油中含氢量报警验、氢侧密封油箱液位高低报警试验、消泡箱液位高低报警试验、事故密封油泵联动试验、备用油差压调节阀动作试验。其中事故密封油泵联动试验、备用油差压调节阀动作试验主要由运行人员来进行，其他试验主要由仪控人员来进行。

事故密封油泵联动试验的方法：先将密封油备用油源退出备用，而后停运交流油泵，观察直流事故油泵是否能在设定的压力下自动联动并且氢油差压调节正常；备用油差压调节阀动作试验的方法：先将直流事故油泵停运停电，投运密封油备用油源，而后停运交流油泵，观察备用油差压阀的动作情况，是否能将氢油差压维持在设定的范围内。

2. 密封油系统的巡检及就地操作

（1）检查空侧、氢侧密封油泵的出口油压，油泵的振动、声音、气味是否正常。

（2）检查密封油系统是否有渗漏点。

（3）氢侧油箱油位正常（－50～＋50mm）。

（4）检查空氢侧密封油差压在正常范围内，当差压出现摆动时，可以适当关小氢油差压阀的取样阀门，差压稳定后再缓慢开大。

（5）检查空侧、氢侧密封油温正常（40℃左右），调整油温时应使用出口旁路门控制冷却水的流量，当夏季环境温度较高，出口旁路门全开油温仍高时，可以打开出口手动门来调节油温，必要时可以打开水侧排空门（放水门）对冷却器水侧进行冲洗排污。

（6）检查密封油报警盘是否有报警。

（7）排烟风机运行正常，无渗油漏油现象，负压正常，Π形油箱负压可以通过风机入口门进行调节。

（8）定期活动空侧、氢侧密封油刮板式滤网手柄，使其转动灵活。

（9）为防止发电机进油，应定期对发电机油水检测仪放水排污。

三、密封油系统的事故案例

（一）2 号机组检修中油循环期间发电机进密封油

1. 事件描述

2 号机组 A 级检修后期，在进行密封油系统循环的第二天，发现密封油控制盘发"油水检测仪液位高报警"。从发电机油水检测仪放水排污时，发现有大量油流出，判断为密封油进入发电机，立即停止密封油系统的运行，开始查找异常原因。

2. 原因分析

（1）密封油循环第一天时密封油控制盘检修工作票未终结，密封油控制盘电源在油循环第二天才送上，因此未能及时在第一时间发现发电机进油的异常。

（2）油循环时密封油温度偏低，使氢油差压过高，达到 0.11MPa，远大于 0.085MPa 的规定值。

（3）密封油备用差压阀检修后回装不正确，使该阀门存在内漏现象，也是导致氢油差压过高的主要原因。

3. 预防措施

（1）密封油系统的控制、测量、报警装置不正常时，禁止启动密封油泵。密封油循环时要注意对密封油控制盘的监视，定期在油水检测仪处放水排污。其他任何系统在投运前也应注意控制、测量、报警装置是否正常。

（2）油循环时要注意氢油差压的控制，如由于油温低引起氢油差压过大，应采取提高油温的措施，并手动调整氢油差压阀的开度，降低氢油差压。

（3）检修后投入密封油备用油系统前，需进行试验，确保备用油差压阀动作正常（备用阀控制密封油差压在 0.056～0.06MPa 的范围内）。投入备用油系统时，要缓慢开启阀门，同时注意密封油的差压、氢侧密封油箱油位有无异常。

（二）4号机氢侧密封油箱油位偏低，发电机氢气纯度下降过快

1. 事件描述

4号机组检修启动后，氢气纯度下降较快，平均每小时下降值为 0.05%～0.07%。发电机氢气纯度的要求不低于 95%，低于 95% 时要进行发电机充排氢，提高氢气纯度。由于下降速度较快，每天都要进行一次充排氢，对机组的安全运行造成极大的威胁。因此对修后的密封油系统进行全面检查跟踪，发现氢侧油箱油位偏低，油位只有 1/3，而修前氢侧油箱油位在 2/3 左右。

2. 原因分析

氢侧密封油与发电机内的氢气接触，空侧密封油与空气接触，当空侧密封油与氢侧密封油存在交换时，氢侧密封油受到污染后则会使氢气纯度下降过快。

空侧密封油与氢侧密封油存在交换的位置有两处：一是密封瓦处，二是氢侧密封油箱处。根据密封油箱油位偏低的现象，分析为氢侧密封油箱的排油浮子阀工作不正常，有泄漏现象，使油位偏低，这样就使空侧油不断补入氢侧油箱，污染了氢侧密封油，从而使氢气纯度发生异常下降。

3. 预防措施

（1）临时采取关小氢侧密封油箱排油浮子阀前手动门的措施，提高密封油箱油位，减小空氢侧密封油的交换。

（2）根据发电机内氢气压力的变化，注意及时调整氢侧密封油箱油位。

（3）有检修机会时要对氢侧密封油箱的排油浮子阀进行认真检查，消除浮子阀内漏的异常。

第七章

给水泵运行

第一节　电动给水泵运行

一、电动给水泵的启动与停运

（一）电动给水泵的启动

1. 电动给水泵的手动启动

（1）启动电动给水泵辅助油泵。

（2）检查电动给水泵辅助油泵运行正常，油温、油压、油箱油位正常。

（3）将电动给水泵液力联轴器勺管开度放在最小位置。

（4）在 LCD 上启动电动给水泵。

（5）全开电动给水泵出口电动门。

（6）确认电动给水泵润滑油压正常，停运电动给水泵辅助油泵，监视油压正常。

（7）电动给水泵出口电动门开启后，调整液力联轴器勺管开度位置向锅炉供水。

2. 电动给水泵的程序启动

确认电动给水泵启动自动条件，允许条件满足，在操作条选"START-UP"，并按确认键，功能组开始启动。检查功能组按以下程序自动进行：

（1）电动给水泵辅助油泵自动启动。

（2）电动给水泵入口电动门自动开启。

（3）电动给水泵再循环调整门开启。

（4）电动给水泵出口电动门关闭。

（5）电动给水泵液力联轴器至最小位置。

（6）电动给水泵电动机启动。

（7）电动给水泵出口电动门开。

（8）电动给水泵启动后，延时 10s 辅助油泵停运。

（二）电动给水泵的停运

1. 电动给水泵的手动停运

（1）确认电动给水泵再循环调整门全开。

（2）将液力联轴器开度关至最小。

（3）关闭电动给水泵出口电动门。

（4）启动电动给水泵辅助油泵，检查电动给水泵润滑油压正常。

（5）停止电动给水泵运行。

（6）电动给水泵停运后，30min 后停止辅助油泵运行。

2. 电动给水泵的自动停运

将电动给水泵液力联轴器勺管调整至最小位置，点击功能组"STOP"按钮，并按确认键，则电动给水泵组按以下步骤自动执行：

（1）电动给水泵辅助油泵启动。

（2）电动给水泵再循环调整门开启。

（3）电动给水泵出口电动门关。

（4）电动给水泵液力联轴器勺管至最小位置。

（5）电动给水泵停运。

（6）电动给水泵停运后延时 30min，辅助油泵停止运行。

二、运行中的监视和操作

（一）电动给水泵的运行中的监视与检查

（1）电动给水泵前置泵出、入口压力正常；电动给水泵出、入口压力正常；电动给水泵中间抽头压力正常。

（2）电动给水泵组运行平稳，无异常振动、摩擦声，各地脚螺栓紧固，电动机外壳接地线完好。

（3）润滑油压、油温正常，润滑油滤网差压小于 60kPa；液力联轴器工作油冷却器出口油温不得高于 75℃；油箱油位正常（1/2～2/3）。

（4）各机械密封冷却器的冷却水流量正常，密封水温度低于 80℃。

（5）电动机冷却水流量、温度正常，电动机绕组温度正常（小于 110℃），电流正常。

（6）检查电动给水泵前置泵入口滤网差压小于 45kPa。

（7）300MW 机组正常运行中，A、B 电动给水泵运行，C 电动给水泵作为备用泵。

（8）严禁两台电动给水泵同时启动。

（9）电动给水泵系统切除时，必须先高压系统后低压系统；电动给水泵系统恢复时，必须先低压系统后高压系统，并密切注意泵体内压力，严防低压管道超压。

（二）电动给水泵的切换操作

1. 电动给水泵切换的注意事项

（1）电动给水泵启动前适当提高 6kV 母线电压，并做好母线电压降低，低电压保护动作引起辅助设备跳闸的事故预想。

（2）电动给水泵启动后应缓慢打开液力联轴器升速，并注意监视运行电动给水泵液力联轴器、给水流量、汽包水位的变化。

（3）注意监视电动给水泵再循环调整门动作正常，否则切至"手动"调整。

（4）注意监视电动给水泵入口压力，防止低压管道超压。

2. 电动给水泵运行中的切换

（1）待并列电动给水泵启动正常后，逐渐增加液力联轴器开度至 5%～10%，监视电动给水泵转速、流量、出口压力缓慢升高。

（2）就地、LCD 检查电动给水泵各轴承温度、润滑油压、油温正常，振动、声音正常，出口、入口压力正常，机械密封水温正常。

（3）检查电动给水泵再循环调整门动作正常。

（4）逐渐增加待并列电动给水泵液力联轴器开度，注意监视电动给水泵出口压力、转速缓慢升高。

（5）待并列电动给水泵出口压力低于运行电动给水泵 1MPa 时，开启待并列电动给水泵出口电动门，开启过程中注意监视给水流量、汽包水位正常。

（6）将待并列电动给水泵液力联轴器开度调整至与其他电动给水泵一致时，投入"自动"控制。

（7）将要停运电动给水泵的液力联轴器退出"自动"控制，逐渐关小液力联轴器开度。

（8）待要停运电动给水泵出口压力低于给水母管压力 2MPa 时，关闭电动给水泵出口电动门。检查电动给水泵再循环调整门动作正常，注意监视给水流量、汽包水位正常。

（9）待要停运电动给水泵液力联轴器关至 5％时，启动电动给水泵辅助油泵，就地确认辅助油泵运转正常、润滑油压正常后停运电动给水泵。

（10）就地检查电动给水泵停运后，检查电动给水泵出口电动门开启，电动给水泵不倒转。

（11）投入电动给水泵辅助油泵联锁。

三、备用电动给水泵的检查内容

（1）检查给水泵组、电动机、液力联轴器各地脚螺栓紧固无松动，电动机、液力联轴器接地线完整牢固，无断股、松动现象。

（2）检查电动给水泵系统各阀门位置正确。

（3）检查电动给水泵润滑油，液力联轴器油箱油位正常，工作油、润滑油滤网清洁。

（4）检查电动给水泵机械密封冷却水、轴承冷却水、润滑油冷却水、工作油冷却水、电动机冷却器冷却水投入正常。

（5）检查前置泵机械密封冷却水、轴承冷却水投入正常。

（6）检查勺管动作灵活无卡涩现象，就地指示与 LCD 指示一致。

（7）电动给水泵自动条件满足。

四、案例分析

电动给水泵出口止回阀发生卡涩，关闭不严导致电动给水泵倒转。

1. 事件描述

机组启动中，负荷 150MW 时，电动给水泵与汽动给水泵 B 并列运行，汽动给水泵 A 冲转至正常备用。值班员准备将给水方式切换到汽动给水泵 A、B 并列，电动给水泵备用方式。在电动给水泵退出运行过程中，当出口压力降至小于电动给水泵出口压力时，由于电动给水泵出口压力止回阀卡涩，造成高压给水通过入口管路及再循环调门倒流，冲动电动给水泵倒转，引起锅炉水位低低 MFT 保护动作。

2.原因分析

（1）当电动给水泵发生倒转时，电动给水泵出口压力和流量为零，运行汽动给水泵出口流量增加，主给水流量迅速下降甚至到零，会触发锅炉水位低低 MFT 保护动作。

（2）电动给水泵的倒转均发生在机组启、停（包括跳机）进行给水方式切换的过程中，当运行汽动给水泵出口压力高于电动给水泵出口压力时，电动给水泵出口门在开启状态，由于出口止回阀发生卡涩关闭不严造成电动给水泵倒转。

3.预防措施

（1）电动给水泵与汽动给水泵进行给水方式切换时，应在两台汽动给水泵启动正常且投入水组正常后，再停运电动给水泵，启动辅助油泵，开启出口电动门。

（2）当开启出口电动门后出现电动给水泵倒转时，应立即启动辅助油泵，严密关闭出口电动门，联系检修处理。

第二节　给水泵汽轮机和汽动给水泵运行

一、汽动给水泵的启动和停运

（一）汽动给水泵的启动

1.汽动给水泵启动前的准备工作

汽动给水泵启动前，应对所属设备及相关系统进行检查做好启动前的准备工作。确认准备工作完成以后，根据启动安排进行以下工作，使汽动给水泵具备冲转条件。

（1）油系统启动，进行油循环。润滑油温度设定为 40℃，启动排烟风机、油泵，辅助油泵和事故油泵列备用。

（2）盘车投运。盘车投运前，泵体必须注满水，检查油系统正常，启动盘车，检查汽动给水泵内部无摩擦声。

（3）抽真空。汽动给水泵抽真空前，盘车必须在投运状态，给水泵汽轮机的排汽阀门和轴封进汽阀门必须在全开状态。

（4）疏水暖管。应对以下几个部分进行疏水暖管：高压、低压汽源，高压、低压汽源电动阀管道，给水泵汽轮机本体，轴封蒸汽管道，高压、低压自动主汽门前。

2.汽动给水泵启动

汽动给水泵启动方式有手动启动和程序启动两种。

（1）汽动给水泵的手动启动。

1）汽动给水泵具备冲转条件后，启动汽动给水泵前置泵，给水泵汽轮机复位。复位后检查高、低压主汽门在全开状态，高、低压调门在全关状态。

2）将"阀位设定"投"自动"，"转速设定"在"手动"位，通过"手动"来设定目标转速。

3）给水泵汽轮机冲转升速至 500r/min 时，给水泵汽轮机打闸停机进行摩擦检查。

4）摩擦检查结束后，目标转速设定到 1800r/min，给水泵汽轮机开始升速，确认在 600r/min 时，偏心计自动退出。

5）当转速升至 1800r/min 时，保持转速暖机，暖机 10min 或给水泵汽轮机缸体温度大于 120℃时，停止暖机开始升速。

6）逐渐升高给水泵汽轮机目标转速至 4400r/min，给水泵汽轮机完成升速。

7）在给水泵汽轮机转速 4400r/min 时做给水泵汽轮机注油试验。

（2）汽动给水泵的程序启动。检查给水泵汽轮机自动条件，允许条件，预操作条件均满足，在给水泵汽轮机启动操作条选 "START-UP"，按 "EXEC" 键，给水泵汽轮机开始按照程序自动启动：

1）汽动给水泵前置泵入口电动门开。

2）给水泵汽轮机蒸汽组启动并按照程序自动进行暖管、投运。

3）汽动给水泵出口电动门关。

4）汽动给水泵前置泵启动。

5）等待启动条件满足。

6）启动条件满足后，给水泵汽轮机开始复位。

7）给水泵汽轮机开始冲车升速，目标转速 1800r/min。

8）当给水泵汽轮机转速大于 1750r/min 达 10min 或给水泵汽轮机转速大于 1750r/min 且给水泵汽轮机缸温大于 120℃时，给水泵汽轮机开始继续升速，目标转速 4500r/min。

9）当给水泵汽轮机转速大于 2500r/min，汽动给水泵出口门开始开启。

10）当给水泵汽轮机转速大于 4400r/min 或给水泵汽轮机转速大于 2000r/min 且给水泵汽轮机出口压力低于母管压力 0.25MPa 时，给水泵汽轮机自动启动完成。

（二）汽动给水泵的停运

1. 汽动给水泵的停运注意事项

因检修或异常状态（事故除外）需要停运一台汽动给水泵时，必须先启动电动给水泵，并确认总的给水流量与机组的负荷相匹配。在汽动给水泵停运，电动给水泵启动的过程中，应密切监视，控制锅炉汽包水位在正常的范围内。

2. 汽动给水泵的停运步骤（以 A 汽动给水泵为例）

（1）将 A 汽动给水泵水组 "投入/退出" 控制方式切为 "手动"，检查汽动给水泵水组 "退出" 允许，按 A 汽动给水泵水组 "退出" 按钮。

（2）检查汽动给水泵出力偏置由零至负值自动减小，汽动给水泵出口流量自动减小，汽动给水泵转速下降，最小流量再循环调整门动作正常。

（3）检查电动给水泵、B 汽动给水泵出力自动增加，汽包水位正常。

（4）当 A 汽动给水泵出口流量降为零时，汽动给水泵退出水组完成。

（5）在 A 汽动给水泵功能组画面按功能组 "停止" 按钮，给水泵汽轮机打闸，记录惰走时间。

（6）就地、LCD 检查汽动给水泵出口电动门自动关闭。

（7）LCD、就地检查给水泵汽轮机跳闸，高、低压主汽门及调汽门关闭，给水泵汽轮机转速平稳下降。

（8）检查汽动给水泵前置泵跳闸停运。

（9）检查给水泵汽轮机高压、低压蒸汽电动门自动关闭。

（10）检查给水泵汽轮机高压、低压疏水门打开。

（11）关闭给水泵汽轮机高压门杆漏汽去三段抽汽的阀门。

（12）给水泵汽轮机盘车电动机切为"手动"，给水泵汽轮机转速降至 50r/min 时，立即手动启动给水泵汽轮机盘车。

（13）汽动给水泵停运后，检查高低压暖泵门关闭，关汽动给水泵出口、入口电动门、再循环调门前手动门。隔离水侧时先高压后低压，隔离汽动给水泵低压侧时密切监视汽动给水泵出口压力不得上涨，否则立即打开汽动给水泵低压侧阀门。

（14）给水泵汽轮机缸体温度下降至 180℃时，关闭给水泵汽轮机排汽电动门。

（15）稍开给水泵汽轮机排汽电动阀阀体密封水手动门，全开给水泵汽轮机排汽疏水调整门入口手动门。

（16）给水泵汽轮机真空降至 20kPa 时，关闭给水泵汽轮机轴封供汽关断阀，关断阀前手动门。

（17）给水泵汽轮机缸体温度下降至 170℃时，停止给水泵汽轮机盘车。

（18）汽动给水泵全面放水。在进行水侧放水时，要注意控制放水速度，防止水花飞溅到运行设备。

（19）给水泵汽轮机缸体温度下降至 150℃时，停止给水泵汽轮机油系统，关闭给水泵汽轮机油箱补油门。

（20）如盘车运行过程中掉闸，则给水泵汽轮机破坏真空，停止轴封供汽，关轴封供汽调门前手动门，汽动给水泵全面放水，通知检修人员解对轮、用压缩空气对泵体进行冷却，解开对轮后启给水泵汽轮机盘车。

（21）严密监视给水泵汽轮机缸体温度，发现异常及时分析、处理。

二、运行中的监视和操作

（1）汽动给水泵正常运行中应掌握在各种运行工况下，给水流量与给水泵汽轮机转速间的对应关系，监视 LCD 画面上汽动给水泵各参数的变化情况，发现异常，及时分析，查明原因并消除。

（2）认真对汽动给水泵所属设备、系统进行全面检查，并定期做相关设备的试验和切换，发现异常及时消除。

（3）给水泵汽轮机运行中，禁止将给水泵汽轮机转速控制操作条按"保持"，如发现在"保持"状态，立即将给水泵汽轮机转速控制操作条切为"手动"控制给水量，联系热工处理，正常后再投入自动控制。

（4）两台汽动给水泵并列低负荷运行时，注意转速与调门开度不得出现摆动，必要时切为手动控制或退出任一台汽动给水泵保持该泵无负荷运行，注意给水流量与汽包水位变化。

（5）汽动给水泵运行中，监视前置泵入口滤网差压变化，如差压异常增大或接近 45kPa 时，应停运该泵清扫滤网。

（6）机组运行中汽动给水泵停运检修时，在泵体内水未放完前不得停止汽动给水泵机封冷却水，防止机械密封温度过高。

三、给水泵汽轮机油系统的运行

（一）给水泵汽轮机油系统概述

给水泵汽轮机有一套独立的油系统（油净化器与主汽轮机共用），它由高压油系统、润滑油系统和控制油系统三个部分组成。主要设备有油箱、辅助油泵、事故油泵、冷油器、油动机等。

高压油系统由两台容量相同的容积式辅助油泵供油，正常运行时一台运行，另一台作备用。高压油作为油动机的动力油源。

润滑油由辅助油泵出口减压后生成，润滑油压力为 0.10～0.15MPa。为了确保润滑油系统工作正常，还设置了一台直流事故油泵，当润滑油系统油压降低到 0.05MPa 时，直流事故油泵自启动。如果润滑油压继续下降到 0.04MPa 时，润滑油压低保护动作，汽轮机自动脱扣。

控制油系统由辅助油泵出口经过节流孔板减压后进入油动机、电液转换器和危急保安装置等，实现给水泵汽轮机的调节和保护功能。

（二）给水泵汽轮机油系统的运行

1. 运行中的参数监视

运行中应该经常监视、巡视的参数：油泵出口压力，控制油压力，润滑油压力，冷油器出口油（润滑油）温度，轴承和推力瓦温度，推力瓦工作面的乌金温度，润滑油管道滤网差压，控制油管道滤网差压，转子的轴向位移，转子的偏心，油动机开度等。

2. 给水泵汽轮机油系统的正常运行维护与注意事项

（1）油温的调整。正常运行情况下，冷油器出口处的轴承油温设定 40℃。如果油箱中油温低于 10℃时，应投入油箱中的电加热器升温至 20℃并停止电加热器。

（2）排烟风机的运行。排烟风机固定在油箱顶板上，电动机位于风机上。可通过调整摇杆式风门调节风机流量，风门开度一般在 30%左右。油烟分离器装在吸气侧管道中，它能把烟气中所含的润滑油分离出来。风机所抽出的烟气通过管道中的油烟分离器后排向大气。

（3）冷油器的切换。系统中装有两台冷油器。辅助油泵出口供轴承的润滑油经冷油器送至给水泵汽轮机组的各轴承。正常时一台运行，另一台备用。也可以两台并列运行。冷油器的油温通过冷却水量来调整，两台冷油器之间装有三通切换阀，可以在运行中切换，在切换前，必须检查备用的一台充满润滑油，以免在切换过程中造成断油事故。

（4）滤网的切换。系统中装有润滑油管道滤网、控制油管道滤网各两个，正常时一个运行，另一个备用。运行中当润滑油管道滤网差压大于 50kPa，控制油管道滤网差压大于 150kPa 时，就应该进行切换。两个滤网之间装有三通切换阀，可以在运行中切换。在切换前，应打开充油门将备用滤网充满润滑油，并打开排空门进行确认后，方可进行滤网的切换，以免在切换过程中造成断油事故。切换完毕后，必须将三通阀的锁紧装置锁紧。

（5）危急遮断器充油活动试验。为了防止危急遮断器中飞锤卡涩，需要在运行中定期对危急遮断器进行在线充油活动试验。试验时，先将试验控制杆由运行中位置拉至试验位置，此时一定要在给水泵汽轮机保护跳闸逻辑画面上检查试验位置信号返回正常，而后缓慢将危急遮断器充油活动试验阀打开，让高压油通过管路喷射到危急遮断器的底部，引起危急保安器飞锤动作。此时，要记录动作时转速、充油压力及油温，以便与上次试验作比较。飞锤动作后，要及时关闭危急遮断器充油活动试验阀，并进行复位操作。注意必须先进行复位操作，而后才能将试验控制杆拉由试验位置拉到运行位置。

3. 给水泵汽轮机油系统的巡检及就地操作

（1）检查油泵的出口油压，油泵的振动、声音、气味是否正常，检查油系统是否有渗漏点。

（2）排烟风机运行正常，无渗油漏油现象。排烟风机入口挡板的开度一般在 10%～15%。

（3）检查给水泵汽轮机主油箱、副油箱油位正常，油位的检查可通过油箱顶部的机械式油位计和油箱旁的磁翻板式油位计综合判断。

（4）润滑油油压（0.1～0.15MPa）、控制油油压（0.9～1.0MPa）正常，润滑油管道滤网差压低于 50kPa，控制油管道滤网差压低于 150kPa。当油压出现摆动时，可以微开运行冷油器去主油箱的排空门，油压稳定后缓慢关闭。

（5）检查冷油器出口处油温正常，当夏季环境温度较高，油温调整门全开油温仍高时，可以打开旁路手动门来调节油温。当环境温度降低后，在关闭旁路门时应缓慢，并注意检查调门开度，防止调门调节滞后而导致油温的突升突降。

（6）油净化装置运行时，应密切监视主油箱、副油箱的油位以及油输送泵的启停情况，防止由于油输送泵故障，导致副油箱满油。

四、案例分析

（一）2A 给水泵汽轮机运行中控制油压突降

1. 事件描述

机组负荷 294MW，2A 汽动给水泵出口流量 478.6t/h，2A-2 油泵电动机电流 16.7A，2A 给水泵汽轮机控制油压 1.02MPa，润滑油压 0.14MPa。LCD 发 "2A 给水泵汽轮机控制油压低" 报警，LCD 控制油压指示由 1.02MPa 降至 0.57MPa，2A-2 油泵电动机电流由 16.7A 降至 11.46A，迅速手动启动 2A-1 油泵，启动后 2A 给水泵汽轮机控制油压升至正常 1.03MPa，2A-2 油泵电动机电流恢复至 16.7A。就地检查 2A-2 辅助油泵泵体调压管路温度上升。

2. 原因分析

（1）2A 给水泵汽轮机控制油滤网差压大，控制油压降低。

（2）2A 给水泵汽轮机油系统有泄露点，造成控制油压低。

（3）辅助油泵泵体调压阀工作不正常，出现误动。

3. 预防措施

（1）给水泵汽轮机油系统的渗漏点要及时消除。

（2）润滑油管道滤网差压大于 50kPa 时，控制油管道滤网差压大于 150kPa 时，就应及时进行切换、清理。

（3）对给水泵汽轮机辅助油泵的泵体调压阀进行检查，调整。

（二）1A 给水泵汽轮机低压调门动作异常

1. 事件描述

机组负荷 196MW、主蒸汽压力 12.75MPa，两台给水泵汽轮机运行。给水流量 650t 左右。1A、1B 给水泵汽轮机转速 4700r/min 左右，1A、1B 给水泵汽轮机低压阀门指令为 40％～45％。CRT 发出报警："1A 给水泵汽轮机控制油压低"。立即检查给水泵汽轮机油系统以及汽动给水泵水系统。发现 1A 给水泵汽轮机控制油压降到 0.86MPa，1A、1B 汽动给水泵最小流量阀全开。1A 给水泵汽轮机低压调门指令变为 0％，转速由原来的 4700r/min 升高到 5400r/min 左右。随即检查 1B 汽动给水泵的调门指令和水系统，均正常。汽包水位基本维持稳定。5min 后 1A 给水泵汽轮机阀门指令回升至异常前状况。1A、1B 汽动给水泵的最小流量阀先后逐步全关，1A 给水泵汽轮机控制恢复正常。

2. 原因分析

从调取的趋势图中可以看出：1A 给水泵汽轮机高压、低压调门均有动作（低压调门指令从 44％逐渐开到 100％，高压调门指令从 0％逐渐开到 80％左右，随后调门指令波动几次），最终 1A 给水泵汽轮机转速从 4700r/min 升到了 5400r/min，因为低压调门、高压调门都动作，使控制油压发生了波动，导致控制油压低报警发出。

在异常出现时低压调门指令共有 3 个调节过程。第一个过程：给水指令增加，1B 给水泵汽轮机转速随即升高，但 1A 给水泵汽轮机转速反而有下降趋势，随后急剧上升；第二个过程：给水指令逐渐降低直至下降到 0％，1A 给水泵汽轮机转速基本维持 5400r/min 左右，长约 5min。1B 给水泵汽轮机随即转速下降；第三个过程：1A 给水泵汽轮机转速急剧下降，由 5000r/min 下降到 4000r/min 左右，此时给水指令又逐渐增大，1A、1B 给水泵汽轮机转速逐渐升高，调节过程趋于正常。

通过对以上 3 个调节过程的分析，目前判断为 1A 给水泵汽轮机的低压调门油动机动作在某个区段调节不够灵敏，甚至可能有卡涩的现象，使其在机组工况发生变化时，不能线形、平滑的进行跟踪指令的变化，出现振荡，导致以上异常现象出现。

3. 预防措施

（1）在低负荷时，运行人员加强对 1A 给水泵汽轮机监视，重点监视转速、控制油压、给水泵汽轮机低压调门的指令、最小流量整阀、汽动给水泵出口给水流量的变化情况。同时对其他给水泵汽轮机在低负荷下的运行情况也要重点关注。

（2）如果 1A 给水泵汽轮机低压调门指令发生波动，及时到就地检查其油动机的动作情况，进行分析判断。指令如频繁发生波动不能稳定，启动电动给水泵，停运 1A 给水泵汽轮机检查油动机。

（3）机组检修时，对两台给水泵汽轮机高、低压调门油动机送检校验和清理内部油泥，确保一个检修周期的安全运行。

（4）机组的油净化器运行效果不理想，设备故障多，检修维护工作量大，使滤油效果不够好，建议对滤油机重新选型更换。

第八章

旁 路 系 统 运 行

第一节　旁路系统的作用

一、旁路系统简介

汽轮机旁路系统是指锅炉产生的蒸汽不通过汽轮机汽缸的通流部分，而经过与汽缸并联的减压减温装置，排至低一级的蒸汽管道或直接进入凝汽器。旁路系统一般由减压减温装置、阀门附件、连接管道以及控制装置组成。蒸汽全部绕过高、中、低压缸，直接排入凝汽器的称为大旁路系统，蒸汽不经过高压缸的称为高压旁路系统，蒸汽不经过中、低压缸的称为低压旁路系统。

常用的旁路系统类型有一级大旁路系统、二级串联旁路系统、二级并联旁路系统、三级旁路系统以及三用阀旁路系统等。

目前，大容量机组的旁路系统普遍采用高压旁路、低压旁路两级串联的旁路系统，在机组启动、停运或事故情况下，锅炉产生的蒸汽不进入汽轮机或只有部分蒸汽进入汽轮机，绝大部分蒸汽进入高压旁路，经减温、减压后进入锅炉，对再热器进行换热冷却。经加热后的再热蒸汽，不进入汽轮机或只有部分蒸汽进入汽轮机，绝大部分蒸汽进入低压旁路，经减温、减压后进入湿冷机组的凝汽器或空冷机组的排汽装置。

二、旁路系统容量的分类

1. 10％～30％容量

10％～30％容量属低容量旁路系统，主要用于启动过程中的锅炉出口汽温与汽轮机金属温度或汽轮机启动要求相匹配，这对两班制运行机组的温态启动十分有效。

2. 30％～50％容量

30％～50％容量的旁路系统，为启动提供更大容量，且有利于两班制运行机组更快地增加机组负荷。

3. 50％～70％容量

在出现汽轮机跳闸或机组与电网解列时，这种较大容量的旁路可使锅炉继续运行，即可停机不停炉。

4. 70％容量

汽轮机跳闸时，可使所有安全阀不起跳，同时满足汽轮机带厂用电（FCB）运行的要求。

5.100％容量

可以满足各种形式的启动要求；汽轮机跳闸时，安全阀不会起跳，又由于这种三用阀旁路本身有泄压作用，当锅炉汽侧压力升高时，高压旁路在 1～3s 内快速开启，加以通流能力为 100％。因此，欧洲国家采用这种旁路时，已不再设安全阀。当机组与电网解列时，这一容量的旁路允许汽轮机带厂用电运行。

三、旁路系统的作用

旁路系统的主要作用有启动、溢流和安全三种作用。

1. 启动作用

（1）汽轮机旁路系统能满足机组在冷态、温态、热态和极热态启动时最佳冲转参数要求，缩短启动时间，提高机组启动经济性。例如，不设汽轮机旁路系统的 660MW 机组冷态启动时，从点火到冲转需 210min，从点火到带满负荷共需 495min；设置 30％容量旁路系统的 600MW 机组冷态启动时，从点火到冲转只需 90min，从点火到满负荷不到 360min。

（2）无论是冷态、热态或极热态启动时，设置汽轮机旁路系统使锅炉与汽轮机间匹配良好。尤其在热态与极热态启动时，能控制锅炉汽温使之与汽缸金属温度匹配，升负荷、升温快，从而改善机组启动性能。

（3）在机组冷、热态启动初期，锅炉给出的蒸汽参数未达到冲转参数要求时，用于主蒸汽和再热蒸汽管道的暖管。

（4）设置旁路系统，便于机组采用中压缸启动，且利于改善汽轮机暖机效果，减少寿命损耗。

2. 溢流作用

（1）机组启动时，通过旁路系统将不符合参数要求的蒸汽排入凝汽器，回收工质。

（2）在汽轮机跳闸后，将锅炉产生的多余蒸汽导入凝汽器，锅炉维持在不投油、最低稳燃负荷下运行，实现停机不停炉的运行方式。

（3）在发电机甩负荷后，通过旁路将多余蒸汽排入凝汽器，锅炉在最低稳燃负荷下稳定运行，维持汽轮机空转或带厂用电运行。

3. 安全作用

（1）在冷、热态启动和停机不停炉时，保证再热器管子通汽冷却，不发生超温。

（2）锅炉汽压过高时，旁路开启，避免锅炉超压，并减少对空排汽。

（3）设有 100％容量的旁路系统，在锅炉超压或机组甩负荷时，可起到安全阀的作用。

（4）机组滑压运行时，旁路系统可配合汽轮机实行压力跟踪。

第二节　旁路系统运行

一、机组启动过程中旁路的操作

（一）高压旁路压力控制阀的调节

（1）汽轮机建立真空前，高、低压旁路压力控制阀保护关，高、低压旁路压力控制阀的 PI 调节器输出跟踪实际阀位指令值。

（2）汽轮机真空建立［大于 585mmHg（77.992kPa）］后，保护开、保护关条件均不存在，高、低压旁路压力控制阀由"自动备用"转为"自动"状态，阀位开度为 0％。点火后若汽包压力大于 2.0MPa，或投燃烧器 5min 后压力升高 0.8MPa，高压旁路压力控制阀强制开起 9％，进行暖管。

（3）锅炉升温升压阶段，当主蒸汽压力升至 5.8MPa（温态大于 7.7MPa，热态极热态大于 9.9MPa，极热态大于 12.55MPa）时，高压旁路压力控制阀开始自动控制高压主汽门前压力，最小开度为 10％。

（4）发电机并网后，若主蒸汽压力大于 5.4MPa，则高压旁路压力控制下限去除，阀位可根据调节器指令在 0～100％范围内变化。

（5）当负荷升至 35MW 后，若高压旁路控制阀阀位指令小于 3％（或 9％），则在主蒸汽压力设定值上加 0.8MPa 的正偏差，作为高压旁路压力控制阀的给定值，使旁路关闭，并确保高压旁路压力控制阀在主蒸汽压力小范围偏离给定值时不开启；而当主蒸汽压力超过其给定值 0.8MPa，通过旁路泄压，起到超压保护的作用。

当发生 FCB、MFT 或发电机解列时，0.8MPa 的偏差自动取消。

高压旁路调门压力设定值曲线（冷态启动）、（温态启动）、（热态、极热态启动）如图 8-1、图 8-2、图 8-3 所示。

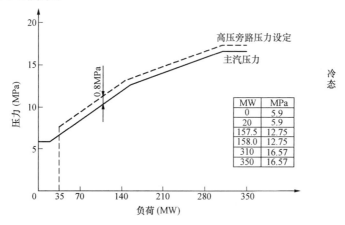

图 8-1　高压旁路调门压力设定值曲线（冷态启动）

（6）正常运行时，汽轮机高压旁路的作用是将机前蒸汽压力维持在主蒸汽压力设定值范围内，如图 8-4 所示条件满足时，将在主蒸汽压力设定值上加 0.8MPa 的偏差，作为高压旁路压力控制阀的给定值。

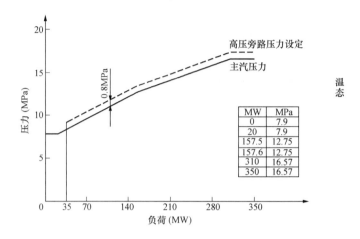

图 8-2　高压旁路调门压力设定值曲线（温态启动）

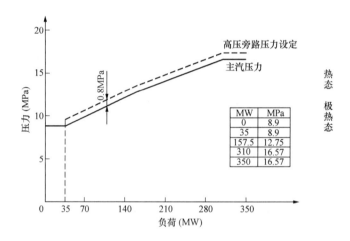

图 8-3　高压旁路调门压力设定值曲线（热态、极热态启动）

图 8-4　高压旁路压力设定偏置投入逻辑图

（二）低压旁路压力控制阀的调节

（1）机组启、停及正常运行时，如果调节级后压力信号正常且低压旁路压力控制阀投"自动"（或保护开），运行人员可在操作画面上投入低压旁路压力设定值"自动"，此时由汽轮机调节级压力来计算给定值。

（2）若低压旁路阀未投"自动"，则低压旁路压力设定值自动跟踪再热蒸汽压力；若低压旁路阀压力设定器投"手动"时，运行人员可以手动设定低压旁路压力给定值。

（3）调节级压力与低压旁路压力设定值对照关系见表 8-1。

表 8-1　　　　　　　　　　　　调节级压力与低压旁路压力设定值对照表

调节级压力（MPa）	0.0	3.28	5.83	8.82	12.15	13.72	15.00
低压旁路压力设定值（MPa）	0.8	1.30	2.00	3.20	4.00	4.30	4.50

（三）高、低压旁路减温水控制阀的调节

1. 高压旁路减温水控制阀

（1）高压旁路出口温度设定值为 280℃。

（2）高压旁路压力调节阀阀位指令作为前馈信号，控制高压旁路减温水控制阀。

（3）三台给水泵全部停运时，全关高压旁路减温水控制阀。

2. 低压旁路减温水控制阀

（1）低压旁路出口温度设定值为 150℃。

（2）两台凝结水泵跳闸时，全关低压旁路减温水控制阀。

（3）FCB 动作后，立即全开低压旁路减温水控制阀直至 CCS 停发 FCB 指令。

（4）低压旁路压力调节阀阀位指令作为前馈信号，控制低压旁路减温水控制阀。

二、机组启动过程中，高、低压旁路运行期间应重点注意监视内容

（1）注意监视高、低压旁路调节阀后温度正常，合理调整减温水量。350MW 机组低压旁路调阀后温度高至 200℃时，保护动作联关高、低压旁路；300MW 机组高压旁路出口温度大于 420℃或低压旁路出口汽温大于 190℃时联关高、低压旁路。

（2）注意监视低压旁路减温水压力正常，防止减温水压力低联关高、低压旁路，350MW 机组旁路系统未设计低压旁路减温水压力低保护，300MW 机组低压旁路减温水压力低至 1.5MPa 时联关低压旁路。

（3）操作时注意高、低压旁路调节阀的配合，开启时先开低压旁路调阀、后开高压旁路调阀；关闭时先关高压旁路阀、后关低压旁路阀，防止再热器超压。

（4）注意高、低压旁路调阀与燃料量的配合，350MW 机组重点注意防止再热器干烧保护动作引起锅炉 MFT。再热器干烧保护动作条件：汽轮机高压主汽门、高压调汽门或中压调汽门关闭而高压旁路或低压旁路控制阀未打开（高压旁路控制阀开度小于 7％或低压旁路控制阀开度小于 6％），当总燃料量大于 10％MCR（燃油 7.7t/h，燃煤 15.4t/h）延时 20s，再热器干烧保护动作；当总燃料量大于 20％MCR（燃油 15.4 t/h，燃煤 30.8 t/h）延时 10s，再热器干烧保护动作。

（5）正常运行中注意监视高、低压旁路调节阀后、高排通风阀后温度，若阀门存在内漏情况温度高时，可适当开启减温水控制温度不高于 70℃。但要注意不能采取频繁开关减温水阀门的方法来控制温度，防止管道材料受交变应力而损坏。

三、旁路的保护功能

（1）发生以下任一情况时，高、低压旁路控制阀保护关。

1）锅炉 MFT。

2）凝汽器真空低于 78kPa。

3）低压旁路后汽温高于 200℃。

4）两台凝结水泵全部停运。

（2）发生 FCB 后，高、低压旁路动作逻辑如图 8-5 所示。

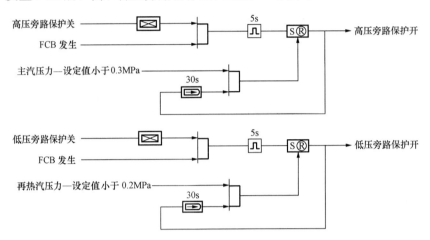

图 8-5　高、低压旁路动作逻辑图

第九章

加 热 器 运 行

第一节 回 热 加 热 器 运 行

一、回热加热器概述

（一）给水回热系统流程介绍

给水回热系统是提高火电厂效率的有效措施之一，它是由回热抽汽管道、回热加热器、给水管道、疏水管道等组成的一个加热系统。按照给水压力高低的划分又可分为低压给水回热系统和高压给水回热系统，给水泵入口以前的称为低压给水回热系统，给水泵入口以后的称为高压给水回热系统。给水回热系统的主要设备有低压加热器、除氧器、高压加热器、凝结水泵、给水泵等，而回热加热器是回热循环系统的核心。回热加热器按照传热方式的不同，可分为混合式和表面式两种。混合式加热器通过汽水直接混合传递热量，表面式加热器则通过金属换热面来实现热量传递；按照水侧的布置和流动方向不同，表面式加热器可分为立式和卧式两种。卧式加热器内给水沿水平方向流动，立式加热器内给水沿垂直方向流动；立式加热器占地面积小，可使厂房布置紧凑。卧式加热器传热效果好，结构上便于布置蒸汽冷却段和疏水冷却段，因而在现代大容量机组上均得到了广泛采用。

（二）给水回热系统的作用

给水回热系统的作用表现在两个方面：一是从蒸汽热量的利用方面来看，从汽轮机内抽出一部分做过功的蒸汽在加热器中对给水加热，将这部分抽汽在冷凝过程中的热量传给了给水回到锅炉中去，减少了凝汽器中的热损失，从而使蒸汽的热量得以充分的利用，提高了循环的热效率；二是从给水加热的过程来看，利用汽轮机抽汽对给水加热时，换热温差要比锅炉烟气加热时小得多，因而减少了给水加热过程的不可逆性，也就减少了冷源损失，提高了循环的热效率。采用给水回热加热，可节省大量的热量和燃料，一般可节省燃料 10%～15%。

二、加热器系统的运行

（一）加热器系统的运行

加热器采用定负荷启停，即机组达到规定负荷时才投入，降负荷到规定值时才停用。投入水侧前除全面检查各部正常外，必须保证各加热器水侧保护正常。投入汽侧前，要进行充分拉疏水预热，可稍开抽汽电动门进行暖管。投入加热器汽侧时，应按抽汽压力从低到高的顺序，逐个投入；加热器停用时，关闭抽汽时要按压力从高到低的顺序，逐级切除。为了防止启、停时高压加热器产生过大热应力导致管板胀口泄漏，投入高压加热器时应控制给水温升率不大于 5℃/min，切除时温降率不大于 2℃/min。操作抽汽电动门时应缓慢、均匀进行，并注意抽汽止回阀的开关状态应正常。

1. 加热器系统的就地巡检及操作

（1）正常运行中，检查系统各阀门位置、状态正确；事故疏水门处于热备用状态；检查各管道支吊架、支座、保温完好。

（2）正常运行中，检查加热器系统各管道、阀门、堵头、热工测点等部件完好，就地加热器本体、水位计、变送器、液位开关等无漏汽、滴水现象。

（3）正常运行中，应定期核对加热器就地水位与 LCD 显示一致，定期进行止回阀的活动试验，保证抽汽止回阀动作灵活。

（4）运行中投、切加热器水位计时，应缓慢、均匀操作，必要时穿上防烫服，并看好退路，防止汽水喷出伤人。

2. 加热器系统的运行监视与调整

（1）正常运行中，要重点监视加热器的汽侧水位、端差（上端差：加热器抽汽压力对应下的饱和温度与加热器出口给水温度的差值；下端差：加热器疏水温度与加热器入口给水温度的差值）、抽汽压力、抽汽温度，此外，还应关注高压加热器水侧入/出口差压及给水泵转速的变化趋势，及时分析判断高压加热器的运行情况，防止因高压加热器水侧差压大造成的给水泵超速事故的发生。

（2）运行中，如加热器水位异常，应首先检查正常疏水调门动作是否正常，是否存在卡涩现象，同时根据水位变化情况，及时调整事故疏水调门开度，综合判断水位异常的原因，防止加热器满水事故的发生。

（二）运行中加热器投入和切除（以高压加热器为例）

1. 高压加热器退出主要操作步骤

（1）负荷降到 30% 负荷以下，先退出高压加热器汽侧。按照汽侧压力由高到低的顺序退出。

（2）退出高压加热器水侧。退出的顺序为：先开启水侧旁路电动门，而后关闭水侧出入口电动门。

（3）退出高压加热器汽侧疏水系统。正常疏水和事故疏水系统退出次序没有严格限制，但为防止泄漏空气进入凝汽器系统，一般先退出事故疏水系统。

（4）退出高压加热器汽侧抽空气系统。一般只需关闭与除氧器相连的加热器汽侧抽空气门，其他不需要关闭。

（5）开启高压加热器水侧、汽侧放水门、排空门进行降压、放水。

2. 高压加热器退出中的注意事项

（1）在关闭汽侧电动门过程中，不要一次关完，中间每关 3s 停留 5min，然后再逐步关闭。高压加热器进汽电动门全部关闭后停电。

（2）在关闭高压加热器汽侧电动门过程中，因汽轮机侧用汽量减小，因此要加强监视锅炉系统的燃烧、锅炉省煤器入口给水温度及汽轮机负荷情况，防止主蒸汽压力、温度及负荷超限，做到平稳过渡。

（3）打开高压加热器水侧旁路电动门后，要求有专人到就地确认、核实该电动门确实开启，注意监视汽包、除氧器水位。

（4）进行高压加热器水侧、汽侧的放水时要注意在开放水门前先检查一下水侧、汽侧内部压力，防止内部压力依然过高的情况下开放水门，使蒸汽喷出伤人。一般情况下内部压力降到1MPa以下时再进行放水工作。

（5）高压加热器退出后，因没有高压加热器疏水去除氧器，在高负荷时，要保证除氧器水位正常，凝结水泵的出力会增大，此时应注意凝结水母管的压力及凝结水泵的运行状况。

（6）高压加热器退出后，因进入汽轮机内的蒸汽流量发生变化，对于高中压级蒸汽流向相反的机组其推力瓦的受力情况还会变化，因此应严密监视调节级压力、各抽汽段压力、轴向位移、推力瓦温度、胀差等参数，发现参数异常时，立即减负荷。

（7）高压加热器退出以后，仍需注意监视一、二、三段抽汽温度，应适时开启抽汽止回阀前后疏水门进行疏水，防止冷水返至汽缸。

（8）切除高压加热器系统后，要等温度下降后，对各电动门进行手动复紧，但同时也要防止使用蛮力，将阀门损坏。

（9）如高压加热器因泄漏退出，退出后需要注水查漏时，要使注水温度与高压加热器内部钢管的温度相匹配，温差控制在40℃以下，注入的水尽量使用温度较高的凝结水，防止温差过大产生热冲击损坏设备。

（10）高压加热器退出后还要加强对锅炉的燃烧调整。高压加热器退出后排烟温度、一二次风温都会大幅下降，因此在低负荷、煤质较差时，应特别注意防止由于风温较低，燃烧工况不良而造成锅炉灭火。同时由于炉内吸热的增强，在高负荷下应密切监视各点金属温度，防止多点大幅超温现象发生。

3. 高压加热器投入主要操作步骤

（1）投入高压加热器水侧。投入的顺序：关闭放水门后，先注水待最高处空气门见水后再逐渐开启水侧出入口电动门，然后关闭水侧旁路电动门。

（2）投入高压加热器汽侧疏水系统。为防止加热器突然泄漏的意外发生，一般先投入事故疏水系统。

（3）投入高压加热器汽侧抽空气系统。

（4）投入高压加热器汽侧。投入的顺序与退出相反，按照汽侧压力由低到高的顺序投入。

4. 操作过程中的注意事项

（1）全开水侧出入口电动门后，由于旁路管道阻力小于高压加热器内部，大部分给水仍然通过旁路进入锅炉，这时表现出的现象为高压加热器内部水侧温度升不起来，特别是位于中间的加热器更是如此。这时需要先手动将高压加热器旁路电动门关小至20%～30%，待高压加热器内部水侧温度达到除氧器内的水温时，再全关旁路电动门。需要注意高压加热器内部控制温升率在2～2.5℃/min内。

（2）在开启汽侧电动门过程中，要进行充分的暖管，不要一次开完，中间每开3s停留5min，然后再逐步开启。

（3）投入高压加热器的过程与退出高压加热器的过程相反，总体上是有利于汽轮机和锅炉的安全运行，但由于是一个工况变动的过程，仍需对汽轮机和锅炉的相关参数进行严密监视，防止意外情况发生。

三、加热器系统事故案例

（一）4 号机组 5 号低压加热器泄漏，5 号低压加热器水位异常升高

1. 事件描述

4 号机组停机检修，LCD 上发"5 号低压加热器液位高报警"，就地检查 5 号低压加热器液位确实高，运行人员打开 5 号低压加热器汽侧放水门，发现加热器汽侧水一直放不完，因此判断 5 号低压加热器换热管发生泄漏。

2. 原因分析

低压加热器最严重的故障就是内部管子破损泄漏。发生这种情况会使汽侧水位升高甚至满水，威胁机组安全。主要原因是管子胀口松弛或长期运行使换热管振动损坏或腐蚀破损。另外投入、退出加热器过快使其局部受热不均而产生胀口松弛也是引起加热器泄漏的主要原因。

3. 预防措施

（1）机组运行中，加强对加热器水位、端差等重要参数的监视，在机组变工况或启、停机投退加热器时，控制好变负荷速率和投、退加热器的速度。

（2）在发现汽侧换热管道破裂泄漏时，应立即切除加热器水侧和汽侧运行，打开疏水门，防止加热器满水事故的发生。

（二）350MW 机组高压加热器水侧压差不断增大，汽动给水泵超额定转速运行

1. 事件描述

从 2006 年开始，在额定工况下，350MW 机组汽动给水泵转速逐渐升高，最高达到 6100r/min，远远高于正常转速 5800 r/min。经多方分析、论证和现场开展各种检查、试验，最终确定了高压加热器水侧压差增大，水侧管道堵塞是汽动给水泵转速升高的主要原因。

2. 原因分析

通过对比历史数据，发现 350MW 机组高压加热器压差不断增大，额定负荷时压差最高达到 3.2MPa。机组停运后对高压加热器水侧检查，发现管口处存在大量沉积物。化验分析沉积物为磁性 Fe_3O_4 氧化物，且沉积量按 3、2、1 号高压加热器依次增加。分析产生沉积物的原因：给水 pH 值控制偏低，造成加热器内部腐蚀，产生 Fe_3O_4，由于加热器自身设计原因使得 Fe_3O_4 不易被给水带走，从而积存在高压加热器入口管段表面，造成压差不断增大。

之后对 350MW 机组高压加热器进行了酸洗，同时对化学日常水处理环节进行了相应调整，从目前运行情况看，高压加热器压差增加趋势减缓，基本保持稳定，汽动给水泵转速也相应降低。

3. 预防措施

（1）给水采用弱氧化性处理方式。给水 pH 尽量保持在 9.3～9.4 的范围内，给水停

止加入联氨，同时要保证精处理装置的正常运行。

（2）调节凝结水和给水的加氨量，保证给水 pH 在适宜范围内。

（3）运行人员每班记录最高负荷下的高压加热器压差，进行持续跟踪。

（三）高压加热器入口安全阀泄漏，高压加热器系统被迫停运

1. 事件描述

2 号机 3 号高压加热器水侧入口安全阀泄漏，因无法单独隔离，被迫停运高压加热器系统。该安全阀后经反复处理，仍存在漏汽现象，最后只得将高压加热器水侧入口安全阀顶部压紧螺钉拧入，使得安全阀在运行中失去保护作用。

2. 原因分析

（1）高压加热器入口安全阀泄漏原因一般为本身质量存在问题或经长期运行后产生质量下降所致。

（2）运行中对系统调整不当，也可能造成系统超压，安全阀泄漏，为此应加强运行中的监视和调整，防止系统超压。

3. 预防措施

（1）在安全阀失去保护作用期间，为保证高压加热器和机组的安全运行，运行中应注意监视高压加热器入口给水母管压力不得超过 21.92MPa。

（2）尽量控制汽轮机负荷升降速率，防止汽包水位剧烈变化引起汽动给水泵出口压力大幅度波动。

（3）运行中注意控制高压加热器水位在正常范围（$-50 \sim +50$mm），发现异常及时处理。

第二节 凝汽器系统运行

一、凝汽器系统概述

（一）凝汽器系统流程介绍

350MW 机组为表面凝汽式湿冷机组，低压缸的排汽进入凝汽器，在凝汽器内蒸汽被循环水冷却后凝结，凝结水汇集至热井，经凝结水泵、轴封加热器、低压加热器后进入除氧器。

300MW 机组采用直接空冷式凝汽器。低压缸的排汽经排汽装置由大直径导汽管引至 32m 平台的空冷岛，由 24 台空冷风机进行通风冷却，凝结水汇集至除氧装置后进入热井，经凝结水泵、轴封加热器、低压加热器后进入除氧器。

（二）凝汽器系统的作用

对汽轮机内做完功的蒸汽进行冷却，凝结水汇集至热井，在热井内对凝结水进行预除氧并分离出不凝结气体；凝结水经凝结水泵升压后经各级加热器后进入除氧器。

二、凝汽器及相关设备的运行

350MW 凝汽设备主要由凝汽器、凝结水泵、循环水泵、凉水塔以及这些部件之间的连接管道和附件组成。

300MW 凝汽设备主要由空冷凝汽器、空冷风机、凝结水泵以及这些部件之间的连接管道和附件组成。

（一）凝结水泵的运行

凝结水泵的作用是连续地把凝汽器热井中汇集的凝结水送出，经过各加热器预热后输送至除氧器。

1. 凝结水泵的巡检

（1）检查确认凝结水泵泵体排空门开启，凝结水泵密封水投入正常，防止外界空气漏入，影响真空及凝结水的溶氧。

（2）检查确认凝结水泵入口滤网差压正常，350MW 凝结水泵入口滤网差压小于 20kPa，300MW 凝结水泵入口滤网差压小于 25kPa。

（3）运行中注意对凝结水泵变频室的检查，变频室内空调制冷正常，室内温度小于 30℃；运行中禁止开启变频柜柜门，防止变频器联锁跳闸。

2. 凝结水泵的运行监视及调整

（1）凝结水泵运行中应重点注意监视热井水位、凝结水压力、凝结水流量、凝结水温度等参数；在机组变负荷时，确认凝结水泵上水调门动作正常、无卡涩，热井、除氧器水位正常。

（2）凝结水泵变频运行期间，负荷变动时注意检查凝结水泵转速与除氧器上水调门的配合情况，防止凝结水压力过低影响除氧器水位，影响各凝结水用户的供水。350MW 机组除氧器水位由凝结水泵变频自动调节，除氧器上水调门根据机组负荷情况自动调节，使凝结水压力控制在 1.3～1.5MPa 之间；300MW 机组负荷低于 230MW 时，一般将上水调门投入"自动"，控制除氧器水位，负荷高于 230MW 时，凝结水泵变频投入"自动"控制，调节除氧器水位。

（3）凝结水泵变频运行时，注意保持凝结水压力在正常范围（1.3～1.5MPa），注意检查凝结水各用户供水压力正常。

（4）在凝结水泵进行定期切换前，应通知化学精处理提前做好准备工作，防止凝结水压力过高，造成精处理装置差压高保护动作，引起凝结水断水事故的发生。

（5）夏季高负荷、高背压工况下，注意加强监视凝结水温的变化，当水温达到 75℃ 时，通知化学注意监视凝结水精处理运行情况，防止精处理温度高保护动作。

3. 凝结水泵的启、停操作

（1）凝结水泵的启动。

1）凝结水泵启动试运前，首先应进行点动，确认电动机转向正确后方可投入连续运行；凝结水泵的转向可根据就地的入、出口管道的位置情况进行判断，叶轮转向为工质的入口。

2）在凝结水泵启动前，应确认其密封水压力正常。350MW 凝结水泵密封水由密封水母管提供，在凝结水泵启动前由凝结水输送泵向母管供水，正常运行中由凝结水泵供水，密封水压力：0.3MPa；300MW 凝结水泵密封水水源有两路：凝结水输送泵和凝结水泵自密封，在第一台凝结水泵启动前，启动凝结水输送泵，确认输送泵供凝结水泵密封水压力正常大于 0.5MPa。

3）在凝结水泵启动前，应检查系统各排空门开启，启动凝结水输送泵向母管注水、排空正常后方可启动凝结水泵。

（2）凝结水泵的定期切换。

1）凝结水泵切换前应提前通知化学精处理做好准备，防止精处理差压高保护动作。

2）两台凝结水泵运行时注意检查凝结水泵再循环调整门自动调节正常，否则手动进行调整，保持凝结水母管压力正常；检查除氧器上水调门自动调节正常，除氧器、热井水位正常。

3）350MW凝结水泵变频运行时，如进行工频泵试转，在LCD上给出倒泵指令，指令发出后，先关小除氧器上水调门，提高变频泵转速，当变频泵实际转速升至1400r/min、凝水压力至2.2MPa以上时，启动工频泵；300MW凝结水泵变频运行时，如进行工频泵启动试转，先将变频凝结水泵转速手动调整至额定转速，检查母管压力至3MPa时，启动工频凝结水泵试转。

（3）凝结水泵的停运。

1）机组停运后，检查确认低压缸排汽处温度降至50℃以下，且无热汽、热水进入排汽装置和热井，方可停运凝结水泵。

2）凝结水泵停运后应关闭热井补水调整门及其旁路门，注意监视热井水位正常，防止冷汽、冷水进入汽缸。

3）凝结水泵运行中若就地检查发现有危及人身及设备安全的紧急情况时，应立即在就地按下事故按钮进行紧停。

（二）空冷系统的运行

空冷系统主要由排气装置、排汽管道、空冷凝汽器管束、凝结水回水管道、凝结水预除氧装置、抽真空管道、轴流风机等部件组成。300MW机组的空冷凝汽器分为6个街区，每个街区共4个单元，由3个顺流单元，1个逆流单元构成，共24个冷却单元。每个单元配有一台大直径轴流风机，风机直径：9.754m，风机100%额定转速对应的实际转速为71r/min，每台风机有5个叶片；风机转速可通过变频器在30%～110%额定转速范围内进行调节，满足运行背压的要求。

1. 空冷系统的巡回检查内容

（1）检查空冷风机减速箱油位正常，拔出减速机油位标尺检查油位在高、低油位线之间，油质透明无杂质。

（2）检查各空冷风机运转声音正常，振动正常；每台空冷风机均设有振动高保护开关，当振动大时发报警并联跳空冷风机，待故障排除后需就地复位振动开关后风机才允许启动。

（3）检查各个空冷风机小间内照明良好，无杂物；确认各小间的门关闭严密，防止空冷单元间漏风影响换热效果，发现门无法关闭时，及时通知检修处理。

（4）就地检查空冷凝结水回水管道、抽真空管道声音正常，无振动和异音。当发现凝结水回水管道、抽真空管道异常振动时，在LCD上检查将两侧存在较大温差的空冷单元的逆流风机切至"手动"控制，降低风机转速，消除两侧温差。

2. 空冷系统的运行监视与调整

（1）空冷机组的冬季运行。

1）冬季机组启动时，适当提高机组背压至 20kPa，防止因蒸汽流量过小造成空冷换热管道冻结。

2）运行中注意对空冷岛各排散热器南、北侧下联箱及散热器管束的就地测温。

3）密切监视空冷各排凝结水的过冷度，过冷度最大不应超过 5.5℃，否则应适当提高机组背压。

4）注意空冷防冻保护的动作情况，防止保护动作后对机组运行产生较大影响。

（2）空冷机组的夏季运行。夏季运行主要考虑控制机组背压不得过高，防止机组背压高保护动作跳闸。主要应注意以下几方面：

1）夏季运行中注意监视机组背压摆动后的最大峰值不得超过 45kPa，如最大峰值超 45kPa，应立即快速降低负荷直至最大峰值小于 45kPa，大风天气应特别引起注意，防止保护动作，机组跳闸。

2）背压出现大幅度摆动后，注意监视凝结水温度，同时通知化学精处理注意精处理运行情况，防止凝结水温突升，引起精处理保护动作解列。

3）注意监视各空冷风机电流及绕组温度，各风机绕组温度小于 110℃，发现有超限运行的风机应及时切手动降低出力，防止风机电动机超温跳闸。

4）由于空冷变压器及空冷风机变频器发热量较大，夏季注意对空冷配电室的检查，确认各空调制冷正常，室内温度小于 30℃；各空冷风机隔离开关触头温度小于 70℃。

三、凝结水泵的事故案例

（一）凝结水泵切换时，因凝结水泵出口电动门关闭不严、止回阀卡涩，凝结水倒流，母管压力下降

1. 事件描述

4 号机进行凝结水泵定期切换，由 4A 凝结水泵切换至 4B 凝结水泵。当 4B 凝结水泵启动正常，停运 4A 凝结水泵停后，发现凝结水压力、流量快速降低，分析判断其出口电动门、止回阀不严，造成凝结水倒流。

2. 原因分析

凝结水泵出口电动门关闭不严且止回阀卡涩，凝结水泵停运后凝结水倒流，造成凝结水压力、流量降低。

3. 预防措施

（1）在进行凝结水泵切换过程中，应密切监视凝结水压力、流量正常，凝结水再循环调门动作正常。

（2）在凝结水泵切换过程中，发现停运泵出口电动门、止回阀关闭不严，凝结水压力、流量突然下降时，应根据凝水母管压力下降情况快速降低机组负荷，稳定凝结水压力。

（3）若凝结水压力仍无法恢复正常，将故障凝结水泵停电，缓慢关闭凝结水泵入口手动门，使凝结水泵停止倒转。在关闭过程中，注意检查入口管法兰，防止法兰破裂漏水。

（二）凝结水泵切换时造成精处理装置保护动作，旁路电动门故障无法开启，造成凝结水中断

1. 事件描述

机组进行凝结水泵定期切换，在两台凝结水泵并列运行时，因凝结水压力高造成精处理装置差压高保护动作解列，而精处理旁路电动门故障无法开启，造成凝结水断水。

2. 原因分析

化学精处理设计有差压大保护，当进出精处理凝水母管差压达到 0.35MPa 后，保护动作，精处理解列。当压力开关定值飘移后极易造成保护动作。

3. 预防措施

（1）在进行凝结水泵切换前提起通知化学精处理做好切换前的准备工作，并注意加强监视。

（2）切换过程中注意监视凝结水母管压力的变化，注意凝结水泵再循环的动作情况，必要时切至手动进行调节，稳定凝结水母管压力。

（3）若在切换过程中因凝结水压力过高造成精处理保护动作，应确认其电动旁路联开正常，否则应快速降低机组负荷并派人员到就地开启其旁路手动门，恢复凝结水供水。

（4）精处理凝水母管差压开关要定期进行校验，确保准确可靠。

第三节 除氧器运行

一、除氧器概述

（一）除氧器的分类及流程介绍

除氧器按压力不同，可分为真空除氧器、大气式除氧器、高压除氧器三种。根据水在除氧器中散布的形式不同，又分淋水盘式、喷雾式和喷雾填料式三种结构形式。压力式除氧器因其可作为一个回热加热器，提高给水温度，在大型电厂得到广泛应用，利用机组的抽汽，除氧的同时，提高给水温度，达到节约能源的目的，这里主要介绍这种除氧器。

除氧器是混合式加热器，凝结水经过低压加热器加热后进入除氧头，与机组的四段抽汽（机组启动时用辅汽）及高压加热器疏水混合，达到饱和温度，利用分压力原理，分出不凝结气体，在顶部排出，达到除氧的目的，饱和水下流至水箱，作为给水泵的供水。

（二）除氧器的作用

除氧器的主要作用就是用它来除去锅炉给水中的氧气及其他气体，保证给水的品质。同时，除氧器本身又是给水回热系统中的一个混合式加热器，加热给水，提高给水温度，回收机组的疏水，如高压加热器疏水，连排扩容器排汽，暖风器疏水，减少冷源损失。

除氧器水箱的作用是储存给水，平衡给水泵向锅炉的供水量与凝结水泵送进除氧器水量的差额。也就是说，当凝结水量与给水量不一致时，可以通过除氧器水箱的水位高低变

化调节，满足锅炉给水量的需要，提高安全性。

二、除氧器的运行及调整

（一）除氧器的投运

（1）除氧器启动前应确认除氧器检修工作已结束，保温已恢复，现场清理干净，工作票已终结，安全设施已拆除。

（2）除氧器系统所有阀门状态正确，有关电动门已送电，并校验完毕。

（3）除氧器各仪表齐全，就地、远方水位计均已投入，并确认指示正确。

（4）确认除氧器水位、压力自动控制，高、低水位保护已检验完毕，并正常投入。机组凝结水系统已正常投运，凝结水水质合格。

（5）确认辅汽至除氧器供汽调整门前电动门及调整门均在关闭位置。确认辅汽母管已具备向除氧器供汽条件。

（6）除氧器大修或安全门检修后，应做安全门动作试验，动作值应正确。确认除氧器水箱已冲洗完毕，水质合格，关闭除氧器放水去定排手动门，补水至最低水位线。

（7）确认机组真空已建立，辅汽系统已正常投运。开启辅汽至除氧器供汽调整门前电动门，微开辅汽至除氧器供汽调整门对供汽管路进行充分暖管。暖管结束后，控制辅汽至除氧器供汽调整门开度，除氧器以 1.5℃/min 的升温率升温升压，除氧器水温升至 111℃，压力升至 0.147MPa 后保持。

（8）在加热过程中注意除氧器振动情况。当除氧器达到要求的温度与压力时，缓慢打开除氧器水位调整门给除氧器上水；同时加大进汽量，观察压力、水位、温度的变化。若压力下降过快，应减少进水量，维持除氧器的压力、温度稳定。上水至正常水位后，将除氧器水位调整门投"自动"。

（9）当机组负荷高于额定负荷的 30%，确认开启除氧器进汽电动门，四段抽汽去除氧器止回阀开启，由四段抽汽向除氧器供汽，滑压运行。

（10）随着除氧器压力升高，检查辅汽至除氧器压力调整门逐渐关闭，在汽源切换过程中，注意监视除氧器内压力、温度、水位的变化，防止发生汽化。

（二）除氧器就地巡检及操作

（1）正常运行中，检查除氧器系统各阀门位置、状态正确；检查各管道支吊架、支座、保温完好。

（2）正常运行中检查除氧器运行平稳，无异常振动，系统各管道、阀门、法兰、表计连接处无漏水、漏汽现象。检查除氧器水位、压力、温度正常，LCD 画面与就地指示一致。

（3）正常运行中，应定期核对除氧器就地水位与 LCD 显示一致，除氧器水位自动控制及辅汽至除氧器压力自动控制正常，水位保护应投入并动作可靠。

（4）运行中投、切水位计时，应缓慢、均匀操作，必要时穿上防烫服，并看好退路，防止汽水喷出伤人。

（5）检查除氧器运行正常，排氧门调整合理，给水溶氧不大于 $7\mu g/L$。

（6）检查除氧器水位正常，压力、温度与机组负荷相对应。

（三）除氧器的停运

（1）除氧器滑停时，注意其压力、温度、水位等变化情况，当除氧器压力低于 0.2MPa 时，及时投入辅汽汽源，同时手动关闭四段抽汽去除氧器电动门、止回阀。

（2）手动控制辅汽至除氧器压力调整门前电动门，逐渐降低除氧器压力直至 0MPa。

（3）当给水泵停运后，关闭辅汽供除氧器调整门，停止加热。

（4）除氧器汽源切断后，停止给除氧器上水。

（5）除氧器停运后，应按规定做好保养工作。

三、除氧器系统事故案例

除氧器水位变送器 A 泄漏，检修办票处理，造成机组停运。

1. 事件描述

除氧器水位变送器 A 泄漏，检修办票处理，除氧器水位调整切为选 C 变送器，因 LCD 上编号与就地不一致，就地 A 变送器在 LCD 上显示是 C 变送器，就地 C 变送器在 LCD 上显示为 A 变送器。当在就地把 A 变送器（为 LCD 上 C）切出后，LCD 上水位显示不变，水位调节跟踪 C 变送器信号已无意义，导致实际除氧器水位降低，最后水位低低发出，给水泵跳闸，机组停运。

2. 原因分析

（1）基础管理工作不扎实，就地变送器与 LCD 上信号不对应。

（2）运行人员监盘不认真，未及时发现凝结水量持续减小的异常。处理异常和分析判断的能力不强，没有及时采取相应的干预措施。

3. 预防措施

（1）对带保护的变送器检修时，注意信号的选择，防止选错；对于三选信号，在处理两端信号时，可选中间信号。

（2）完善技术管理的基础工作，加强运行人员分析和判断异常的能力，提高处理事故正确性。

第十章

汽轮机附属设备与系统运行

第一节　循环水系统运行

一、循环水系统简介

（一）循环水系统流程介绍

化学按照生水与软化水 4：6 的比例补入 350MW 机组凉水塔水池，水池中的水经过滤网进入循环水泵入口前池，再进入循环水泵，经循环水泵升压后，进入汽轮机凝汽器对排汽进行冷却，回水上至凉水塔竖井，通过淋水填料均匀分配到凉水塔各部，冷却后回落至水塔水池，进行循环。

循环水还有两个去处：一是从循环水泵出口至 350MW 机组开式水系统，另一个是从凉水塔前池入口去 300MW 机组辅机冷却水前池。350MW 机组开式水和 300MW 机组辅机冷却水经过吸收用户的热量后又回到凝汽器出口管道，与凝汽器回水一起进入水塔进行冷却循环。

（二）循环水系统的作用

在凝汽式机组中，为了提高机组的经济性，汽轮机的排汽需经过冷却变为凝结水，以保证汽轮机排汽口的真空，同时回收凝结水，汽轮机排汽的冷却现阶段主要有三种方式：①机组的排汽进入凝汽器，在其中布有水管，用水进行冷却，这种在凝汽器中冷却汽轮机排汽的供水系统称为循环水系统，350MW 机组采用这种方式；②排汽进入空冷塔，利用空气进行冷却，这种系统称为空冷系统，300MW 机组采用这种方式；③排汽进入热网用户，冷却后回收凝结水。第一种冷却方式中循环水系统除了提供汽轮机凝汽器的冷却用水外，同时还可提供以下各用户的冷却水：①350MW 机组开式水系统用水；②300MW 机组辅机冷却水系统用水；③锅炉排渣系统用水。

二、循环水泵启动与停运

（1）循环水泵的启动应特别注意在启动循环水系统时要开启系统的排空门，对系统充分排空，防止水击造成系统膨胀节、凝汽器铜管损坏漏水。排空地点：凝汽器出入口、凝汽器进出管道、凉水塔竖井入口管道。

（2）启动循环水泵时，就地应确认公用水投运正常，观察窗流量、密封水压力正常，防止因密封水压力开关故障，造成循环水泵无密封水启动而损坏轴承。

（3）循环水泵的停止应注意就地检查循环水泵出口门确已关闭，方可停运循环水泵。

（4）停运一台循环水泵时，因循环水压力降低，应注意对另一台循环水泵密封水压力的影响，防止密封水压力低使泵掉闸。同时还要关注对开式水系统的影响，防止开式水用户因冷却水压力低调整不及时而造成超温。

（5）因循环水泵带有双泵停运跳机的主保护，因此在停运一台循环水泵前要注意先检查没有任一循环水泵停运的信号发出，而后方可停运单台循环水泵。

三、循环水泵运行监视与操作

（一）循环水泵的运行

1. 循环水泵就地检查项目

（1）循环水泵就地检查时重点检查确认其自密封水系统正常；检查公用水供水正常备用，密封水压力高于 0.1MPa，密封水滤网差压小于 30kPa；在春季由于大量柳絮飘入水塔，堵塞密封水滤网，因此在该时段应增加对循环泵的检查次数，发现差压过大、密封水压力降低后应及时切换滤网，通知检修清理。

（2）循环水泵冷却水流量、密封水流量观察孔板均在"8"格以上。

（3）循环水泵前池入口滤网干净无杂物，前后落差小于 30cm，否则应联系检修清理滤网；循环水泵自供冷却水滤网清洁无堵塞，流量正常。

（4）循环水供回水压力正常且稳定，单循环泵运行时，供/回水压力为 0.16MPa/0.14MPa；双循环水泵运行时压力为 0.22MPa/0.16MPa。

（5）冬季注意检查循环水泵前池入口滤网处无积冰，无堵塞流道现象；循环水泵运行声音正常。

（6）注意检查循环水泵电动机外壳接地线牢固、完好，通过爬梯上到电动机顶部检查油位计指示正常。

（7）循环水泵房二层小间里有热控的 SCS 柜，主要控制循环泵出口电动门及凝汽器出入口电动门，在夏季高温来临时段要提醒热控人员对小间里的 SCS 柜及房间内的空调进行一次检查，保证空调及 SCS 柜的正常运行，巡检时要注意检查空调是否运行正常；在夏季高温结束后要及时停运小间里的空调。

2. 循环水泵的运行监视及调整

（1）运行中注意监视循环水泵电流正常，循环水供、回水压力正常。

（2）运行中注意检查凝汽器循环水出入口差压 130～150kPa。

（3）因循环水泵出口未设计止回阀，运行中若循环水泵跳闸，严禁在其出口门未全关时强行启动该泵，防止循环水泵在倒转中启动造成电动机损坏。

（二）凉水塔的运行

350MW 机组每台机组设计有一台双曲线、自然通风、逆流式冷却水塔，塔桶高 123m，冷却面积：5500m²，循环水回水沿冷却水塔竖井上升至 14.6m 高，经四道配水槽和外接配水管、填料层后淋下，与自下而上的冷空气进行对流换热冷却，降低循环冷却水的温度，满足凝汽器冷却需要。

1. 凉水塔的巡检内容

（1）凉水塔除了供给 350MW 机组循环水泵用水外，还提供 300MW 机组辅机冷却水泵用水，凉水塔水位过低将影响到辅机设备的正常运行，直接影响到机组的安全；运行中凉水塔水位应作为重要的巡查项目，正常运行中不低于 1.8m。

（2）凉水塔前池入口滤网干净无杂物，滤网前后落差小于 30cm。

2. 凉水塔的投入与切除

300MW 机组辅机冷却水泵的水源由 350MW 机组凉水塔供给，在 300MW 机组辅机冷却水前池处 3、4 号机辅机冷却水泵入口通过一个联络闸板隔离或联通，在 3 号机空冷岛下 300MW 机组辅机冷却水回水管通过两个联络电动门隔离或联通。

正常方式下 4 号机辅机冷却水由 1 号凉水塔供给，回水回到 1 号凉水塔；3 号机辅机冷却水由 2 号凉水塔供给，回水回到 2 号凉水塔。若一座凉水塔有检修工作，3、4 号机辅机冷却水也可由另一座凉水塔全部供给。总的原则是由哪座凉水塔供水，回水则必须回到相对应的凉水塔，否则将引起两座水塔之间的串水，严重影响循环水水质和水塔液位的调整。

3. 冬季凉水塔的运行

（1）当最低气温降低到 5℃时，为了防止水塔结冰，按冬季运行方式对待，关闭冷却塔内区配水闸板，冷却塔进行外区配水。

（2）水塔外区的最大配水能力是两台泵同时运行时的全部水量。调整过程中，要兼顾汽轮机运行的经济性和有利于防冻，水塔出水温度不低于 15℃。在关闭内区配水闸板时要在两台循环泵运行时进行，关闭过程中注意竖井的液位高度，不得过高或过低，液位离竖井顶部有 8～10cm 最好。

（3）冬季机组启动时，保持一台循环泵运行，全部开启旁路门使水短路进入凉水塔水池中。只有当循环水温高于 15℃时，才允许关闭其旁路门。

（4）冬季机组停运行，如维持循环泵运行时，应开启水塔旁路门 50％以上，保持水塔喷水填料处于不淋水的状态。同时应注意 300MW 机组回该水塔的辅机冷却水温度，辅机冷却水温度升高后可临时关闭水塔旁路门，温度下降后再开启水塔旁路门。

4. 循环水泵的冬季运行

为提高机组运行的经济效益，在冬季应采用单台循环水泵为主的运行方式。单台循环水泵运行期间，如循环水泵运行中掉闸备用水泵不能及时启动、负荷不能快速减下来的情况下，有可能出现机组掉闸、低压缸安全门动作等事故，因此在单泵运行中应注意：

（1）退出"两台循环水泵停运，机组掉闸"的主保护。在单台循环水泵运行期间，值班员要作好事故预想。

（2）联系热工人员检查低真空掉闸保护和低真空减载保护可靠投入。

（3）如公用水需要停运期间，保持两台循环水泵运行。

（4）单台循环水泵运行期间，运行人员要加强循环水泵的检查，发现缺陷及时通知检修处理。

（5）备用循环水泵的泵体排空关断阀保持在开启状态，以缩短循环泵启动时间。

（6）如单台循环水泵运行中掉闸，迅速按照以下原则处理：

1）立即启动备用循环水泵。

2）将高低压旁路调整门切为手动，防止旁路动作。

3）将机主控切为手动，根据真空值手动将机主控的"MV"值快速减小，直至真空稳定。同时将磨主控切手动，磨主控指令值"DEM"快速减小，如磨主控指令值减到最小 18t/h 后主蒸汽压力仍然上升较快，可考虑手动打开 PCV 阀泄压和手动紧停磨煤机的方法来控制主蒸汽压力。

4）如备用循环水泵启动不起来，掉闸循环水泵可强启一次，强启不成功后，必须立即打闸。

四、案例分析

密封水压力低，循环水泵不允许启动。

1. 事件发生前状态

1、2 号机组运行正常，1A、1B、2A、2B 循环水泵运行，循环水泵自密封水投入，公用水供循环水泵密封水备用。

2. 事件描述

因 220kV 升压站出线开关误跳，350MW 机组两台机组全部跳闸，发生全厂停电，厂用辅机设备跳闸。在厂用电恢复后，1 号机组启动 1A 循环水泵过程中，发现在循环水泵公用水电磁阀开启后，LCD 上发水泵密封水压力低报警，循环水泵不允许启动，就地检查公用水系统压力正常，供循环水泵密封水门确已开启，但密封水压力低于 0.5MPa。

3. 原因分析

循环水泵密封水有两路，一路来自循环水泵出口，经手动门和止回阀后供给，另一路由公用水经电磁阀供给，两路并联。循环水泵启动后密封水自供，密封水压力正常后，公用水供密封水电磁阀关闭，只有在密封水压力低时，该电磁阀门才开启。循环水泵长时间连续运行后，自供密封水止回阀因生锈卡涩，造成其关闭不严，公用水经自供密封水管路泄压，造成密封水压力低，循环水泵无法启动。

4. 预防措施

（1）就地关闭循环水泵自供密封水手动门后，密封水压力正常，循环水泵允许启动，待循环水泵运行正常后，缓慢开启自供密封水手动门，而后观察密封水压力正常后，再关闭公用水供循环水泵密封水电磁阀。

（2）机组检修中对自供密封水止回阀进行检修，确保开关灵活。

第二节　汽轮机轴封和真空系统运行

一、轴封及真空系统的投入与切除

1. 轴封及真空系统的投入

（1）检查轴封管路各疏水门全部开启。

（2）开启辅汽供轴封电动门，微开辅汽去轴封联箱调整门对轴封管路暖管，轴封供汽联箱温度达 180℃时暖管结束，依次关闭轴封管路各疏水门。

（3）启动轴封加热器风机，检查其负压正常（−6～−5kPa）。

（4）缓慢开启辅汽供轴封母管压力调整门，当联箱压力升至 25kPa 时将其投入"自动"。

（5）关闭真空破坏门，启动真空泵开始抽真空。

（6）当真空达到 90kPa（300MW 机组背压达到 10kPa）时，保持一台真空泵运行。

（7）确认辅汽供轴封联箱压力调整门动作正常，轴封联箱压力 25kPa；轴封联箱温度正常（220～280℃），注意监视汽轮机胀差、偏心、盘车电流正常；汽轮机内部声音正常，轴封处无异音和摩擦声。

2. 轴封及真空系统的切除

（1）机组停运后，确认无热汽、热水进入热井且汽轮机通流部分冷却达到要求时可停运轴封真空系统。

（2）退出备用泵"联锁"，停运真空泵。

（3）稍开真空破坏门，确认机组真空缓慢下降，直至真空下降至零，全开真空破坏门。

（4）机组真空到零后，停运汽轮机轴封系统。

（5）关闭辅汽、冷再供轴封供汽，关闭低压轴封减温水手动门；停运轴封加热器风机。

（6）开启轴封系统各管路疏水门，对管路进行充分疏放水。

二、运行中监视与调整

（1）加强对汽轮机本体各轴封部位的重点检查，确认各轴封部位无冒汽、滴水现象，否则应对轴封系统进行充分疏水。

（2）检查汽轮机各轴封部位声音正常，轴封部位无金属摩擦声、无异音。

（3）就地检查轴封加热器液位正常（15～30cm）、轴封加热器负压正常（-6～-5kPa）。

（4）检查真空泵汽水分离器水箱水位正常（20～30cm），发现水位低时应及时补水至正常水位。

（5）350MW 机组应注意检查供真空系统各阀门的密封水投入正常。

（6）冬季 350MW 机组应注意检查真空泵喉部加热器投入且工作正常，检查真空泵处电加热装置正常投运，温度不低于 40℃。

（7）运行中应注意监视轴封母管压力正常（25～30kPa）；在升、降负荷过程中检查轴封压力自动调节正常。

（8）运行中应注意监视轴封温度正常，高压轴封温度 220～280℃；低压轴封温度自动调节正常，轴封温度保持在 150～165℃，最高不超过 171℃。

（9）检查轴封加热器风机运行正常，轴封加热器负压正常（-6～-5kPa）。

（10）运行中应注意密切监视机组真空或背压的变化，发现机组真空或背压突然发生变化时，应立即查明原因并排除故障。

（11）300MW 机组真空泵检修完恢复送电前，应先退出真空泵的"联锁"，防止检修真空泵送电后发"真空泵跳闸"报警，联启备用真空泵。

（12）300MW 机组空冷机组夏季运行时应注意背压的监视和控制，背压最高不高于 45kPa，否则应立即降低机组负荷，防止机组背压保护动作跳闸。

（13）运行中室外刮大风时，300MW 机组应特别注意监视机组背压的变化，发现背压异常摆动时应迅速降低机组负荷、稳定背压。

三、案例分析

真空泵切换过程中，因运行真空泵抽气器加热不足、工作异常造成真空下降。

1. 事件描述

350MW 机组冬季进行真空泵切换，准备由 2B 真空泵切换至 2A 真空泵运行。在 2A 真空泵启动后，当入口气动门打开后，其喉部温度由 42℃逐渐下降至 15℃，2B 真空泵喉部温度由 40℃逐渐下降至 20℃，入口真空由 95kPa 降至 92kPa，立即关闭 2A 真空泵抽汽入口气动门、入口手动门，停运 2A 真空泵。检查发现 2B 真空泵喉部温度显示由 17℃突降至 1.2℃，真空继续下降至 85.5kPa，将 2B 真空泵入口抽汽电磁阀关闭后，真空维持 85.4kPa。而后打开 2A 真空泵抽汽入口手动门，启动 2A 真空泵，将大气射气器由大气方向切为分离器方向，检查 2A 真空泵喉部温度逐渐回升至 29℃，打开 2A 真空泵抽汽入口气动门，真空逐渐由 85.4kPa 回升至 94.1kPa，停运 2B 真空泵列备用。

2. 原因分析

（1）对于缩放喷嘴，气流通过其喉部前，射气流的压力、温度呈下降趋势，入口初温较低，其喉部气流温度就会下降为极低水平，低于 0℃时气流中的水汽可能在喷嘴喉部管壁凝结结冰，故环境温度较低，需投运喷嘴喉部加热器化霜。而 2B 真空泵自带加热器故障，外加加热器功率较小，加热不足，造成喉部结霜结冰。

（2）射气抽气器喷嘴喉部结霜造成喉部结冰堵死，大量空气经由大气入口滤网进入，不通过缩放喷嘴喉部而直接倒流进入凝汽器，造成凝汽器大量漏空，真空急剧下降。

3. 预防措施

（1）机组正常运行中，各真空泵抽气器喉部外部所加的加热器及自带加热器要始终处于运行状态，备用真空泵喉部温度不低于 40℃。

（2）在定期进行真空泵切换前，启动密封水泵运行 30min，检查汽水分离器水位正常。并通知化学精处理作好准备，监视凝结水温度变化情况，防止精处理跳闸凝结水中断。

（3）启动真空泵采用手动方式，不采用功能组方式：先将真空泵入口气动门 CV-01909 切手动，手动启动密封水泵、真空泵，就地监视真空泵喉部温度，当喉部温度不再下降并大于 10℃后，再开启真空泵入口气动门，观察真空变化趋势，当机组真空保持稳定后，喉部温度回升至 25℃，再停运原运行的真空泵。

（4）在备用泵启动、入口气动门开启后，要密切监视真空变化趋势，如真空下降超过 3kPa，表明备用泵工作不正常，立即关闭真空泵入口气动门，停止备用泵，关闭真空泵入口手动门。待真空恢复正常后，查找原因。

（5）运行人员要将新加的真空泵控制器面板参数是否正常、控制器是否正常工作、碘钨灯是否正常作为重点检查内容，发现问题及时通知检修处理。

第三节 轴冷水系统运行

一、开式冷却水系统的运行

350MW 机组的开式水系统用水来自循环水供水母管，经开式泵升压后，进入各用户，系统回水至相应机组的循环水回水；300MW 机组的开式水又称辅机冷却水，其 3 号机用水来自 2 号凉水塔出口，4 号机用水来自 1 号凉水塔出口，经辅机冷却水泵升压后，进入系统各用户，回水至相应的凉水塔。

（一）开式冷却水泵的启动与停运

（1）在机组启动时，因大部分设备的用水未投入，这时在启动开式泵时应根据实际情况选择投入一定的用户，防止开式水压力过高，威胁系统的安全；同时还应对管道进行大流量的冲洗，防止管道中积存的杂质再次堵塞冷却器。

（2）开式泵的停止应在其所有用户停运后进行，这时应注意退出备用泵的联锁，防止备用泵误启动，冬季如开式水泵停运后应及时对系统和管道进行放水。

（3）备用泵投运后系统压力应上升，否则不得停止原运行泵，应尽快查明原因。原运行泵停运时，应关闭出口门方可停运，300MW 机组辅机冷却泵因出口没有手动阀门，只设有自动快关止回阀，不能手动操作，应注意在泵停运后检查快关止回阀是否关闭严密，防止系统倒水。

（4）原运行泵停运后就及时投入备用，并打开出口门，此时应注意系统水压无下降现象，保证出口止回阀关闭良好。

（二）开式冷却水泵运行中的检查与监视

（1）开式泵的入口/出口压力正常稳定，单循环泵时为 0.16MPa/0.4MPa，双循环泵时为 0.2MPa/0.42MPa。

（2）开式泵的声音正常，各轴承的温度、振动在正常范围。盘根滴水正常，不应有过热冒烟现象。

（3）电动机的声音正常，电动机温度正常，接地线应完好。

（4）开式泵的电流应正常，约为 280A，辅机冷却水泵的电流约为 60A，如电流过大，应对其用户进行调整，倒换公用用户的负荷。

（5）开式水系统压力在正常范围，如压力变化过大应进行分析，及时查明原因并进行调整。

（6）正常运行中 350MW 机组开式水和 300MW 机组辅机冷却水通过凝汽器回水管进入水塔中，因此在某一台机组检修时应做好隔离措施，防止开式水系统互串。

二、闭式冷却水系统的运行

（一）闭式冷却水系统流程

凝结水或除盐水补水至高位水箱，保持高位水箱水位稳定，高位水箱的水进入闭式泵入口，经闭式泵加压后进入系统各用户，回水至闭式水泵入口，正常运行中高位水箱的水作为系统的补充水，保证闭式水泵入口压力稳定，350MW 机组的两台机组闭式水相对独立，300MW 机组的两机组闭式水经公用闭式水母管连接。

（二）闭式水泵的运行

1. 闭式冷却水泵的监视与检查

（1）闭式水的温度正常，否则及时切换冷却器或投运备用冷却器。

（2）闭式泵出入口压力正常；闭式泵电流正常。

（3）闭式泵出入口压力正常，350MW 机组为 0.23MPa/0.55～0.6MPa，300MW 机组带公用闭式水的机组两台闭式泵运行，其压力为 0.7MPa，单台闭式泵出口压力约为 0.63MPa。

（4）运行的闭式泵轴承温度正常，油位正常，声音正常；备用的泵出口门开启，止回阀关闭严密，泵不倒转。

（5）闭式泵电动机温度正常，电动机风道畅通，声音正常；泵电动机外壳接地线完好。

2. 运行中闭式泵的切换

350MW 机组闭式水系统有两台闭式泵，一台运行一台备用；300MW 机组每台机组设有 3 台闭式泵，运行中带公用闭式水用户的投运两台泵，另一台机组一台闭式泵运行，在定期切换时的注意事项与开式水泵切换时相同。

3. 闭式水系统运行注意事项

（1）350MW 机组闭式水系统的用户除了向水质要求较高的用户提供冷却水外，还有一个重要的用户：为锅炉强制炉水循环泵的隔热栅提供冷却水。因锅炉的蓄热量大，在锅炉停止后但未完全冷却前炉水循环泵隔热栅仍需提供冷却水，因此在炉水泵、化学取样站处安装了直接来自高位水箱的事故补水阀和事故放水阀，以保证闭式水系统故障时设备的安全停运。事故补水阀和放水阀开启的命令来自闭式水母管压力开关，该开关故障时将会造成阀门误开，造成闭式水系统压力迅速下降，威胁机组的安全运行，所以运行中如闭式水压力开关故障而闭式水系统正常时，使事故放水阀门误开，应迅速关闭手动阀门并通知检修处理；如机组运行中闭式水泵跳闸应注意检查炉水循环泵事故冷却水路投入正常。

（2）300MW 机组闭式水系统通过供回水联络母管互为备用，3 号机组或 4 号机组的联络电动门一侧开启，另一侧关闭，重要的用户为两台机组公用的仪用和厂用空压机冷却水。如一台机组停运检修，必须要注意将空压机的冷却水切换为运行机组接带；如接带空压机闭式水的机组运行中发生事故，闭式水泵跳闸不能恢复时应注意立即将空压机冷却水切换为另一台机组接带，防止事故扩大。

三、案例分析

闭式冷却水泵出力异常事件。

1. 事件描述

机组负荷 300MW，4A、4B 闭式泵运行，闭式水母管压力 0.66MPa 正常。运行中空压机突然跳闸，就地报警为温度高跳压缩机。对空压机闭式水进行检查，发现闭式水冷却水母管压力低为 0.2MPa，随后立即对闭式水泵入口滤网和闭式水泵本体放空气，发现上述两处积聚有大量空气，放尽空气后闭式水泵压力正常。

2. 原因分析

（1）闭式水箱下水管过细。

（2）闭式水系统中入口滤网和闭式水泵本体内有大量的空气。

3. 预防措施

（1）对闭式水系统各处排空门进行放气排空，不能只是对最高处排空。

（2）在闭式水泵入口处增加排空门。

（3）将闭式水箱下水管改大一个等级。

（4）定期排系统中空气。

第四节　定子冷却水系统运行

一、定子冷却水系统的启停及注意事项

（1）定子冷却水系统启动前，应检查系统各仪表齐全，指示正确，LCD 画面上各参数、报警指示无异常，联系检修投入定子冷却水断水保护。检查凝结水系统运行正常，确认微碱装置备用良好。

（2）启动定子冷却水泵，开启其出口门向系统注水冲洗，换水冲洗 2～3 次，化验水质合格后，投入微碱装置。

（3）定子冷却水导电度计、pH 计、定子冷却水水温控制应可靠投入。

（4）发电机解列 1h 后，可停运定子冷却水系统，停运后注意监视定子绕组温度。

（5）停机后，一般均要对发电机定子绕组进行反冲洗。反冲洗前应先将微碱装置隔离，并就地进行系统倒换，保证反冲洗回路正确畅通。化验水质合格后，根据需要进行发电机定子绕组冷却水系统放水。

二、运行中的监视与调整

1. 定子冷却水系统的巡检和操作

（1）系统初始充水时，应先使水箱水位在最高位置，直至溢流管有水溢流出为止，以排除水箱内的空气，然后将水箱水位排放至正常。

（2）启动定子冷却水泵前要注意调整水泵再循环阀门，控制发电机进水压力为 0.20～0.25MPa，流量在 30t/h。

（3）检查水泵电流、轴承振动、温度、泵组声音正常，投入联锁。

（4）机组启动过程中，水温超过 30℃后及时投入其冷却器。

（5）正常运行中，应就地检查定子冷却水导电度为 0.5～1.5μS/cm。

（6）微碱装置运行流量控制在 600～800L/h，偏离范围后要及时调整。

（7）定冷水箱就地水位计要经常与 LCD 画面上水位指示进行核对，防止出现偏差。

（8）运行中要经常检查定冷水箱含氢量检测装置的数值，并且经常在定冷水箱排空门处手动测量含氢量。

2. 定子冷却水系统的运行监视与调整

（1）运行期间，必须保证冷却器内内冷水压力高于冷却水压力，避免冷却水渗入内

冷水。

（2）发电机内氢气压力应高于定子绕组冷却水进水压力为 0.1～0.2MPa，定子冷却水压力正常应保持在 0.20～0.25MPa，定子冷却水量应在 30t/h 以上。

（3）运行中要监视就地在线导电度及 pH 显示仪表的变化，定期对定子冷却水的水质进行检查、化验。定子冷却水导电度正常为 0.5～1.5μS/cm（水温为 20℃ 时），pH（25℃）为 7.0～9.0，铜不大于 40μg/L，硬度小于 2.0μmol/L。

（4）定子冷却水进水温度不应高于 45℃，出水温度不应高于 75℃，必要时可投入两台冷却器运行。

（5）定期测量定子冷却水箱中的含氢量（体积含量），当其含量超过 3%，应加强监视并分析原因处理。若 120h 后缺陷不能消除或其含量超 20%，应申请停机处理。

（6）由于发电机设有断水保护，因此运行中应控制定子冷却水流量不低于 10t/h，定子冷却水进出口压差不低于 0.035MPa，否则应果断按下汽轮机跳闸按钮通过逆功率保护解列发电机。

三、案例分析

4 号发电机定子冷却水断水，保护拒动。

1. 事件描述

4 号机组由于自动消防喷淋误动作，导致 4 号机组定子冷却水区域设备及卡件淋水，造成该系统的多个差压、流量开关及 4A、4B 定子冷却水泵电动机淋水，使 4B 定子冷却水泵跳闸，由于作用于发电机断水保护的差压、流量开关在进水后均处于故障状态，使得发电机定子冷却水断水保护拒动。

巡检员就地检查时发现 4B 定子冷却水泵停运，但 LCD 上仍显示为运行状态，4B 定子冷却水泵电流、出口压力均不同程度降低，但备用泵未联启，于是立即手动启动 4A 定子冷却水泵，系统逐步恢复正常。

2. 原因分析

4B 定子冷却水泵电动机淋水造成 MCC 上的开关跳闸，由于控制电源没有失去，所以 4B 定子冷却水泵 LCD 上的运行信号并没有消失，导致人员误认为 4B 定子冷却水泵运行正常；由于发电机断水保护的差压开关、流量开关均淋水拒动，致使运行泵实际已停运但备用泵却未联启，断水保护也拒动，实际使发电机处于断水状态。

3. 预防措施

（1）加强对定子冷却水系统及其区域消防水系统的日常检查，防止消防水系统误动，发现异常及时隔离消防水系统。

（2）在就地发电机断水保护的差压、流量开关处加装防水装置。

（3）300MW 机组 MCC 开关存在设计缺陷，设备在停运情况下，只要控制电源正常且给出启动指令，LCD 显示设备即为运行状态，应进行改造。

（4）加强对 LCD 上各参数的监控，综合分析判断设备的实际运行状况。

（5）发电机断水保护拒动时应果断按下汽轮机跳闸按钮，通过逆功率保护联锁发电机跳闸，防止设备损坏事件的发生。

<h1 style="text-align:center">第五节　压缩空气系统运行</h1>

一、空压机系统简介

1. 空气压缩机及系统流程介绍

发电厂多采用活塞式或螺杆式空气压缩机。根据气体接受能量的次数、气缸数、气缸中心线位置、活塞工作往返情况等，可将活塞式空气压缩机分为单级和多级，单缸和多缸，卧式、立式和角度式，单作用和多作用等形式。350MW 机组厂用、仪用空气压缩机均采用无油螺旋水冷室内型空气压缩机，压缩空气系统由 2 台厂用和 4 台仪用空压机及 2 个厂用、2 个仪用储气罐组成；300MW 机组空气压缩机均采用水冷无油螺杆式空压机，压缩空气系统由 4 台空压机及 2 个厂用、2 个仪用储气罐组成。

压缩空气系统主要由压缩机、冷却系统、润滑系统、安全阀、储气罐、干燥器、调节系统、电动机及其控制系统组成。干燥器内装有干燥剂，用于压缩空气的脱水，3 台干燥器，2 台运行，1 台备用。来自空压机出口母管上的压缩空气经过干燥器干燥后进入两个仪用气储气罐，未经过干燥器干燥的压缩空气则进入厂用气罐。350MW 机组空气压缩机冷却系统采用开式水和闭式水两路水源供水，正常采用情况下采用闭式水进行冷却，开式水系统备用；300MW 机组空气压缩机冷却系统直接采用闭式水冷却。由于 300MW 机组空压机曾发生过在备用状态下转子锈蚀的情况，为保证空压机二级压缩机的干燥，避免空压机转子在停运备用情况下受到冷凝水的侵蚀，防止转子生锈抱死，在 300MW 机组四台空压机内部还加装了高压转子吹干装置。

2. 空气压缩机系统的作用

发电厂中的许多气动挡板和气动阀门，均采用压缩空气来驱动，压缩空气有时还用于炉膛火焰监视器的冷却和吹扫、锅炉受热面的吹灰等。因此，压缩空气在发电厂中有着广泛的用途，但不同用途的压缩空气，其质量要求不同，控制系统用压缩空气的质量要求较高，需要除去空气中的水分、油和灰尘等杂质。

二、运行中的监视与操作

1. 空气压缩系统的压力控制

空压机在运行时，压力维持在其设定的范围之间（P1、P2），一个为高值，一个为低值（控制的压力），当系统压力低于 P2 时，压缩机加载；当系统压力高于 P1 时，压缩机卸载。当卸载时间达到设定时间时，空压机停运转为备用状态。控制压力测点的选取，可以取自空压机出口压力，也可取自母管（储气罐）的压力。

350MW 机组空压机在本机控制方式时，其压力就取自本台空压机出口，而当处于联控方式时，其压力又是取自压缩空气罐；300MW 机组空压机的系统压力控制信号取自空压机出口供气母管，两种控制方式均能满足系统压力控制的需要，运行中应重点关注不同控制方式下，压力控制信号及空压机运行的正常与否。

2. 空气压缩系统的就地检查和操作

（1）空压机运行中，应重点对油位、油压、冷却水温、滤网差压、压缩机出口压力和温度、加卸载时间等参数、面板上的故障报警加强监视检查，发现异常及时分析处理。

（2）空压机处的闭式水压力应保持在 0.35～0.45MPa，压力低容易造成空压机内部冷却不好、温度升高，压力高又可能造成空压机内部部件超压损坏。

（3）由于机房内空压机和压缩空气罐的疏水管道没有敷设保温，机房外的压缩空气疏水管道虽然敷设保温，但当环境温度在−5℃以下时也有结冰冻结的可能，因此，在冬季时段要特别注意空压机和压缩空气罐的疏水管道防冻工作，在环境温度特别低的时段可采取将疏水门保持稍开状态的措施。

3. 空气压缩系统的运行监视与调整

（1）定期检查空压机冷却器、储气罐、压缩空气母管等疏水排放情况以防堵塞，若有堵塞或疏水较多情况，应及时打开空压机出口及储气罐疏水门进行疏水。

（2）空压机启动正常后应及时投运空气干燥器并确保其工作正常，350MW 机组干燥器露点温度约为−80℃，300MW 机组干燥器露点温度约为−70℃。

（3）机组正常运行中，应定期进行空压机及干燥器的切换和试转，以保证其随时处于良好备用状态。

（4）空压机的冷却水温度对空压机运行有较大影响，而冷却水温度又受环境影响较大，因此在进入夏季高温前要有计划的对闭式水冷却器、空压机冷却器进行清理检修，防止空压机各部件因温度高影响出力；在冬季时段要适当关小闭式水冷却器的开式冷却水阀门，以提高空压机的冷却水温度，防止各部件温度过低特别是润滑油温度过低影响空压机的启动。

（5）对于长时间停运后的机组，在机组启动前要对该机组范围内的压缩空气系统进行一次排疏水的操作，防止长时间停运机组的压缩空气管道内积存疏水。

4. 空气压缩机的启、停操作

（1）空气压缩机的启动。

1）空压机启动前，应检查冷却水已投运正常，并打开空压机出口管及储气罐疏水门，可采取手动开旁路电磁阀或疏水手动旁路门的方式进行充分疏水。

2）空压机的启动可采用就地本机启动或联控启动方式，按下启动按钮，空压机将按照冷却水电磁阀开启、壳体通风风机启动、油泵启动、主电动机启动顺序启动。

3）正常运行中，当系统压力达到该空压机本机设置的加载压力或智能控制器设定的加载压力时，空压机自动启动。

（2）空气压缩机的停运。

1）各用气设备完全停止后，当空压机在卸载状态下时，按就地停止按钮，确认空压机停止。停止指令发出后，主电动机将继续运行 8s，此后，油泵电动机、壳体通风风机和冷却水电磁阀仍继续运行 30s，加以冷却。

2）事故按钮只能在紧急状态下使用，按钮按下后，压缩机、油泵电动机、壳体通风风机和冷却水电磁阀将立即停止。

三、案例分析

（一）厂用、仪用空压机频繁出现压缩机温度高，对机组安全运行构成严重威胁

1. 事件描述

在投产初期，350MW 机组厂用、仪用空压机频繁出现压缩机温度高的异常，使 C、D 仪用空压机长期处于检修状态，B 仪用因异音停运检修，只有 A、B 厂用及 A 仪用具备运行（2 台运行，1 台备用）条件，在夏季环境温度升高后，A、B 厂用空压机先后发生压缩机温度高报警，使压缩空气系统可靠性进一步降低，严重威胁汽轮机的安全运行，后通过紧急冲洗冷却水滤网、加装轴流风机等措施，方使得系统恢复正常运行。

2. 原因分析

（1）由于冷却水水质差，导致空压机内各冷却换热面锈蚀，冷却效果下降，温度升高。

（2）对空压机检修维护不足，使设备失去备用。

3. 预防措施

（1）督促检修在处理停用空压机的同时，加强对投运及备用空压机的检查、监视，并做好事故预想。

（2）开式水的水质不符合空压机对水质的要求，因此需要对空压机的冷却水系统进行改造，由开式水改为水质较好的闭式冷却水。

（3）定期对空压机的冷却器进行清理，特别是机组过夏前。

（二）空压机抱死，无法启动

1. 事件描述

300MW 机组ⅡA、ⅡC 空压机运行，ⅡB、ⅡD 空压机备用，压缩空气系统运行正常，在进行空压机切换时，ⅡB 空压机联轴器卡涩，无法启动，后经解体检查后发现二级压缩机锈死。

2. 原因分析

（1）空气压缩机动、静部件表面防锈涂层脱落，防锈蚀能力降低。

（2）空压机停运时卸载不充分（卸载电磁阀故障等），压缩机内积有空气，空气中的水分造成压缩机部件锈蚀。

（3）空压机长期停运，空气中含有的灰尘或其他杂质进入压缩空气系统，造成压缩机动、静部分间隙减小，发生动静磨碰。

（4）空压机长期停运，压缩机疏水系统不畅造成压缩机部件锈蚀。

3. 预防措施

（1）严格执行空压机定期疏放水规定，确保压缩机疏水系统通畅，防止压缩机内积水。

（2）严格执行空压机定期切换制度，备用空压机进行定期试转，保证转动灵活、可靠备用。

（3）空压机停运时首先应确认空压机处于卸载状态后方可停运（否则应先将其卸载，再停运）确保压缩机完全泄压。

（4）进行技术改造，为空压机加装高压转子吹干装置。

第三篇

电 气 运 行

.

第十一章

发 电 机 运 行

第一节 发 电 机 简 介

发电机是将机械能转换成电能的设备，是发电厂的主要设备之一。发电机的冷却方式主要有全氢内冷、水氢氢冷和双水内冷。励磁方式主要有同轴交流励磁机励磁和自并励励磁两种。此外，每台发电机还配有冷却水系统、密封油系统、氢气系统、测量监控系统（包括温度监控、绝缘过热、射频监测、氢气湿度、纯度监测等）等配套装置来保证发电机正常运行。

一、发电机本体

某电厂 350MW 发电机采用全氢内冷冷却方式，300MW 发电机采用水氢氢冷却方式，两台发电机均采用自并励的励磁方式。定子绕组出线共分 6 个，其中主引线 3 个，与封闭母线连接，中线点引线 3 个连接在一起形成一个中性点。每个出线套管上套有功测量、励磁、保护系统用的电流互感器。350、300MW 机组发电机在出线套管上各套有 4 组 TA，发电机出口 TV 二次侧熔断器设四个空气开关。

300MW 水冷机组，总进、出水管及出线盒汇水管接线端子分别引至汽侧冷却水管侧（测温接线板上 95、96 端子及出线盒处测温接线板上 94 端子）供测量绝缘电阻、直流耐压及泄漏试验时使用，运行时端子需接地。

如图 11-1 所示，冷却水从励侧的总进水管流进后分为三路，一路经 48 根绝缘引水管直接流入定子绕组，另一路经 12 根绝缘引水管、环形引线进入定子绕组，以上两路经 54 根绝缘引水管流出进入汽侧的总出水汇水管，第三路经 6 根绝缘引水管流入定子主引线、出线套管、绝缘引水管流入出线盒内的出水汇水管通过外部管道流进汽侧的总出水汇水管，冷却水汇合后流入定子冷却水箱。

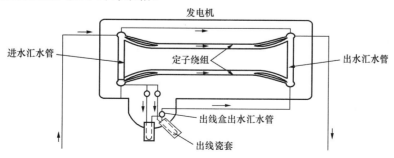

图 11-1　300MW 发电机定子冷却水流程图

由于发电机在运行中氢压大于水压，在管道、绝缘引水管、水接头或空心铜线内如存在微细裂纹或毛细小孔，一般情况下定子水路不会漏水，但氢气会从小孔细纹处漏入定子水系统。漏入水系统的氢气积蓄在储水箱的顶部，通过设定在0.035MPa压力的安全阀释放排入大气，同时在该处安装一个氢气含量探头。

滑环又称集电环，分正负两个环。励磁电流通过旋转的滑环流入转子绕组。滑环沿集电环圆周均布通风孔，以改善与炭刷的接触并强化冷却。由于通风结构的不同，350MW机组发电机在滑环外装有一个冷却风扇，300MW机组发电机则在两个滑环中间装有风扇，这两种风扇都是为了加强集电环部位的通风冷却。

350MW发电机刷握直接安装在刷架上，刷架每极有9排刷握，每排4只，1号发电机刷握弹簧采用恒压卷簧保持适当压力，2号发电机刷握弹簧采用卡槽式带有压力指示的可调弹簧；300MW发电机刷盒可以方便的从刷架上拆下，每极刷架有10排刷盒，每排刷盒并排安装4个炭刷，由恒压卷簧保持适当压力（在炭刷长度达到磨损极限之前没必要调整弹簧压力）。

根据发电机通风系统的不同，分别在转子汽侧设置一组多级轴流式鼓风机或在转子汽励两侧各设一组单级转子风扇。350MW发电机在汽侧设置了一组多级风扇，转子上设3组动叶片，风扇罩上设4组静叶片，300MW发电机在汽励两端各设置一组单级转子风扇。

二、发电机的监测系统

发电机的监测包括温度测量、振动测量、对地绝缘电阻测量、漏液测量、氢气湿度测量、机内局部放电射频监测和发电机局部过热监测等。

（一）测温装置

发电机的测温装置主要指对定子绕组、定子铁芯、冷风区、热风区、氢气冷却器的温度以及密封油、轴承等的运行温度进行测量的装置。

对于定子绕组一般在上下层线棒间埋下测量点，用于测量定子绕组的温度，一般每槽两支，一支运行、一支备用。定子绕组出水温度（用于水内冷机组）一般在每条出水支路均设一个测点，定子绕组出风温度也通常在每个出风口设置一个测点；同时氢冷器的进风、出风口分别设置温度测点，定子铁芯的测点一般集中在端部温度较高的铁芯、压指、压圈等部位；轴承温度一般装设在轴瓦上。

（二）绝缘过热检测装置

绝缘过热检测装置是为了检测发电机的绝缘材料在运行中是否存在过热状况，其原理如下：氢气在离子室内受α射线的轰击电离，产生正、负离子对，离子对在直流电场作用下形成极为微弱的电离电流（10～12mA），电离电流经放大器放大（约1010倍）后，经电流表显示。发电机运行中若部件绝缘局部过热，过热的绝缘材料热分解后，产生冷凝核，冷凝核随气流进入装置内。由于冷凝核远比气体介质分子的体积大而重，负离子附着在冷凝核上后运行速度受阻，从而使电离电流大幅度下降。这样，通过电流表指示大小就可以反应处绝缘过热情况。电离电流下降率与发电机绝缘过热程度有关。当电流下降到某一整定值时，代表着绝缘早期故障隐患的发生和存在，装置及时发出声、光报警信号。运行人员可根据报警信号频度，结合其他检测仪表指示，综合判断故障隐患的发生和发展，有计划地提早采取相应措施，避免因绝缘过热故障的扩大而导致后期烧毁发电机的重大事故，以此提高发电机的运行安全性。

300MW 机组安装了 FJR-Ⅱ 型发电机绝缘过热监测装置，该装置并联在氢气干燥器气体进出管路上。正常运行时，流过装置的气体流量控制在 2～6L/min 之间，装置电流指示为 100%～110%。当装置电流指示小于 75% 时发出报警，此时应将装置与气体系统隔离，及时查明报警的原因，并将离子室拆下送生产厂家分析。如图 11-2 所示为 FJR-Ⅱ 型发电机绝缘过热监测装置。

（三）射频监测装置

射频监测装置是为了检测发电机运行过程中定子线棒是否存在局部放电现象，以及将绝缘损坏故障消除在萌芽状态。该装置主要由安装于发电机中性点变压器柜内的高频 TA、滤波电容及检测装置构成。高频 TA 套装在发电机中性点引线上，滤波电容并联在中性点变压器的高压侧，通过高频 TA 上的信号线与检测装置进行连接。通过高频 TA 监测发电机中性点上的电弧的高频信号，以发现定子绕组内部放电现象。射频监测仪耦合到来自高频 TA 的射频信号，通过将微弱的射频信号放大处理，可监测到放电电流的强弱，来探测发电机局部放电的程度，实现对发电机定子绝缘的状态监测及故障报警。350MW 机组未装置射频监测装置。如图 11-3 所示为 300MW 机组 SJY-1 型发电机射频监测装置。

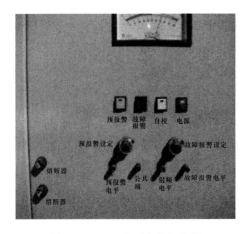

图 11-2　FJR-Ⅱ 型发电机绝缘
过热监测装置图

图 11-3　300MW 机组 SJY-1 型
发电机射频监测装置图

300MW 机组安装了 SJY-1 型发电机射频监测装置。发电机运行中，当射频监测装置的指示在 0～50% 之间表示发电机绝缘状况良好情况，在 66.6%～80% 之间表示发电机绝缘状况应引起注意，要观察其变化趋势，当指示至超过 80% 时应引起高度重视，密切观察其与负荷变化的关系，必要时应停机进行检查。

（四）发电机定子接地系统及电压测量系统

发电机采用中性点经中性点变压器接地，其目的是为了发电机定子绕组接地时减小接地电流，防止进一步扩大故障范围。中性点三只套管通过软连接后经中性点母线、发电机接地开关至中性点变压器。中性点变压器为双绕组变压器，一次侧绕组首端接中性点接地开关变压器侧，尾端接地；二次绕组与中性点电阻并联起来，中性点电阻上有抽头，为定子接地保护提供电压信号。

发电机电压测量系统是为运行中保护、监测、调整装置提供电压信号，在发电机出口封闭母线处接电压互感器对发电机定子电压进行测量。350MW 机组发电机设置两组电压互感器，该两组电压互感器高压侧均为直接接地；300MW 发电机设置三组电压互感器，其中两组电压互感器高压侧直接接地，另一组高压侧中性点连接在一起通过高压电缆连至发电机中性点变压器上口，该组互感器为发电机匝间保护装置提供信号。

（五）发电机大轴接地

由于发电机运行中由于气隙不平衡、汽轮机蒸汽摩擦产生静电等原因，在发电机大轴上会产生电压，该电压的长期存在将会使大轴与轴瓦间的油膜击穿，导致轴瓦及大轴表面不平，从而增加大轴及轴瓦的摩擦，引起轴瓦温度升高，直接威胁发电机的安全运行，所以在发电机汽轮侧设置大轴接地装置来保证轴瓦运行安全。

大轴接地装置是在大轴上安装炭刷使其与大轴接触，同时炭刷的刷辫与地相接使汽侧大轴与地相连接。大轴接地炭刷安装时要保证与轴表面轴向及切向垂直，同时在炭刷上还要安装恒压弹簧保证炭刷与大轴接触可靠。

第二节　发电机运行与维护

一、发电机运行的监视与调整

汽轮发电机根据设计和制造所规定的条件长期连续工作，称为额定工况。这一运行工况的电压、电流、出力、功率因数、冷却介质温度和氢压等，称为发电机的额定参数。正常运行中，发电机应按铭牌规定数据运行（即额定运行方式）或在容量限制曲线（即 *P-Q* 曲线）的范围内长期连续运行。

350MW 发电机冷氢温度的调节可以通过电子间内氢气控制屏设置，可以通过上下按钮设置需要的控制温度，一般设置在 40℃。由于这个测点来自发电机汽端氢冷器附近上方，与 LCD 显示的来自就地发电机下部的 2 个冷氢温度点温度有轻微偏差，运行中运行人员需要经常校对。正常运行中切在自动位置，发电机—变压器组恢复热备后必须确认切在自动位置。

350MW 机组低负荷下存在 3、4、5 号轴承及轴瓦振动值偏大现象，运行人员调节上应该着重关注润滑油温、密封油温、无功值、氢压以及氢气纯度、轴封蒸汽压力与温度、机组真空值的变化，原则上将润滑油温、密封油温调为一致；无功值调高，但是低负荷时段一般无功需求过剩，可调节范围不大；保证发电机内氢压以及氢气纯度在正常范围内运行可以保证发电机内部气体的充满度；保证轴封蒸汽的压力和温度需要强调对高压轴封的及时疏水；机组真空值偏高，排汽温度升高也会导致发电机轴中心标高的变化，使机组振动增大，至于网频因素以及汽轮机侧因素导致的发电机振动增大现象，350MW 机组未曾发生过。

对于滑环室的进出口温度监视很有必要。350MW 机组滑环室设置有 1 个入风口和 1 个出风口共 2 个温度点输送到集控室操作员站各 LCD 上以供监视，因此建议温差为 15～20℃温差较大时建议对滑环室进行检查，防止因滑环室通风滤网脏、炭刷运行异常、滑环室积炭积尘等原因严重导致火灾发生。

运行中，运行人员必须监视发电机控制盘（如图 11-4 所示）相关表计指示，发现异常，及时处理。发电机控制盘左侧 5 个表计是发电机与系统并网时使用的电压、频率、同步表。左侧上下 2 个表计分别为电网侧电压和频率。中间为同步表。右侧 2 个表计为发电机侧的电压、频率表。

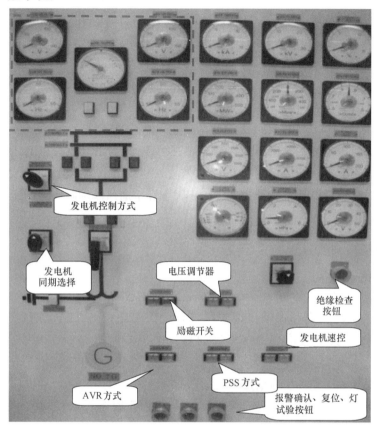

图 11-4　350MW 机组发电机 GCP 控制盘立盘表计图

如图 11-4 所示表计分别为：

发电机电流：当前发电机的定子电流；

发电机电压：当前发电机的出口电压；

发电机负序电流：一般不允许超过 8%；

有功功率：当前发电机的有功负荷；

无功功率：当前发电机的无功负荷；

功率因数：设计值为 0.85，运行建议不超过 1；

励磁电压：当前发电机的转子电压；

励磁电流：当前发电机的转子电流；

励磁变压器高压侧电流：励磁变压器高压侧电流一般运行在 90A 以下；

氢气纯度表：发电机内部氢气纯度指示，建议 96% 以上；

氢气压力表：发电机内部氢气压力指示，一般为 400kPa；

绝缘检查表：可检查定子绝缘情况，一般为 0V，检测方法是按下表计下侧的绝缘检查按钮（黑色按钮）。

以上表计多数数值在 LCD 上电气画面中也有显示。这种设计是冗余设计方式，运行人员可以在运行过程中多做观察比较，如有异常及时联系有关人员处理。

加强对发电机的绕组温度、铁芯温度及定子线棒引水管出水温差监视。

防止电力生产事故的 25 项重点要求规定：定子线棒层间测温元件的温差和出水支路的同层各定子线棒引水管出水温差应加强监视。温差控制值应按制造厂规定，制造厂未明确规定的，应按照以下限额执行：定子线棒层间最高与最低温度间的温差达 8℃ 或定子线棒引水管出水温差达 8℃ 时应报警，应及时查明原因，此时可降低负荷。定子线棒温差达 14℃ 或定子引水管出水温差达 12℃，或任一定子槽内层间测温元件温度超过 90℃ 或出水温度超过 85℃ 时，在确认测温元件无误后，应立即停机处理。

运行中注意监视滑环室的进出口风温度。350MW 机组滑环室设置有 1 个入风口和 1 个出风口 2 个温度测点送到集控室 LCD 上供监视，建议 2 个风温测点温差在 15～20℃ 为宜。温差较大时建议对滑环室进行检查，防止因滑环室通风滤网脏、炭刷运行异常、滑环室积炭积尘等原因导致火灾发生。

二、发电机炭刷维护

（一）发电机炭刷巡回检查

发电机炭刷的检查是运行交接班和巡回检查的重要内容之一，接班时机长、电气值班员要对发电机滑环炭刷和大轴接地炭刷进行一次全面检查，当班期间电气巡检要对发电机炭刷进行一次细致检查。专工每周对发电机炭刷进行一次检查。巡检项目与标准：

（1）滑环及炭刷工作环境应清洁。

（2）观看炭刷接触表面无火花产生（1、2 号机需垂直观看）；若有火花应查明原因，及时消除。

（3）炭刷压力适当，压力指示一般应为 1.3～1.7kg/cm²；压力低于 1.3kg/cm² 应立即进行调整。

（4）炭刷在刷握内无摇摆、卡住或跳动现象，否则应立即调整或更换。

（5）炭刷边缘无剥落或破裂现象。

（6）刷辫完整、不变色（正常为紫铜色），接触紧密良好，无接地现象；刷辫在刷架、刷握上无卡涩、碰触现象。

（7）炭刷上的压簧无脱落、偏斜和断裂现象。

（8）检查炭刷磨损情况，350MW 机组以不低于刷握的 0.8cm 为极限（以短边为准），300MW 机组以炭刷圆弧底面与刷握平行为极限，如低于此标准立即更换。

（9）巡回检查时用红外线测温仪测量炭刷温度，炭刷应无过热，正常情况下，炭刷温度 50℃ 左右，炭刷最高温度不得超过 120℃。

（10）滑环室通风良好，空气滤网无堵塞。

（二）发电机炭刷定期维护

炭刷维护工作是电气工作的一项重要工作，维护的质量直接关系着机组的安全稳定运行。滑环与炭刷之间出现火花是两者在滑动接触导流过程中失去正常工作条件最直接的表现，这种状况如不及时改善，火花将会扩展蔓延，终将酿成环火，烧损刷握、炭刷、刷架，并损伤集电环及其绝缘，进而发展成转子一点接地、短路、失磁并导致机组停运。

1. 发电机炭刷的定期维护

每周一白班对 350MW 机组炭刷进行定期维护；各班每轮第一个白班对 300MW 机组本班所管辖的炭刷进行定期维护；法定节假日（不包括星期天）前一天白班，应对机组炭刷进行定期维护，节后的第一个工作日白班再进行定期维护，其他定期时间必须进行维护。定期维护项目与标准：

（1）炭刷更换标准：350MW 机组以不低于刷握的 0.5cm 为限（以短边为准）；300MW 机组以炭刷圆弧面与刷握平为限，炭刷拔出后检查滑环表面不变色。

（2）调整炭刷压簧，将压力低于 1.5kg/cm² 的压簧压力调至 1.5kg/cm²；新更换的炭刷，由于压簧已调至最上一格，所以新更换的炭刷压力在 2kg/cm²。

（3）检查炭刷在刷握内伸缩自如，无卡涩、摇摆现象，否则进行打磨或更换；刷辫在刷握、卡簧以及槽内无卡涩、摩擦现象。

（4）用吹尘器（皮老虎）吹扫滑环和接地炭刷一次，用毛刷清理炭刷上的浮尘和接地炭刷附近的炭粉，并用浸酒精的白布擦拭接地炭刷轴表面一次（使用酒精时严防失火）。

（5）用红外线测温仪测量炭刷温度应均匀，炭刷无过热现象，记录炭刷温度，温度最高不超过 120℃。

（6）测量各炭刷的电流分担是否均匀。

2. 炭刷维护注意事项

（1）350MW 机组炭刷维护时必须退出转子接地保护，300MW 机组一般维护时不退转子接地保护（测量电流必须退转子接地保护），但必须注意不得直接接触炭刷或导体。

（2）工作人员应穿绝缘鞋并站在绝缘垫上。

（3）禁止同时用两手碰触励磁回路和接地部分或两个不同极的带电部分，禁止两人同时进行调整。

（4）工作时应穿工作服，禁止穿短袖衣服或把衣袖卷起来。衣袖要小，并扣好袖口。

（5）女同志应将辫子卷在帽子内。

（6）当使用浸湿酒精的白布擦拭接地大轴或电机滑环时，必须在顺轴旋转的方向（接地炭刷东侧）进行，以防白布或毛刷卷入刷架内，如炭刷表面有火星，擦拭点必须远离火星 15cm 以上，以防火花落到布上引起燃烧。

（7）维护接地炭刷时一定要将工具和炭刷、压簧抓牢固，并注意上衣口袋内不能放东西，以防掉到旋转的轴上或发电机下面。

（8）每次炭刷维护时，每个刷架上只允许换一块炭刷，换上的炭刷必须在刷握内伸缩灵活，炭刷与滑环接触良好，且新旧牌号一致。

（9）更换接地炭刷时，首先检查另一块炭刷接触良好，否则应先将另一块炭刷调整好后再进行更换，禁止同时更换两块接地炭刷或两块接地炭刷同时离开大轴。

（10）新炭刷放入刷握内后，应上下拉动几次，检查炭刷是否能轻松移动，若有卡涩现象，应将炭刷四面用砂纸打磨，直至上下移动自如。

（11）若炭刷冒火时，检查炭刷接触情况，更换炭刷时，应先确认同极其他炭刷接触良好。

350MW 机组发电机滑环炭刷的刷握和 300MW 机组结构不同，炭刷维护时有所不同。350MW 机组发电机炭刷的刷握是固定式，为了防止维护炭刷时造成转子回路接地，要求退出发电机转子接地保护。300MW 机组滑环同一排 4 个炭刷的刷握共用一个刷握盒，维护炭刷时拔出该刷握盒进行维护，不会造成转子回路接地，因此不需要退出发电机转子接地保护。

定期测量集电环炭刷的均流度并及时处理。测量时，可用直流钳形电流表或交直流钳形电流表进行。测量前，应检查钳口部分绝缘良好，测量过程中，应注意不要使钳口碰到集电环面，并要避免同时接触到接地部分，测量结果应书面记录。处理过程中，应首先处理零电流炭刷，使其载流量恢复至接近平均值，这样，大电流炭刷的载流量自然也会趋向正常值。切忌将大电流炭刷脱离集电环面，否则将会增大其他大电流炭刷的承载电流而造成严重后果。

处理零电流炭刷的方法根据不同情况而定。炭刷过短时，应调换新炭刷；压紧弹簧压力低或失效时，应更换新弹簧；因炭刷脏污引起时，可用棉布擦拭或用细砂纸轻擦，处理后应再次测量，直至正常。

3. 350MW 发电机更换炭刷的方法

（1）先取下需更换炭刷的弹簧夹，然后将炭刷从刷握中取出放在手中，再用工具将接头夹片翘起后取下。

（2）将打磨好的炭刷放在刷握内活动自如，且接触面大于 70% 时，取出炭刷放在手中，再将其软线与炭刷铝排夹紧后，才能将炭刷放入刷握中，再上紧簧夹，以免更换炭刷时造成冒火。

4. 发电机炭刷冒火时的调整方法

炭刷冒火的原因主要有两种：①因流过炭刷的电流过大引起；②因炭刷卡涩间断与滑环接触引起，所以针对不同原因进行调整。

（1）因电流过大引起冒火的处理。若有温度低、不冒火、不卡涩的炭刷，在其间换上新的弹簧夹，增大压力，强迫冒火炭刷的电流转移，这样冒火现象基本消失；若有温度低、不冒火但有卡涩的炭刷，则先逐个取下打磨至其在刷握内能活动自如，炭刷冒火也基本消失。

（2）炭刷卡涩、间断与滑环接触面冒火的处理。先检查其他炭刷接带负荷正常（主要用手触摸软线温度正常即可），取下卡涩炭刷进行打磨至在刷握内活动自如，又不要在刷握中晃动过大，或炭刷重新换方向放入刷握内，这样冒火也基本能消除。

三、发电机测绝缘

发电机测绝缘，包括定子绕组和转子绕组绝缘，分别用相应的绝缘电阻表在发电机 TV 和励磁回路测量。摇测发电机绝缘必须等发电机转速降到零，并对回路充分放电，检测发电机 TV 柜周围氢气浓度合格后才能进行，防止发电机残压伤人或发电机周围氢气浓度不合格造成氢气爆炸。

测定子绝缘要求拉出发电机三相 TV，在 6.5m 发电机 TV 柜内静触头处摇测，发电机定子绕组是星形接线，故相间绝缘为零。如果一相 TV 未拉出，发电机定子绕组通过 TV 绕组接地，造成对地绝缘为零。

1. 300MW 机组定子绕组测绝缘

300MW 发电机定子绕组采用水内冷，定子绕组总进、出水汇水管分别装在励端和汽端的机座内，在出线盒内还有单独的出水汇水管，三处汇水管在机座内设有专门的对地绝缘装置，并有接线端子，总进、出水管汇水管接线端子分别引至汽侧冷却水管侧测温接线板上 95、96 端子（12.5m 发电机汽端东侧），出线盒汇水管接线端子引至发电机出线盒处测温接线板上 94 端子（6.5m 上部发电机出线盒处），称为屏蔽端子，供测量绝缘电阻、直流耐压及泄漏试验时使用。运行中将屏蔽端子通过外部引线接在接地端子上，目的是保证人身和设备的安全。因为汇流管距发电机绕组端部近，且汇流管周围埋很多测温元件，如果不接地，一旦绕组端部绝缘损坏或绝缘引水管绝缘击穿，使汇流管带电，对在测温回路工作的人员和测温设备都是危险的。停机测发电机定子绕组绝缘时，将两个屏蔽端子通过外部引线连在一起接在绝缘电阻表屏蔽端。水内冷发电机，由于外部水系统管道是接地的，且水中含有导电离子，当绝缘电阻表的直流电压加在绕组和地端之间时，水中要产生泄漏电流，水中的泄漏电流流入绝缘电阻表的测量机构，将使绝缘电阻读数显著下降，引起错误判断。测发电机定子绕组绝缘时，将两侧汇流管屏蔽线接到绝缘电阻表的屏蔽端，可使水中的泄漏电流经绝缘电阻表的屏蔽端直接流回绝缘电阻表的电源负极，不流过测量机构，即消除水中泄漏电流的影响。

300MW 发电机定子是水冷方式，测绝缘要求使用专用的水绝缘电阻表，同时发电机定子冷却水化验合格，定子冷却水已经开始循环。绝缘电阻表有：线路端、接地端及屏蔽端三个接线端子。将 12.5m 发电机冷却水管屏蔽线和 6.5m 发电机中性点冷却水管屏蔽线并接后接到绝缘电阻表的屏蔽端口，用来消除水中泄漏电流的影响带来的误差。在发电机 TV 柜静触头处将发电机绕组接到绝缘电阻表的线路端，绝缘电阻表的接地端接地。水绝缘电阻表使用外接交流 220V 电源，接好线路后，将功能开关置于 2500V 位置，此时表盘左上角绿色电源指示灯 POWER 被点亮，表示电源接通，按启动按钮，水绝缘电阻表自动加压，自动测出 15s 和 60s 的绝缘电阻。300MW 发电机定子绝缘摇测还应注意：

（1）使用专用水绝缘电阻表。

（2）发电机—变压器组系统在冷备状态，退出发电机出口 TV。

（3）检测发电机 TV 柜周围氢气浓度合格。

（4）定子内冷水水质合格：导电率为 $0.5\sim1.5\mu S/cm$，处于循环状态；发电机未充氢。

（5）打开 12.5m 定子出水测温盒内 95、96 号汇水管屏蔽端子接地引线，打开出线测温盒内 94 号汇水管屏蔽端子接地引线，将 94、95、96 号汇水管屏蔽端子引线并联接至绝缘电阻表汇水管屏蔽端子上。

（6）测试结束后，关闭绝缘电阻表测试电源，将被试绕组对地充分放电；恢复汇水管屏蔽端子接地。

2. 发电机转子测绝缘的方法

(1) 使用 500V 绝缘电阻表。

(2) 绝缘电阻表的"L"端子接至励磁开关上口（发电机转子滑环侧），"E"端子可靠接地。

(3) 350MW 机组需取下发电机转子保护回路所有连接片（励磁柜内），摇测完毕后及时恢复其所有的连接片。300MW 机组需取下发电机转子电压熔断器 63FU、64FU（转子电压表计同发电机转子回路并接）。

第三节 发电机励磁系统

一、励磁系统简介

励磁系统由两个基本部分组成：一是励磁功率单元（包括整流装置及其交流电源），它向发电机的励磁绕组提供直流励磁电流；二是励磁调节器，它感受发电机电压及运行工况的变化，自动地调节励磁功率单元输出的励磁电流的大小，以满足系统运行的要求。

汽轮发电机组采用自并励励磁方式，励磁电源取自发电机机端，经励磁变压器及可控整流装置供给发电机转子绕组励磁。

自并励系统主要由励磁变压器、晶闸管整流桥、自动励磁调节器（AVR）及起励装置、灭磁开关、转子过电压保护与灭磁电阻等组成。从发电机出线上取出电源经励磁变压器后变为低压三相交流电源经晶闸管整流单元变成直流，经灭磁开关、励磁母线至发电机滑环室，经刷架、炭刷、滑环进入转子。灭磁电阻在灭磁开关断开时与发电机转子并联，以吸收转子中的剩磁产生的能量，防止转子产生过电压，当发电机内部故障时，为保护发电机，必须安全迅速地将储存在磁场中的能量释放。灭磁功能由灭磁开关、跨接器和灭磁电阻实现。灭磁开关用于在任何故障情况下安全切断励磁电流，在励磁柜和转子绕组之间形成明显的电气隔离。

（一）励磁变压器

励磁变压器将机端电压降至整流器所需求的电压值，起到隔离机端和励磁绕组的作用，为励磁系统提供励磁能源。

（二）晶闸管整流桥

晶闸管整流桥将励磁变压器提供的交流电源整流为可控的直流。自动电压调节器通过控制晶闸管整流装置的导通角，从而控制发电机的磁场电流。

对于大型励磁系统，为保证足够的励磁电流，多采用数个整流桥并联。整流桥并联支路数的选取原则为：（N＋1）个桥，N 为保证发电机正常励磁的整流桥个数。即当一个整流桥因故障退出时，不影响励磁系统的正常励磁能力。

正常运行时，并联运行各整流桥的输出电流大小基本一致，以均流系数作为考核指标。均流系数指并联运行各支路电流的平均值与最大支路电流之比。标准规定：整流装置各支路的均流系数不小于0.85。均流目的是防止某一支路的负载电流大于允许值，引起过负荷损坏。

（三）励磁控制装置

励磁控制装置包括自动电压调节器（AVR）和起励控制回路。励磁调节器测量发电机机端电压，并与给定值进行比较，当机端电压高于给定值时，增大晶闸管的控制角，减小励磁电流，使发电机机端电压回到设定值。当机端电压低于给定值时，减小晶闸管的控制角，增大励磁电流，维持发电机机端电压为设定值。

自并励静态励磁系统的发电机启动时，发电机出口不能提供足够剩余电压供整流器建立发电机电压，为此需要一个起励电源。350MW机组起励电源从直流220V引接，300MW机组从厂用电380V系统经整流后引接。

二、350MW发电机励磁系统

350MW机组发电机励磁系统采用MFC5330励磁系统，由位于机房6.5m的励磁变压器、12.5m的励磁柜及位于电子间的AVR柜组成，其中机房12.5m励磁柜由一个交流浪涌吸收柜、两个晶闸管整流柜、一个灭磁开关柜及一个直流浪涌吸收柜组成。在直流母线一极装设灭磁开关，该开关（如图11-5所示）位于灭磁开关柜内，通过电磁操动机构进行分合闸，在开关本体上设有手动跳闸按钮；在直流浪涌吸收柜内设灭磁电阻（0.137Ω）及灭磁电阻接触器，该接触器与灭磁开关在电气上联锁，当灭磁开关合上该接触器断开，灭磁开关断开接触器合上接通灭磁电阻实现灭磁功能。直流浪涌吸收柜内装有起励电源开关及接触器，该开关及接触器将直流220V电源送至灭磁开关上

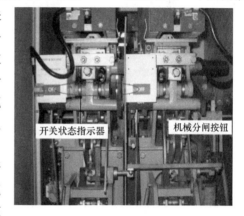

图 11-5　灭磁开关图

口。电子间的AVR柜为对励磁系统进行控制调节，保证发电机电压正常。为了保证电压调节器（AVR）的可靠工作，设置两套，互为备用，一套故障时自动切换为另一套工作。

励磁柜内的晶闸管整流装置采用风机冷却，每个晶闸管整流柜配置2组晶闸管整流装置（6个晶闸管插件）和2台风机，2台风机正常只运行一台，另外一台备用，运行风扇发生故障，备用风扇自动启动。两路风机电源由励磁柜进线分别经变压器降压至三相220V。

每台整流柜有2组风扇，两路交流220V电源，正常运行时两路电源开关MCCB11、MCCB12均合闸。正常运行时，风扇选择开关（如图11-6所示）43EF置"A/B"位置。当投入发电机励磁，机端电压达到额定值，整流柜A/B冷却风机启动运行。当A/B组风扇电源故障或A/B组风扇热电偶动作跳闸时，B/A组风扇自动启动。当A/B组风扇电源故障消失或A/B组风扇热电偶复位后，按整流柜的复位按钮，自动切换到A/B风扇运行。正常运行时，一台整流柜选A风扇，另一台整流柜选B风扇。

灭磁开关合闸，风扇选择开关43EF置"A"位置而A冷却风机停运或风扇选择开关

图 11-6 励磁柜面板图

43EF 置"B"位置而 B 冷却风机停运,发"整流柜一组风扇故障"报警。灭磁开关合闸,而 A、B 冷却风机均停运,发"整流柜两组风扇故障"报警。故障消失后,按浪涌吸收柜的复位按钮复位报警信号。

励磁系统运行中,除检查整流柜风扇运行正常外,还应检查整流柜差压正常。差压表(如图 11-7 所示)有两个指针,其中黑色指针指示实际差压,红色指针指示最高差压。正常差压为 20mmH$_2$O(196.12Pa),差压高于 30mmH$_2$O(294.18Pa),应联系清理滤网。励磁系统共有 4 组晶闸管整流桥,当 3 组整流桥熔断器熔断或 1、2 号整流柜的两组风扇全故障或一台整流柜的两组风扇故障同时另一台整流柜的 1 组晶闸管整流桥熔断器熔断,启动 EX TRIP 励磁跳闸继电器。励磁跳闸继电器触点作为发电机—变压器组保护开入量启动励磁系统严重故障保护,动作于机组全停。

励磁柜面板上英文字母的含义:

Thyristor fuse blown-1(晶闸管整流器 1 号熔断器熔断);

Thyristor fuse blown-2(晶闸管整流器 2 号熔断器熔断);

Thyristor fuse blown-3(晶闸管整流器 3 号熔断器熔断);

1fan failure on thy-1 cubicle(1 号晶闸管整流器柜 1 号风扇故障);

2fans failure on thy-1 cubicle(1 号晶闸管整流器柜 2 号风扇故障);

1fan failure on thy-2 cubicle(2 号晶闸管整流器柜 1 号风扇故障);

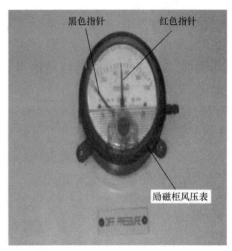

图 11-7 整流柜差压表图

2fans failure on thy-2 cubicle(2 号晶闸管整流器柜 2 号风扇故障);

Initial excitation failure(初励故障);

Loss of AC power(交流电源失去);

Loss of DC power(直流电源失去);

Spare(备用)。

运行人员应根据相应报警进行处理。例如,1fan failure on thy-1 cubicle(1 号晶闸管整流器柜 1 号风扇故障)报警灯亮(正常时颜色是暗色),运行人员应及时核对报警情况,检查风扇已经切换至"1 号晶闸管整流器柜 2 号风扇",联系检修消除缺陷后可以复位该报警。如果风扇未切换,可以在"1 号晶闸管整流器柜"前面板上将"Fan A"手动切为"Fan B",可以通过柜后滤网吸附情况,以及风机运行声音检查柜子上方的风扇确已启动。任何一个报警未复位，灭磁开关不能合闸。

三、300MW发电机励磁系统

300MW发电机励磁系统采用SAVR-2000励磁系统，由位于6.5m的励磁变压器、励磁柜及电子间的AVR柜组成。其中励磁柜由三个晶闸管整流柜、一个灭磁开关柜、1个直流浪涌吸收柜组成。每个晶闸管整流柜内配置交流、直流隔离开关各一个及晶闸管整流装置1套，3套整流柜并联，柜顶各配备两台涡流式冷却风机。一台功率整流柜退出运行时能满足发电机强励和1.1倍额定励磁电流运行的要求。整流柜交直流侧均设隔离开关，整流柜故障时，先将脉冲投退开关置"退出"位置，再拉开交直流侧隔离开关，即可安全地退出检修（注意：整流柜下部交流母线仍带电）。在直流母线一极上装设灭磁开关，灭磁开关只能通过电磁绕组进行分合闸，不能进行手动分合闸。在灭磁开关两侧并联有非线性氧化锌电阻，灭磁开关电源侧氧化锌电阻起防止直流系统过电压的作用，灭磁开关负荷侧氧化锌电阻起灭磁电阻的作用，该两组氧化锌电阻装设在直流浪涌吸收柜上部。浪涌吸收柜下部设有起励回路，起励电源由交流380V电源经柜内开关、变压器及整流装置产生，经接触器至灭磁开关电源侧。电子间的AVR柜对励磁系统进行控制调节，调节器由A、B、C三套主机和一台工控机组成，A、B套是自动方式，互为备用，一套故障时自动切换为另一套工作。C套是手动方式，A、B套均故障时，自动投入C套。

励磁系统未设置跳闸保护。励磁系统和发电机—变压器组保护之间没有联系，励磁系统保护（例如，过励限制、低励限制）动作后不跳开关，只是限制AVR输出，调节发电机电压。300MW励磁系统只是起调节作用，不参与开关跳闸。

整流柜采用风冷，每台整流柜有工作、备用两台风机，运行风机或其电源故障时，备用风机能可靠地自动投入，风机故障、启停信号送到集控室。整流柜风扇控制：

（1）每台整流柜有2组风扇，两路交流380V电源。正常运行时将SA1（手动/自动选择）置"自动"位置，SA2置"投入"位置，SA3置"退出"位置。此时，Ⅰ组电源供电，Ⅰ组风扇运行。

（2）当Ⅰ组电源故障失电时，切换为Ⅱ组电源供电；Ⅰ组电源故障消失后，仍由Ⅱ组电源供电；此时，只有拉开Ⅱ组电源或Ⅱ组电源失电，才能切换到Ⅰ组电源供电。反之亦然。

（3）Ⅰ组风扇故障热电偶动作后，无论SA3置什么位置，联启Ⅱ组风扇。

（4）SA2、SA3置"投入"位置，对应的Ⅰ组、Ⅱ组风扇手动启动运行。

（5）当发电机的端电压大于设定值或机组并网后，励磁调节器自动启动功率柜的冷却风机。当风扇热电偶动作或整流柜内风压继电器动作（整流柜内风压低于动作值），发出风扇故障信号。

（6）整流柜风扇运行不正常或风扇停运，通过整流柜柜顶的风压继电器发"风压低"报警。

（7）机组停运后，整流柜风机全部停运，整流柜发故障报警，属正常。

四、AVR装置的运行

发电机启动时投入励磁的过程：灭磁开关合闸，起励回路闭合，发电机励磁，最初的励磁电流能使发电机的电压上升到额定电压的15%~30%，当发电机电压超过额定电压的70%时，起励回路自动退出。整流柜在自动电压调节器的控制下精确地调节发电机的电压和无功功率。

电压恒定（自动方式）与电流恒定（手动方式）的无扰动切换。调节器在运行过程中，始终会对发电机的机端电压和转子电流进行实时采样，当AVR按照电压恒定（自动方式）控制时，机端电压被作为控制量，始终保持机端电压与电压给定值相同，同时转子电流参考值始终跟踪着转子电流实际值。当AVR切换到电流恒定（手动方式）控制方式时，电流给定值与转子电流值是一致的，不会产生额外的差值调整，从而实现无扰动切换。

（一）350MW发电机MFC5330励磁调节器

励磁调节器AVR柜组成如图11-8所示。其中直流电源单元为交直流两路电源供电，输出直流24V和直流48V电压，交直流两路电源同时供电保证了电源的可靠性。直流24V电压为AVR装置开关量输出继电器用电源，直流48V电压为AVR装置开关量输入继电器用电源。同步变压器模件为AVR装置提供同步电压信号。AVR维护盘由AVR故障指示灯和状态指示灯及一些测试孔组成。

直流电源单元	
同步变压器模件 （正常使用系统）	同步变压器模件 （备用系统）
AVR维护盘	
CPU单元	
触发脉冲输出单元 （正常使用系统）	触发脉冲输出单元 （备用系统）
内部接线转接单元	
辅助电压变压器和电流变流器单元 （正常使用系统）	
辅助电压变压器和电流变流器单元 （备用系统）	

图11-8 励磁调节器AVR柜组成图

CPU单元由双系统控制卡、CPU卡（正常和备用各一块）、模拟量输出卡、模拟量输入卡（正常和备用各一块）、触发脉冲控制卡（正常和备用各一块）、开关量输入输出卡（正常和备用各一块）和模拟量输入卡及电源卡（交流和直流各一块）。两个CPU采用主从控制方式，主、备CPU不能人为手动切换，只有当CPU1（正常）故障时或人为退出运行时，才能自动切换为CPU2（备用）运行。CPU单元的其他正常和备用卡件切换同CPU卡一样，也为主从控制关系。AVR的两个CPU卡均含有过励限制（OEL）、过励磁限制（VFL）和低励限制（MEL）功能。

脉冲输出单元将触发脉冲控制卡生成的脉冲进行功率放大后去驱动励磁柜的晶闸管。辅助电压变压器和电流变流器单元为将发电机TV和TA二次电流电压转变为弱电量后接入模拟量输入卡。在正常使用系统和备用系统中各有交流和直流两个电源卡同时供电，从而保证电源的可靠性。

（二）300MW 机组 SAVR-2000 型励磁调节器

300MW 机组 AVR 机柜分为仪表层、A 套插箱层、工控机层、B 套插箱层、C 套插箱层、按钮层、继电器层共七层。

（1）仪表层。仪表层为发电机机端电压二次值。

（2）工控机层。工控机层安装一台液晶显示工控机作为装置与用户人机界面。

（3）A、B、C 套插箱层。A、B 套插箱层是两套完全独立的可以互换的控制插箱，两套插箱之间依靠同步串行口进行通信，以实现互为跟踪，互为热备的功能。同时通过接点将己方状态通知对方，以达到自动切换的目的。C 套插箱层备用，当 A、B 套都故障时切至 C 套，C 套为手动方式。插箱层由 MBD201 模拟信号输入板、MBD202 主机板、MBD203 开关量输入输出板、MBD204 脉冲放大板、MBD205 主机电源板、MBD206 脉冲电源板、MBD207 双路供电板组成。

1）MBD207 面板上的开关用于控制 MBD206、MBD205 的输入电源，自上而下三个灯分别表示：交流 220V 输入，直流 110V 输入，直流 110V 输出。

2）MBD206 面板上的开关用于控制脉冲电源及操作电源的输出，自上而下三个灯分别表示：脉冲电源，开出继电器操作电源，开入电源。

3）MBD205 面板上的开关用于控制主机电源的输出，自上而下三个灯分别表示：+5V，−12V，+12V。

4）MBD201 面板上三个灯分别表示：+5V，−12V，+12V。

5）MBD202 面板上八个灯分别表示：+5V，−12V，+12V，主/从，运行闪烁，故障，运行，调试。"主/从"表示该套是主套还是从套，亮表示主套；"运行闪烁"表示 CPU 运行状态，其闪烁的频率随运行状态的不同而变化，通常负载运行时为 $\frac{1}{3}$ 次/s，空载运行时为 1 次/s，待机运行时为 3 次/s，录波停止时为 $\frac{1}{6}$ 次/s；"故障"表示该套运行不正常或外界回路有故障；"运行"及"调试"分别表示该套是自动运行状态还是人工调试状态，它由面板上的"运行/调试"开关位置决定。主从切换按钮用于两套主机板间的人工切换。该按钮为自复位式按钮，当该套正常运行时，按下切换按钮即可设置该套为主机方式。

6）MBD203 面板上三个灯分别表示：开入 24V 电源，开出电源及故障。当主 CPU 板检测到调节器故障及硬件看门狗动作时，该故障灯亮。

7）MBD204 面板上三个灯分别表示脉冲电源，脉冲输出和脉冲故障。其中脉冲输出灯亮表示该套为主套，脉冲由此套供给；脉冲故障表示该插件输入的未经放大的脉冲信号故障或脉冲电源有问题。

（4）按钮层。AN1、AN2、AN3、AN4 分别为 A、B 套插箱层的就地增磁、就地减磁、就地建压、就地逆变按钮，QZ1 为 PSS 投退选择开关；AN5、AN6、AN7、AN8 分别为 C 套插箱层的就地增磁、就地减磁、就地建压、就地逆变按钮；QZ 为手动复位开关。

（5）继电器层。继电器层用于开关量输出的隔离。

（三）AVR 装置的运行

（1）正常运行时，AVR 为电压恒定方式（自动方式），而电流恒定方式（手动方式）作为电压恒定方式的备用方式。电流恒定方式运行时，运行人员需要根据机端电压实时调整发电机励磁，机端电压低于额定值时，手动增加励磁，机端电压高于额定值时，手动减少励磁。

（2）电力系统稳定器（PSS）正常运行时投入，350MW 机组在发电机负荷升至120MW 时自动投入，300MW 机组发电机并网后手动投入。

（3）350MW 机组灭磁开关是小车开关，有试验位置、工作位置，开关停送电操作需要使用专用摇把。送电到试验位置进行开关传动试验，注意不能超过试验位置的刻度标线，否则开关的跳闸回路一直通过机械连杆接通，开关不能正常合闸。

（4）300MW 机组灭磁开关是固定式开关，不存在试验位置和工作位置。分闸后，除检查开关状态指示灯外，还应通过检查开关本体机构指示加以确认。开关前部的指示杆，在开关分闸状态下伸出长度比开关合闸状态时要长一些，具体以开关本体机构指示杆上的刻度线为准。

（5）励磁变压器低压侧摇测绝缘时，为了防止损坏整流柜，350MW 机组要求拉出整流柜的 12 只整流桥，300MW 机组则拉开 3 台整流柜的交流隔离开关。

（6）励磁系统在自动或者手动运行方式下，均能通过增减励磁来调整无功和电压。励磁系统正常运行时在自动方式下，不允许在手动方式下长时间运行。

（7）发电机进相运行危及其同步稳定时，低励限制动作，限制励磁电流进一步降低。此时，可以手动增加励磁，维持无功在其低励限制值以上，复位低励限制报警。

（8）AVC 系统投入运行后，AVC 系统根据中调主站指令，自动调节发电机励磁。

第十二章
电气系统接线方式及配电装置

第一节 220kV 系 统 接 线

电气的主接线是发电厂与电力系统连接的枢纽，主接线方式的选择直接影响到发电厂、电力系统的安全运行。因此主接线选择必须满足以下基本要求：运行的可靠性；具有一定的灵活性；操作应尽可能的简单、方便；经济上投入最小；具有扩建的可能性。

某电厂350MW 及 300MW 机组 220kV 系统主接线均采用双母线接线方式。此接线方式的优点是供电可靠，可以轮流检修一组母线而不致使供电中断，一组母线故障后，能迅速恢复供电，调度灵活，扩建方便；缺点是接线复杂，设备多，母线故障有短时停电。

220kV 系统正常运行方式为双母线并列，母联开关在合。母线可采用多种非正常运行方式，如单母运行、双母线运行，但母联开关在断等方式。

一、SF₆ 断路器

断路器是电力系统中重要的电气设备，在正常情况下，接通和断开高压回路中的电流；当系统发生故障时，迅速切断故障电流，防止事故扩大，从而保证系统的稳定运行。高压断路器配备有专门的操动机构，可以就地手动操作和远方自动操作。

（一）350MW 机组 220kV SF₆ 断路器

350MW 机组 220kV 断路器采用 3AQ1-EE（3AQ1-EG）型 SF₆ 断路器。4 条出线断路器为 3AQ1-EE 型断路器，每相装一台液压操动机构分相操作，使断路器适用于单相和三相自动重合闸；发电机、启动备用变压器和母联断路器为 3AQ1-EG 型断路器，只装有一台液压操动机构，三相机械联动。

断路器三相充有 SF₆ 气体作为灭弧和绝缘介质，三个气室相连，SF₆ 气体密度由一个密度计监控，压力由一个压力表显示。

此断路器液压操动机构的操作能量是通过液压储能筒中压缩氮气储存，油压通过一个压力表来显示。当油压低于32MPa，油泵瞬时启动，当油压达到32MPa，延时 3s 后油泵停运。油泵启动打压时间一般为5～6s。

1. 断路器结构

3AQ1-EE 型断路器的基本结构如图 12-1 所示，由基架、极柱、液压机构、控制箱组成。每台断路器有三个极柱，上部为灭弧室，下部为绝缘子作为对地绝缘支撑。

2. 220kV 断路器操作方法

220kV 断路器可以在控制室远方操作，也可以在断路器就地机构箱操作。断路器就

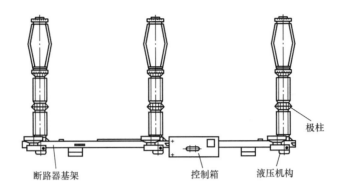

断路器基架　　　　　　　　控制箱　　液压机构

图 12-1　3AQ1-EE 型断路器结构图

地机构箱内有远方/就地位置选择开关，通过钥匙切至就地位置时，只能在就地机构箱上操作；切至远方位置时，控制室远方操作。

（1）远方操作。

1）经同期和五防闭锁合闸。给上控制屏后该断路器的操作、信号熔断器，合上保护屏控制电源开关，开关就地机构箱内远方/就地位置选择开关切至远方位置，经五防模拟操作，检查所有同期开关 TK 在断，检查解除同期开关 STK 在退位，将总同期开关 1STK 切至粗位，检查整步同期表 ZTB 无指示。将待合开关的 TK 切至投位，检查整步同期表压差、频差在允许范围内，将总同期开关 1STK 切至细位，检查整步同期表 ZTB 指在 "S" 点，通过控制开关合该断路器（控制开关依次从预合闸—合闸—合闸后）。检查该线路电流、有功、无功表计指示正常。将该开关 TK 切至退位，将总同期开关 1STK 切至断位。

2）解除同期，经五防闭锁合闸。给上控制屏后该断路器的操作、信号熔断器，合上保护屏控制电源开关，断路器就地机构箱内远方/就地位置选择开关切至远方位置，经五防模拟操作，检查所有同期开关 TK 在断，将解除同期开关 STK 切至投位，将要合断路器的 TK 切至投位，将总同期开关 1STK 切至细位，检查整步同期表压差、频差指向一边，通过控制开关合该断路器（控制开关依次从预合闸—合闸—合闸后）。将该开关 TK 切至退位，将总同期开关 1STK 切至断位，将解同期开关 STK 切至退位，检查该线路电流、有功、无功表计指示正常。

3）解除五防闭锁合闸。检查该断路器的操作、信号熔断器在投入状态，保护屏控制电源开关在合闸状态，断路器就地机构箱内远方/就地选择开关在远方位置，将 JSK 解锁开关切至退位，通过控制开关合该开关（控制开关依次从预合闸—合闸—合闸后）。

4）经五防闭锁分闸。在五防模拟屏上模拟操作拉开该开关，将电脑钥匙插在传输口，按下传输按钮，检查该开关的操作、信号熔断器在投入状态，通过控制开关拉开该开关（控制开关依次从预分闸—分闸—分闸后）。

5）解除五防闭锁分闸。检查该断路器的操作、信号熔断器在投入状态，将 JSK 解锁开关切至退位，通过控制开关拉开该断路器（控制开关依次从预分闸—分闸—分闸后）。

（2）就地操作。就地操作不经过五防闭锁，一般用于检修时断路器分合闸试验使用。给上控制屏后该开关的操作、信号熔断器，合上保护屏控制电源开关，断路器就地机构箱内远方/就地位置选择开关切至就地位置，按机构箱内合闸按钮。

3. 断路器状态判断

断路器状态指示如图 12-2 所示。当操动机构杆向右时如图 12-2（a）所示，表示断路器是分闸状态；当操动机构杆向左时如图 12-2（b）所示，表示断路器是合闸状态。

断路器状态要通过控制屏开关指示灯、表计及就地操动机构状态指示进行综合判断。

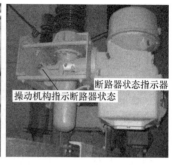

（a）　　　　　　　　　　（b）　　　　　　　　　　（c）

图 12-2　断路器状态指示图

（a）断路器分闸；（b）断路器合闸；（c）断路器状态指示

（二）300MW 机组 220kV SF₆ 断路器

300MW 机组 220kV 断路器采用 LW15-252kV/2500A 高压 SF₆ 断路器。断路器采用 CQ6 气动操动机构，分闸操作是靠压缩空气罐内额定压力为 1.5MPa 的压缩空气来完成。合闸操作则是靠在分闸操作时蓄能的合闸弹簧来完成的。各极断路器的压缩空气罐之间用 $\phi22$mm 铜管连接，以维持压力一致，压缩空气由 B 相操动机构箱内的空气压缩机提供。发电机—变压器组出口开关、母联及启动备用变压器高压断路器为三相电气联动，出线开关为分相操作。

分闸操作时，压缩空气罐内的压缩空气进入汽缸，推动活塞和拉杆向下运动，使合闸弹簧储能，这时向下拉动操作杆，断路器分闸。

合闸操作时，气动机构的合闸弹簧所储能量被释放，活塞和拉杆由合闸弹簧推动向上运动。合闸操作时所有传动元件运动方向与分闸操作时的运动方向相反。断路器的防跳采用操动机构本身实现机械防跳。

1. 断路器结构

每台断路器包括三个单相断路器，每相断路器上部为灭弧室单元，下部为操动机构箱，灭弧室内有压气式灭弧装置，操动机构箱装有气动操动机构和压缩空气罐。每台断路器既可进行单相操作，又可进行三相电气联动。

（1）SF₆ 气体系统。当 SF₆ 气体密度降低发出报警时，即便是带电运行条件下也可补气。气体密度开关采用表计合一的结构，表计内部装设双金属片进行温度补偿，能直观监视气压变化。其压力参数及接点情况见表 12-1。

当断路器本体内的 SF₆ 气体密度降低至补气气压 0.55MPa 时，密度继电器的报警触点 63GA 动作，发出报警信号，提醒对断路器补充 SF₆ 气体；若 SF₆ 气体密度继续降低至开关闭锁气压 0.5MPa 时，密度继电器的闭锁触点 63GL 闭合，使 SF$_6$ 低气压闭锁继电器 63GLX 动作，继电器 63GLX 触点串接至分、合闸回路中，切断分、合闸控制回路，断路器不能进行分、合闸操作，继电器同时送出两路报警信号至控制室。

表 12-1 　　　　　　　　　　SF$_6$ 气体压力参数及接点情况 （20℃时）

额定气体压力	0.6MPa	密度计接点
报警压力 p_A	$A=$ （0.55±0.03） MPa	接点 1-2
断路器闭锁压力 p_B	$B=$ （0.50±0.03） MPa	接点 3-4
报警解除压力 p_L	$L=A+0.03MPa$	断路器闭锁解除压力 p_M ｜ $p_M=p_B+0.03MPa$

（2）压缩空气系统。压缩空气系统由空气压缩机组、压缩空气管、压缩空气罐、空气压力开关、空气压力表、安全阀以及排气管、螺塞、止回阀、排水阀组成。空气压缩机组经止回阀向 B 极压缩空气内打入高压空气，该高压空气经不同的压缩空气管进入有关的空气压力开关、空气压力表以及安全阀中进行控制、测量和保护，同时也进入了 A、C 极压缩空气罐。空气压缩机组长时间反复运行，会在压缩空气罐内积存一些水分，应定期通过排水阀排水。当空气压力降至 1.45MPa 时，其自行启动空气压缩机，并发出自动补压信号；当空气压力增至 1.55MPa 时，其自行停止空气压缩机，自动补压信号自行消失。

当空气压力不大于 1.2MPa 时，切断合闸回路和分闸回路，实现断路器操作闭锁。同时送出二次回路报警信号至控制室；当空气压力增至 1.30MPa 时，闭锁信号自行解除。

空气压力有泄漏且低于 1.43MPa 时，开关不应执行重合闸操作，而只能执行单分操作；当空气压力高于 1.43MPa 时，开关能执行完整的重合闸操作。重合闸闭锁信号是在操动机构的压缩空气泄漏、气压下降时由压力开关 63AR 发出的。

安全阀是在空气压缩机系统故障下的一个安全保护装置，当空气压力达到 1.7～1.8MPa 时，安全阀动作，泄压至 1.45～1.55MPa 后自行关闭。

表 12-2 显示了气动操动机构压力参数。

表 12-2 　　　　　　　　　气动操动机构压力参数 　　　　　　　　　　　MPa

额定压力	1.5	最高压力	1.65±0.03
空气压缩机启动压力	1.45±0.03	空气压缩机停止压力	1.55±0.03
断路器闭锁操作空气压力	1.20±0.03	二级安全阀动作压力	1.7～1.8
断路器解除操作空气压力	1.30±0.03	二级安全阀复位压力	1.45～1.55
自动重合闸操作循环闭锁信号空气压力	1.43±0.03	自动重合闸闭锁信号解除空气压力	1.46±0.03

（3）重合闸闭锁。当空气压力有泄漏且低于 1.43MPa 时，断路器不应执行重合闸操作，而只能执行单分操作。当空气压力高于 1.43MPa 时，开关能执行完整的重合闸操作。重合闸闭锁信号是在操动机构的压缩空气泄漏、气压下降时由压力开关 63AR 发出的。

当空气气压不大于 1.2MPa 时，切断合闸回路和分闸回路，实现断路器操作闭锁。同时送出二次回路报警信号至控制室。

2. 220kV 断路器操作方法

测控柜上控制方式断路器有三个位置，分别是强制手动、远控和手动同期。正常在

LCD画面上遥控操作，控制开关在远控位置。在测控柜上操作，将控制开关打至强制手动位置。断路器就地机构箱远方/就地位置选择开关，切至就地位置时，只能在就地机构箱操作。切至远方位置时，可以在LCD画面上或测控柜上遥控操作。

（1）遥控操作。

1）LCD画面上经五防闭锁遥控合闸操作。在保护柜和断路器就地机构箱分别合上控制电源开关，五防模拟操作后，在LCD画面上选择进入操作员用户，经同期系统自动检同期后，点遥控执行，合上该开关。

2）测控柜经五防闭锁遥控合闸操作。在保护柜和断路器就地机构箱分别合上控制电源开关，五防模拟操作后，经同期系统自动检同期后，在测控柜按合闸按钮，合上该开关。

3）LCD画面上解除五防闭锁合闸操作。在LCD画面上选择进入操作员用户，点遥控解锁开关，合上该开关。

4）测控柜解除五防闭锁遥控合闸操作。在保护柜和开关就地机构箱分别合上控制电源开关，在LCD画面上选择进入操作员用户，点遥控解锁开关，经同期系统自动检同期后，在测控柜按合闸按钮，合上该开关。

5）LCD画面上经五防闭锁遥控分闸操作。在保护柜和开关就地机构箱分别合上控制电源开关，五防模拟操作后，在LCD画面上选择进入操作员用户，点遥控执行，拉开该开关。

6）测控柜经五防闭锁遥控分闸操作。在保护柜和开关就地机构箱分别合上控制电源开关，五防模拟操作后，在测控柜按分闸按钮，拉开该开关。

7）解除五防闭锁分闸操作。在LCD画面上选择进入操作员用户，点遥控解锁开关，拉开该开关。

（2）就地操作。就地操作不经过五防闭锁，一般用于检修时开关分合闸试验使用。

在保护柜和开关就地机构箱分别合上控制电源开关，将开关就地机构箱远方/就地位置选择开关切至就地位置，将开关操作把手切至合位，合上该开关。

3．断路器状态判断

断路器操动机构箱示意图如图12-3所示。当操动机构指示杆朝上时，表示断路器是合闸状态；当操动机构指示杆朝下时，表示断路器是分闸状态。

断路器状态指示检查要通过综自系统后台机的状态指示、表计及就地操动机构状态指示进行综合判断。

二、隔离开关的运行

隔离开关是用来隔离电路，在断开状态下有一个明显可见的断口，在合上状态下，导电系统中可以通过正常的工作电流和故障时短路电流。隔离开关没有灭弧装置，除了能开断很小的电流

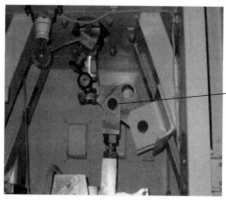

操动机构指示杆

图12-3　断路器操动机构箱示意图

147

外，不能用来开断负荷电流，更不能开断短路电流。

隔离开关的主要用途：利用隔离开关断口的可靠绝缘，使检修设备与带电部分隔离。根据运行需要倒母线，在断口两端有并联支路的情况下，可带负荷进行分合闸操作；可用隔离开关分合小容量变压器的空载电流、电压互感器及长度不大的空载母线的电容电流。

操作方式：隔离开关采用三相联动电动操动机构，设电动操动及手动操作装置。在检修或电机故障时采用手动操作，手动操作时需解除电动操作功能。电动机电源为三相交流380V，控制电源为单相交流220V。

隔离开关为三柱水平传动式结构，由底座、支持绝缘子、导电系统、接地开关及传动系统组成。

接地开关装于底座转动轴上，静触头装于支柱绝缘子上端，接地开关与主隔离开关之间设有机械闭锁，能保证主分→地合、地分→主合的顺序动作。接地开关采用手动操动机构。

第二节 6.3kV 厂用电系统

厂用供电电压的选择主要取决于负荷的电压、供电网络、发电机组的容量和额定电压等。300MW等级机组厂用负荷电压通常为 6.3kV、380V、220V。

四台机组高压厂用电系统电压等级均采用 6.3kV，单母线接线方式。每台机组设一台高压厂用工作变压器，高压侧采用分相封闭母线，由发电机出线分支引出；低压侧采用共箱封闭母线，两个分支分别接入每台机组两段 6.3kV（A/B）母线。厂用高压变压器低压侧中性点经中阻接地，以降低系统接地时的短路电流。

350MW 及 300MW 两台机组各设置一台高压启动/备用变压器，采用有载调压变压器，高压侧接入 220kV 母线。高压侧中性点直接接地，低压侧 6.3kV 采用封闭母线分别"T"形接入两台机组的两段 6.3kV 母线。

一、6.3kV 真空断路器

厂用电系统 6.3kV 开关柜全部采用手车式断路器柜，有真空断路器和 F-C（真空接触器-熔断器）断路器两种。

350MW 机组 6.3kV 电源进线、负荷断路器全部采用真空断路器。

300MW 机组 6.3kV 电源进线断路器使用落地式真空断路器，1000kW 以下电动机和1250kVA 以下变压器采用 F-C 断路器，其他负荷开关采用中置式真空断路器。

（一）350MW 机组真空断路器

1. 断路器柜结构

KYN-12 断路器柜（如图 12-4 所示）从结构上分手车室、仪表室、主母线室和电缆室四个主要功能间隔。

手车有三种，一是真空断路器小车，包括进线断路器及负荷断路器；二是进线电压互感器（TV）小车，它在手车上安装了 TV，取 A、B 相电压，同时它的上下触头间用母

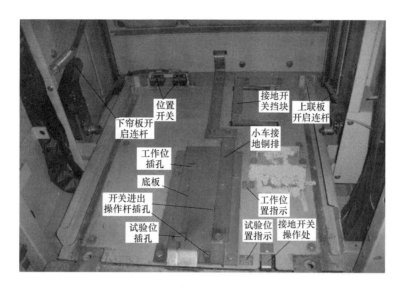

图 12-4 KYN-12 断路器柜结构图

排连接，起到进线隔离开关的作用；三是母线电压互感器（TV）小车，它仅有上触头，在小车上安装了三相 TV 取 A、B、C 三相电压。

主母线室位于开关柜中上部，三相主母线经该柜内分支母线与一次上静触头相连。电缆室位于开关柜后部，上下贯通，该室内安装有电流互感器（TA）、接地开关（进线开关及 TV 柜内无）、避雷器等元器件。当接地开关合闸时，开关柜后盖板方可打开，人员才能进入电缆室工作。

进线 TV、开关间的连接：6.3kV TV 柜及开关柜之间连接按电源母线进线方式分为上进线和下进线两种，6.3kV 1A 段进线、备用进线、6.3kV 1B 段备用进线（6.3kV 1B 段备用进线因为要从卷闸门上通过）、6.3kV 2A 段进线、备用进线为上进线方式；6.3kV 1B 段进线、6.3kV 2B 段进线及其备用进线为下进线方式。

上进线是指电源进线从 TV 柜的中部与 TV 的上触头连接，TV 小车下触头用小母排与进线开关柜的下触头连接，进线开关上触头接至 6.3kV 母线；下进线是指电源进线从 TV 柜从电缆室下部与 TV 下触头连接，TV 小车上触头用小母排与进线开关柜的下触头连接，进线开关上触头接至 6.3kV 母线。

2. 真空断路器

ZN67-12 真空断路器（如图 12-5 所示）分为两种，一种是负荷侧断路器，额定电流为 1250A，另一种是进线断路器，额定电流为 3150A，两种断路器的额定开断电流均为 40kA。断路器由真空灭弧室、一次触头、绝缘支架和操动机构等组成。

3. 断路器的操作

（1）6.3kV 断路器的操作。断路器在开关柜内的位置分为试验位置和工作位置。位

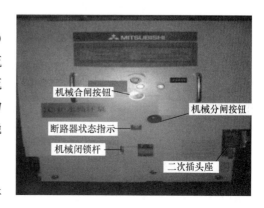

图 12-5 ZN67-12 真空断路器图

置的确定是通过断路器本体上的联锁销及开关柜底板上试验位及工作位插孔配合确定。

断路器从试验位进入工作位前，必须首先确认断路器处于分闸状态，控制电源在断开，插入二次插头，压动控制回路连接插头定位板；将控制回路连接插头插入并用插座锁扣扣住，此时定位板处于复位状态；拔下控制回路连接插头时首先按动定位板，然后拔下连接插头。

断路器从工作位或试验位向另一位置移动时，首先提起机械闭锁杆，使其从位置插孔中脱离，然后将开关拉至或推入另一位置。

断路器送电操作：检查接地开关未合；给上二次插头；合上断路器控制电源开关（若不接通控制回路而直接将断路器推入工作位置，一次回路故障时而保护未投入造成断路器不能跳闸，导致事故扩大）；检查断路器分闸状态、保护投入正常；提起机械闭锁杆将断路器推至工作位、机械闭锁杆所好；将控制方式切至"远方"位。

（2）350MW 机组 6.3kV 电源进线 TV（如图 12-6 所示）和 6.3kV 电源进线开关的操作闭锁。6.3kV 电源进线开关柜和电源进线 TV 柜之间通过柜子下部的机械锁实现闭锁（如图 12-6 所示 6.3kV 电源进线 TV 柜），防止带负荷拉 TV 隔离开关（停电：先停开关、后停 TV；送电：先送 TV、后送开关）。送电时，提起电源进线 TV 柜闭锁销子，送入电源进线 TV 柜，放下 TV 柜闭锁销子，逆时针旋转闭锁操作把手，小车闭锁杆竖起锁住电源进线 TV 柜，逆时针旋转解锁钥匙，锁住小车闭锁杆。拔下解锁钥匙，插入电源进线开关柜，逆时针旋转解锁钥匙，打开小车闭锁杆机械锁，顺时针转动闭锁操作把手，将闭锁杆落下，电源进线开关柜才可以送入间隔。停电时，操作顺序相反。

 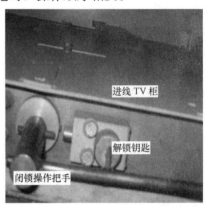

图 12-6 6.3kV 电源进线 TV 柜图

（3）断路器合接地开关操作。开关合接地开关（断路器合接地开关柜如图 12-7 所示）操作必须在停电状态下进行，按下接地开关操作闭锁杆，操作杆左斜插入，按下接地开关操作闭锁杆背后接地开关闭锁，向右旋转操作杆接地指示器至接地位（开关在柜外时，底部接地闭锁杆抬起，伴有到位声音），检查柜后接地开关三相上翻与开关下触头引线连接，分闸操作反之。

（4）引风机、一次风机变频装置隔离开关操作。变频器接线图如图 12-8 所示。QS1、QS2、QS3 为隔离开关，位于变频器旁通柜内。QS1、QS2、QS3 与 QF 断路器之间实现电气闭锁，只有 QF 断路器在分闸状态才能进行 QS1、QS2、QS3 操作。QS2 和 QS3 为

图 12-7　断路器合接地开关柜图

单刀双投隔离开关；QS1 和 QS2 两者之间机械互锁。6.3kV 电源开关分闸状态，二次插头未拔下，电磁锁带电可以正常解锁，操作隔离开关方法：按住电磁锁的红色按钮，电磁锁吸合，拉出电磁锁侧面闭锁

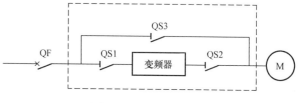

图 12-8　变频器接线图

销子，通过隔离开关操作手柄进行隔离开关分合操作。6.3kV 电源开关停电二次插头拔下或 220V AC 控制电源停电，电磁锁失电，电磁锁不能正常操作。操作隔离开关方法：利用解锁钥匙，插入电磁锁的钥匙孔旋转，拉出电磁锁侧面闭锁销子，通过隔离开关操作手柄进行隔离开关分合操作。

（5）6.3kV 断路器送电注意事项。

1）检查 6.3kV 开关柜上保护连接片投入正常，远方/就地转换开关 1KK 打至"就地"位置，送上开关柜直流电源，检查保护装置显示正常无报警，小车开关送至工作位置。

2）外围变压器设备、脱硫电源送电时，先将 6.3kV 开关柜门上远方/就地转换开关 1KK 打至"就地"位置，将开关送至工作位置正常后，用开关柜门上的合闸按钮合上开关。6.3kV 开关合闸后，立即将开关柜门上远方/就地转换开关 1KK 打至"远方"位置，防止人员误碰跳闸按钮造成断路器跳闸。

3）电动机负荷、低压工作变压器、低压公用变压器、6.3kV 母线工作电源开关、6.3kV 母线备用电源开关送电正常后，将 6.3kV 开关柜门上远方/就地转换开关 1KK 打至"远方"位置，只能在远方操作将断路器合闸。只有在进行断路器跳、合闸试验时，才允许将 6.3kV 开关柜门上远方/就地转换开关 1KK 才打至"就地"位置进行操作。

（二）300MW 机组 6.3kV 断路器

1. 真空断路器结构

开关柜整体上分为母线室、开关室、电缆室和低压室四个隔室，包括如下部件：主母线、分支母线、开关手车、电压互感器、电流互感器、接地开关、手车操作丝杠、二次插头、活门、压力释放板及继电器、控制电源开关。

2. 手车式真空断路器的操作

（1）将真空断路器推进柜内的操作步骤（由间隔外至试验位置）：①将操作小车推到开关柜前；②放置好操作小车（通过调整小车底部三个螺钉将小车高度与开关柜轨道平齐）；③检查操作小车与开关轨道闭锁良好；④按下操作小车上的开关位置闭锁，将开关沿着轨道推到柜内（检查开关在柜内闭锁良好）；⑤按下操作小车上球形把手，移开操作小车；⑥插入开关二次插头，将二次插头锁定手柄向左侧滑动，释放锁定手柄，关上柜门。

（2）从试验位置到工作位置的操作步骤：①确认开关在分闸（通过开关本体、面板显示）；②检查接地开关在分闸位置；③顺时针方向转动手柄直至到停止点（断路器手柄在正下方，可听到咔嚓声）。

（3）从工作位置到试验位置的操作步骤：①检查断路器在分闸状态；②在开关柜本体上，向左拉开柜门上的把手，以露出驱动手柄插入孔；③逆时针方向转动手柄直至到停止点（断路器手柄在正下方，可听到咔嚓声）。

（4）合接地开关操作步骤（开关在试验、检修位置）：将接地开关操作杆插入孔中，按下接地开关闭锁按钮，顺时针转动接地开关操纵杆至合闸位（可听到咔嚓声）。

3. 6.3kV 电源开关闭锁装置的操作

300MW 机组 6.3kV 电源进线 TV（如图 12-9 所示）和 6.3kV 母线电源开关（如图 12-10 所示）之间通过开关上部的机械闭锁匙实现闭锁，防止带负荷拉 TV 隔离开关。停电时，电源进线开关停电后拉至试验位置，转动闭锁钥匙伸出闭锁销子，拔下闭锁钥匙，插入电源进线 TV 柜并转动，缩回闭锁销子，电源进线 TV 柜才可以拉出间隔。送电时，先送入电源进线 TV 柜，转动闭锁钥匙伸出闭锁销子，拔下闭锁钥匙，插入电源进线开关柜并转动，缩回闭锁销子，电源进线开关柜才可以送入间隔。运行时，电源进线 TV 柜闭锁销子在伸出状态，防止开关未停电直接拉出电源进线 TV 柜。停电检修时，电源进线开关柜闭锁销子在伸出状态，防止恢复送电时，电源进线 TV 柜未送入即误送电源进线开关。

图 12-9　6.3kV 电源进线 TV 图

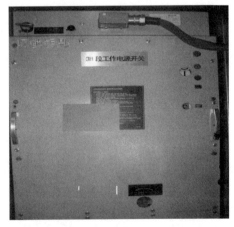

图 12-10　6.3kV 母线电源开关图

4. 6.3kV 断路器操作注意事项

（1）6.3kV 断路器运行中工作位置指示灯由亮变灭，反映出小车开关的位置发生了改变，开关触头可能接触不良，立即采取果断措施，尽快倒换电源，停电处理。

（2）300MW 机组 6.3kV 小车开关停电拉出间隔操作时必须使用专用小车（6.3kV 断路器操作小车如图 12-11 所示，分别为正视图、侧视图、俯视图），注意检查开关和操作小车相互锁好，防止开关从操作小车脱落砸伤人员。推入操作小车闭锁杆操作把手，将闭锁杆插入开关柜侧面，保证操作小车不会发生移动。压下闭锁钩操作把手，将小车开关拉出放在操作小车上，放开闭锁钩操作把手，检查小车开关和操作小车相互锁好。拔出操作小车闭锁杆操作把手，将闭锁杆收回，操作小车即可拉出。

(a)　　　　　　　　　　(b)　　　　　　　　　　(c)

图 12-11　6.3kV 断路器操作小车图

（a）正视图；（b）侧视图；（c）俯视图

（3）300MW 机组 C 电动给水泵送电、摇测绝缘或检修时，要求 6.3kV A、B 母线供 C 电动给水泵的两个电源开关状态必须一致。

5. P11A（B）皮带电动机停送电注意事项

（1）P11A（B）皮带电动机开关有四个，控制两台电动机正反转，开关之间互相闭锁。

（2）P11A（B）皮带电动机送电时，将四个开关都送至热备状态。

（3）P11A（B）皮带电动机停电检修，四个 6.3kV 断路器必须都在检修状态。

（4）P11A（B）皮带电动机正常时不允许单体试运，特殊情况下需机械对轮解开、保护解除闭锁后进行。

（5）P11A（B）皮带电动机开关控制电源共有四个，送任意一个则四个开关面板都有显示。停电时，四个控制电源都停，四个开关面板显示才能消失。停送电操作时，四个控制电源要同时停或送。

6. 6.3kV 断路器停电测绝缘注意事项

6.3kV 电缆或电动机测绝缘必须开关停电在柜后进行，禁止在前方打开帘板测绝缘，以防上触头电击。6.3kV 断路器接地开关和开关后柜门之间有机械闭锁，合上接地开关后才能打开后柜门。由于 6.3kV 断路器停电合上接地开关前应该在后柜电缆接线处验电，为此合接地开关前要间接验电，即检查开关分闸状态指示、表计、带电指示器。

二、F-C 开关（熔断器—接触器开关）

300MW 机组集控、脱硫容量小于 600kW 电动机或容量小于或等于 1200kVA 变压器负荷使用了 F-C 开关，该开关未配置速断保护，发生相间短路故障，动力熔断器熔断，从而保护电动机。故障电流越大，切除故障时间越短，且动力熔断器熔断明显比速断保护快。300MW 机组集控 F-C 开关的动力熔断器带熔体熔断微动开关，任何一相熔体熔断后发出报警信号。300MW 机组脱硫 6.3kV F-C 开关柜本体有黄绿红三个指示灯，分别表示 A、B、C 三相动力熔断器是否完好。灯亮表示熔断器完好，灯灭表示该相熔断器熔断。

F-C 开关机械紧急分闸的操作：用专用钥匙打开手车室门，可看到小车右侧面板中部有一圆孔，用绝缘杆对准此孔顶上的机械紧急分闸装置，可使 F-C 开关实现紧急分闸。

F-C 开关手车操作方法如下：

1. 将手车置于"可移开"位置的操作步骤

（1）按压球形把手，将手柄逆时针方向转动半圈，然后释放球形把手。

（2）如果手柄已经入扣，顺时针方向转动手柄 2 圈，直到停止点（可听到咔嚓声）。

（3）如果手柄逆时针方向转动了 1.5 圈后入扣，则停止操作。

（4）如果手柄逆时针方向转动了 6.5 圈后入扣，再次按压球形把手，逆时针方向转动球形把手 1.5 圈，停止操作。

（5）此时手车位于"可移开"位置。

2. 从可移开位置到试验位置的操作步骤

（1）按下球形把手，顺时针方向转动手柄半圈，释放球形把手。

（2）继续转动把手直至停止点。

（3）将手车上部的锁定手柄向右侧滑动，插入二次插头，释放锁定手柄。

3. 从试验位置到工作位置的操作步骤

（1）确认开关在分闸。

（2）检查接地开关在分闸位置。

（3）按下驱动手柄球形把手，将手柄顺时针转动半圈，释放球形把手。

（4）继续顺时针方向转动驱动手柄直到停止点（6 圈）。

4. 从工作位置到试验位置的操作步骤

（1）检查开关在分闸状态。

（2）按住球形把手逆时针旋转半圈，释放球形把手。

（3）逆时针方向转动手柄直至到停止点（6 圈）。

5. 从试验位置到可移开位置的操作步骤（此时控制电源应已拉开）

（1）取下二次插头，并放在弹簧夹内。

（2）按下球形把手，向左转动半圈，释放球形把手。

（3）继续向左转动，直至停止点。

第三节 400V 厂用电系统

400V 开关有框架开关和塑壳开关两种，均采用电子式脱扣器，具有长延时、短延时、电流速断等保护功能。

一、400V 开关介绍

（一）350MW 机组 400V 电动机负荷开关

400V 电动机负荷开关（如图 12-12 所示）包括开关小车、接触器小车两部分，开关小车、接触器小车分别有接通、断开两个位置，送电转热备后开关小车一直在合闸状态。发生电气短路故障时，断路器跳闸切断故障；发生过负荷时，热电偶动作跳开接触器。电动机启停由接触器吸合、断开来完成。电动机启停控制有就地、远方两种控制方式。就地控制方式一般在试验位置时进行分合闸试验使用，电动机正常启停采用远方控制方式。接触器小车柜的直流控制熔断器用于开关控制，交流控制熔断器用于接触器控制和变送器工作电源。

此开关分三个位置：间隔外、试验位、工作位（开关、接触器小车操作把手均打到右侧）。

送电操作：开关、接触器小车均送至试验位置，给上交直流控制熔断器，将开关、接触器小车操作把手均打到右侧，合上开关、柜门关闭。

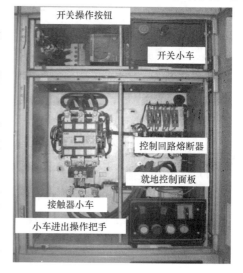

图 12-12　400V 电动机开关图

停电操作：断开开关，将开关、接触器小车操作把手均打到左侧，取下交直流控制熔断器。注意：此开关、接触器各有两个操作把手，上面为开关进入、退出把手，操作此把手可以把开关在"间隔外"、"试验位"之间切换。下面为开关接通、断开把手，操作此把手可以把开关在"试验位"、"工作位"之间切换。

运行中，当遇到开关跳闸后，运行人员应到就地对开关进行复位，方法：就地打开上柜盖，跳闸后位置指示三角箭头指向"黄色"故障区域。将状态选择器由正常的"auto"（400V 电动机开关面板如图 12-13 所示）推到"manual"位置，此时，位置指示器会自动翘起半侧，形成一个手动旋钮。将旋钮使劲旋转至绿色 O 位，再将状态选择器推到正常的"auto"位置，开关故障复位。

开关右上部的红色"O"按钮，可以对开关执行紧停操作，作用是防止接触器故障时烧熔粘连，无法进行热电偶跳闸，运行人员可以按下此按钮，执行开关小车的紧停，切断故障电源。

运行中，运行人员是不允许打开开关小车的前柜门，在开关运行中，如人员误将柜门拉开，接触

图 12-13　400V 电动机开关面板图

器自动脱开，设备停止运行。这是因为上柜门有门闭锁装置，与接触器辅助接点串联，柜门打开后，接触器失电脱开。所以送电后，一定要把开关柜门锁好。

图 12-14　400V 电源开关面板图

（二）350MW 机组 400V 电源开关

400V 电源进线（如图 12-14 所示）开关采用抽屉式小车开关，小车有工作、试验、断开三个位置。

1. 电源开关的送电操作方法（停电操作与之相反）

（1）检查开关在"分闸"位置。

（2）压住闭锁把手，将摇把插入操作口内，顺时针转动摇把后，松开闭锁把手。

（3）开关摇入中当闭锁把手再次锁紧后，检查开关位置指示器在"试验"位置。

（4）送上开关操作熔断器，检查柜门上开关分闸指示灯亮，开关储能指示灯亮，故障指示灯不亮。有远方指示的可以观察到开关分合闸信号灯分闸信号绿色灯亮。

（5）压住闭锁把手，将开关摇至工作位置，检查开关位置指示器在"工作"位置。

2. 操作过程中的注意事项

（1）此开关可手动蓄能，方法是将手动蓄能杆来回地上下扳动，大约 10 次左右，检查发现蓄能指示显示由白色转为黄色。正常开关的蓄能由蓄能电动机自动完成。

（2）400V 电源进线开关进行传动试验时，要求有联锁关系的开关均送至试验位置。如果有联锁关系的开关在断开位置，则由于二次回路断开，传动试验不能正常进行。例如，400V PC 的电源进线开关和联络开关之间的联锁关系。

（3）开关在间隔外状态，可以直接做开关本体的跳合闸试验。这时必须借助手动蓄能的方式进行试验。注意做完试验后，一定要保证开关处于分闸状态，防止开关合闸状态送电的误操作发生。

（三）MT 型断路器

MT 型断路器（如图 12-15 所示）大量运用在 300MW 机组 400V PC 段负荷中，350MW 机组 400V 部分负荷开关改造也使用了 MT 型断路器。MT 型断路器的送电操作步骤如下（停电操作步骤与之相反）：

（1）检查开关却在分闸"O"状态。

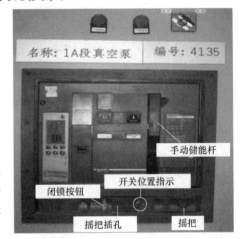

图 12-15　MT 型断路器图

（2）压下闭锁按钮，将摇把插入插孔，顺时针旋转摇把。

（3）当摇至试验位置时，面板前的控制信息窗会亮起，开关位置指示为"试验"位。

（4）送上开关操作熔断器。

（5）压下闭锁按钮，继续将开关摇至工作位。

（6）检查控制面板电压正常、电流为 0A、保护投入正常。

（7）将开关切为远方操作位置。

（四）350MW 机组 MCC 双电源开关

350MW 机组 MCC 双电源开关如图 12-16 所示，其送电操作步骤如下（停电操作步骤与之相反）：

（1）检查开关在间隔外（开关位置指示在最上处 disconneted），开关在分闸状态。合上控制电源。

（2）压下摇把闭锁按钮，压下 OFF 按钮，将 T 字形摇把插入摇把插孔。顺时针摇动摇把，注意开关缓慢进入。

（3）当摇至开关试验位置指示为"试验"位置（test）时，摇把闭锁按钮自动弹出，这时的状态即为试验位置。外柜门上的分合闸指示灯亮起。可以进行开关面板、开关本体的分合闸试验。

（4）再次压下摇把闭锁按钮，顺时针继续摇动摇把，直至开关试验位置指示为"工作"位置（conneted）。

（5）根据要求，在外柜门上进行合闸操作。

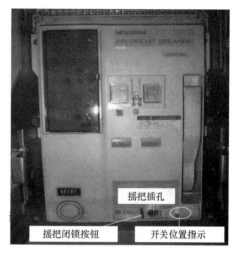

图 12-16　MCC 双电源开关图

二、400V 厂用电系统运行注意事项

（1）350MW 机组集控 400V 抽屉式电动机开关运行中曾多次出现一次触头烧损，原因是开关动静触头接触不良，触头过热引起烧损。因此巡检时要按照定期测温的要求进行测量开关柜、接线、触头等处的温度。

（2）350MW 机组集控 400V 抽屉式电动机开关送电时，出现过通断把手未送，电动机不能启动的情况，而且柜门照样可以关上，运行中送电时要特别注意。

（3）外围 400V PC、300MW 机组 VCC 母线检修结束后，摇测母线绝缘不合格。对于电除尘 PC、厂前区 PC、机炉检修 PC、灰库 PC 母线检修结束后，摇测母线绝缘不合格原因是电能表的电压回路直接取自母线，而电压回路是接地的，因此需要通知检修人员甩开电压回路的接地点。300MW 机组 VCC 要求甩开电压表，350MW 机组 VCC 取下电压表柜内熔断器。

（4）300MW 机组集控 400V 抽屉式电动机 MCC 开关送电时，出现过一次开关通断把手未合，启动后电动机不能正常运行而 LCD 上显示启动的情况，因此送电时应特别注意将开关送电后的状态。

第十三章

变 压 器 运 行

变压器是利用电磁感应原理把一种电压等级转换成相同频率的另一种电压等级的交流电。变压器通常为油浸式和干式变压器。

油浸式变压器，一般由铁芯、绕组、油箱、绝缘套管、冷却装置等主要部分组成。铁芯和绕组是变压器进行电磁能量转换的有效部分，称为变压器的器身。油箱是油浸式变压器的外壳，箱内灌满了变压器油，变压器油起绝缘和冷却作用。

干式变压器一般由铁芯、绕组和冷却装置组成，多用于厂用变压器。

第一节　变压器运行及事故处理

一、变压器运行中的检查项目

1. 油浸式变压器正常运行中的检查与监视

（1）储油柜和充油套管及调压装置内油色应透明，油位指示正常。

（2）套管绝缘子应清洁，无损坏裂纹及放电现象。

（3）检查变压器各接头牢固，无过热变色现象。

（4）检查变压器声音正常，无明显变化和异音，温度正常且与 LCD 画面指示一致，外壳接地线牢固无损坏。

（5）检查变压器释压阀无喷油现象。

（6）检查气体继电器无渗漏油，无气体产生，引出线完好。

（7）呼吸器中干燥剂颜色正常（蓝色）。

（8）变压器本体各部无渗油漏油现象。

（9）各散热管、散热器温度应均匀。

（10）有载分接开关的电源正常，分接头指示与 LCD 指示位置一致。

（11）冷却器风扇及油泵运转正常，所有冷却器油阀应打开，冷却器备用电源良好。

（12）各导线连接处无发热变色现象，电缆头无过热、破裂、放电、流胶现象。

2. 干式变压器正常运行中的检查

（1）变压器声音正常，所有紧固件、连接件无松动。

（2）引线接头处无发热、变色，绕组无变形凸出现象。

（3）本体无大量灰尘聚集，绝缘表面无爬电痕迹和炭化现象。

（4）干式变压器温度正常冷却运转正常。

3. 室外变压器特殊检查项目

（1）过负荷时检查油温和油位符合规定，各引线接头连接紧固，无过热烧红现象，冷却系统运行正常。

（2）大风时，变压器上部引线无剧烈摆动和松动现象，顶盖及周围无杂物。

（3）大雪天时，应检查变压器引线接头部分是否有落雪立即融化，以判断是否过热，导电部分应无冰柱。

（4）大雾天，各部无火花放电或异常。

（5）雷雨后，检查套管无闪络放电现象，避雷器放电动作计数器的动作情况，套管无破裂及烧伤痕迹。

（6）天气骤冷或骤热时，应检查油位、油温是否正常。

二、主变压器冷却器全停事故处理

1. 事故现象

（1）LCD上发"主变压器冷却系统故障"报警。

（2）就地控制盘出现"主变压器冷却系统故障"信号。

2. 事故原因

冷却器两路电源均出现故障。

3. 处理

（1）注意记录冷却器停用时间。

（2）查找冷却器故障原因，设法消除，尽快恢复冷却器运行。冷却器全停延时60min后或冷却器全停达到20min且上层油温超过85℃都会动作于跳闸。

（3）立即派人分别到400V配电室及变压器冷却器就地控制柜，检查有无明显的故障点，若有，将故障点隔离并联系送电。

（4）若无明显故障点，立即就地拉开各组冷却器电源小开关（350MW机组主变压器冷却器电源控制方式切为Ⅰ、Ⅱ方式）；若仍不能恢复冷却器运行，采用将就地控制箱内联络接触器的联锁投退开关打至"退出"位置，分别给冷却器电源送电。电源送电正常后，就地分别试送各组冷却器电源小开关，并查明故障点。

（5）密切监视变压器上层温度，控制变压器负荷，必要时退出主变压器冷却器全停保护连接片。主变压器冷却器全停时间达到20min且上层油温超过85℃，若主变压器冷却器全停保护退出，应立即停运。若上层油温未达85℃，全停时间已超过60min，应申请调度停机处理。

第二节　变压器分接头调整

系统运行方式及负荷的不同，电压会发生波动，电压过低或过高都会影响电气设备的正常运行，甚至损坏设备影响安全生产。为了保证供电质量及电气设备的安全运行，必须根据系统电压的波动情况进行调压。调压通常的方法是改变变压器绕组的匝数来改变压比，达到改变电压的目的。变压器调压的方式有两种，即有载调压和无载调压。

改变变压器绕组的匝数即在变压器绕组上设置计算好的分接头，通过改变分接头来改变绕组的匝数，连接和切换分接头的机构称为分接头开关。

变压器在高压绕组上抽出适当的分头，通过改变这些分头的接法就可以改变电压。因为高压绕组是套在低挡压绕组的外边，引出分头进行连接比较方便，另外高压绕组电流小，引出线和分接开关的载流部分截面小，开关接触部分所选择的通流面也易解决。

一、有载调压变压器分接头调整

有载调压方式是变压器运行中，在带负荷的情况下改变绕组分接头，从而实现升高、降低变压器出口电压，因此这种分接开关称为有载分接开关。启动备用变压器均采用有载调压方式。

1. 350MW 机组启动备用变压器分接头调整

350MW 机组启动备用变压器分接头共设 17 挡，第 9 挡分 9a、9b、9c 三个位置，自动调整挡位至 9 挡时，就地控制柜位置显示 9b，采用就地手摇调整分接头位置时可调至 9a、9c 位。电压调整可采用远方电气辅助控制盘、就地控制箱自动、就地控制箱手动调整。17 个挡位数字朝小方向调整电压升高，大方向调整电压降低。

图 13-1 350MW 机组启动备用变压器分接头调整旋钮图

就地控制箱中，43R 切至"REMOTE"时（如图 13-1 所示）可进行控制室电气辅助控制盘改变分接头位置，43R 切至"LOCAL"时，可通过旋转 7-24LR 旋钮，电动改变分接头位置。将控制箱内动力电源停电后，可进行就地手摇改变分接头位置。

2. 300MW 机组启动备用变压器分接头调整

300MW 机组启动备用变压器有载调压共设 19 个挡位，9、10、11 为同一挡位，自动调整时只能停在 10 挡。电压调整可采用远方 LCD 调整、就地控制箱自动、就地控制箱手动调整。19 个挡位数字朝大方向调整电压升高，朝小方向调整电压降低。

就地控制箱内分接头调整旋钮 S3，有三个位置"1"、"0"、"2"，正常运行中置"0"位远方 LCD 调整，旋转至"1"位电源升高，旋转至"2"位电源降低。将控制箱内动力电源停电后，可进行就地手摇改变分接头位置。

3. 有载调压操作注意事项

（1）有载分接头调整必须两人进行。

（2）远方调整时就地必须有人监视分接头位置变化，就地、远方指示一致。

（3）分接头自动调整时，旋钮旋转时到位后立即返回，防止长时间发生分接头联跳现象。

（4）每调整一次，必须观察挡位调整到位后方可进行下一次调整。

（5）分接头调整必须在机组工况稳定下进行。

（6）分接头调整过程中，严密监视 6.3kV 母线电压。

（7）就地手摇调整分接头时，分接头调整电源必须停电。

二、无载调压变压器分接头调整

无载调压方式又称无励磁调压，要求变压器必须停止运行，在不带电情况下变换绕组分接头，这种分接开关叫做无载分接开关。主变压器和厂用高压变压器采用的是无载分接开关。

变压器分接头开关每相设一组，分接头开关调整杆通常设在变压器顶部，一般为三个，分接头调整由检修人员进行，调整时有以下注意事项：

（1）调整必须在停电状态下进行。

（2）调整时必须三相都调整，且调整后挡位指示一致，调整后锁紧。

（3）调整完必须进行变压器直阻测试，且符合要求。

（4）调整分接头开关时应做多次转动，以便消除触头上的氧化膜和油污，一般不少于 5 次活动。

对于干式变压器采用调整分接头连片（低压工作变压器分接头连片如图 13-2 所示）、中性点连片（检修、照明变压器分接头连片如图 13-3 所示）位置来调整电压，调整注意事项同上。

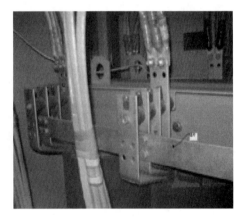

图 13-2　低压工作变压器分接头连片图　　　图 13-3　检修照明变分接头连片图

第三节　变压器冷却装置

主变压器均采用强迫油循环风冷方式冷却，高压厂用变压器采用油浸自然循环风冷方式冷却，油浸低压变压器均采用油浸自冷方式冷却。

一、主变压器冷却器的运行

（一）350MW 机组主变压器冷却器

主变压器配备了 6 组冷却器，每组冷却器配备了 3 台风扇、1 台潜油泵、1 台油流继电器。主变压器冷却器工作电源为两路三相交流 380V，Ⅰ电源、Ⅱ电源分别取自 400V PC □A、□B 段，正常运行时单数号冷却器由Ⅰ电源接带，偶数号冷却器由Ⅱ电源接带。

风扇及油泵的控制电源为交流 380V，两路电源联锁回路、冷却器全停延时跳闸启动回路及信号回路的控制电源为直流 110V。发电机并网后，冷却器能自动投入预先设定的相应数量的工作冷却器。发电机与系统解列后，能自动切除全部投入运行的冷却器。变压器顶层油温达到规定值时或负荷达 70％时，自动启动辅助冷却器。当运行冷却器发生故障时，备用冷却器自动启动。每个冷却器可用控制开关手柄来选择冷却器工作状态（工作、辅助、备用或停止），便于检修各个冷却器。

　　主变压器冷却器接入两路独立电源，两路电源可任选一路为工作，一路为备用，或者两路电源都为工作，分段运行，互为备用。当工作电源发生故障时，自动投入备用电源；当工作电源恢复时，备用电源自动退出；当两路电源都工作而分段运行时，可减轻交流接触器工作负担；当任一工作电源发生故障退出运行时，都能相应自动切换，使联络接触器投入保证冷却器继续运行。

　　冷却器的油泵和风扇电动机的热电偶保护元件能有效地防止油泵和风扇电动机因断相、缺相、短路、三相电源不平衡等原因引起的损坏。冷却系统在运行中发生故障时，能发出报警信号，提醒值班人员。

　　1. 冷却器控制箱内设备由控制开关和切换元件组成

　　控制开关有供电方式选择开关 KK，主开关联锁主变压器冷却器投退开关 1K，信号灯投退开关 2K，风扇工作方式选择开关 1KK～6KK。电源切换元件有 I 电源接触器 1C、II 电源接触器 2C，联络接触器 C。350MW 机组主变压器冷却器控制盘，如图 13-4 所示。

图 13-4　350MW 机组主变压器冷却器控制盘图

2. 电源选择开关 KK

KK 有四个位置:"Ⅰ"位置、"Ⅱ"位置、"Ⅰ、Ⅱ"位置、"0"位置。"Ⅰ"位置时Ⅰ电源接带全部风扇运行,C、1C 接触器吸合,2C 接触器断开;"Ⅱ"位置时Ⅱ电源接带全部风扇运行,检查 C、2C 接触器吸合,1C 接触器断开;"Ⅰ、Ⅱ"位置时 1C、2C 接触器吸合,C 接触器断开;Ⅰ电源接带 1、3、5 号风扇运行,Ⅱ电源接带 2、4、6 号风扇运行,"0"位置时Ⅰ、Ⅱ电源均不工作。

Ⅰ电源失电,C、2C 接触器吸合,1C 接触器断开;电源切换应正常,就地及 DCS 均发出"Ⅰ工作电源故障"信号。Ⅰ电源恢复,1C、2C 接触器吸合,C 接触器断开,电源切换正常。"Ⅰ工作电源故障"信号消失。

Ⅱ电源失电,C、1C 接触器吸合,2C 接触器断开;电源切换应正常,就地及 DCS 均发出"Ⅱ工作电源故障"信号;Ⅱ电源恢复,1C、2C 接触器吸合,C 接触器断开,电源切换正常,"Ⅱ工作电源故障"信号消失。

3. 联锁投退开关 1K

机组并网前及运行中,应将 1K 切至"1"位置。发电机解列前 1K 切至"0"位置开关,解列后 30min,将 1K 切至"1"位,停止冷却器运行。设置此开关目的是防止变压器故障保护动作后油泵继续运行造成事故扩大。机组运行中,主开关的常闭辅助接点联锁主变压器冷却器运行。发电机解列前由 1K 开关手动切至"0"位置,强制主变压器冷却器继续运行 30min,保证主变压器充分冷却。

4. 信号灯投退开关 2K

2K 在"投入"位置,冷却器控制箱内信号灯可以正常显示,2K 在"退出"位置,冷却器控制箱内信号灯不能显示。

5. 风扇工作方式选择开关 1KK~6KK

风扇工作方式选择开关 1KK~6KK 分别用于 1~6 号风扇工作方式选择,有工作、辅助、备用和停止四个位置。工作位置时,该风扇一直运行;辅助位置时,当负荷电流达 70% 或上层油温高于 55℃时辅助冷却器自动投入,当负荷电流低于额定值的 70% 且上层油温低于 45℃时,辅助冷却器自动停止;工作冷却器或辅助冷却器任一台发生故障时,延时 10s 后,备用冷却器自动投入,就地及 DCS 均发出"冷却器故障"信号;当故障消除后,工作或辅助冷却器投入,备用冷却器自动停止;备用风扇运行后发生故障,延时 10s 后就地及 DCS 均发出"备用冷却器故障"信号;停止位置时,该风扇一直停运。

6. 主变压器的相关温度

350MW 机组主变压器上层油温度测点有三处,选用的是 BWY 型温度控制器。一处温包(测温元件)安装在箱顶南侧中部,温控器的表头安装在变压器本体的南侧,用于控制辅助风扇启(55℃)、停(15℃),同时送到控制室显示实时温度。另两处温包安装在箱顶北侧中部,温控器表头一块装于东北侧,用于温度高报警;另一块温度计表头装于西北侧,用于主变压器冷却器全停保护(冷却器全停 20min,同时变压器油温度达到 85℃,动作于跳闸)。

（二）300MW 机组主变压器冷却器

300MW 机组主变压器冷却器共有 5 组，两路电源分别取自 400V 汽轮机 PC□A 和 400V 汽轮机 PC□B 段，两路开关送电后就地控制盘内"Ⅰ工作电源工作"、"Ⅱ工作电源工作"指示灯均亮。

300MW 机组主变压器冷却器控制盘如图 13-5 所示。第一排为信号指示灯，依次为

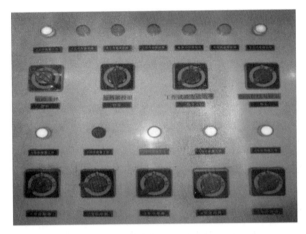

图 13-5　300MW 机组主变压器冷却器控制盘图

"Ⅰ工作电源工作"、"Ⅰ工作电源故障"、"Ⅱ工作电源故障"、"工作冷却器故障"、"备用冷却器故障"、"冷却器全停故障"、"Ⅱ工作电源工作"。主变压器冷却器两路电源由"冷却器电源控制开关 SS"实现控制，两路电源可任选一路为工作，一路为备用。当工作电源发生故障时，自动投入备用电源；当工作电源恢复时，备用电源自动退出。

当 SS 置"Ⅰ工作"位时，Ⅰ电源接带 5 组冷却器运行；置"停止"位，冷却器全部停运；置"Ⅱ工作"位，由Ⅱ电源接带 5 组冷却器运行。主变压器冷却器联锁投退开关 ST，正常运行中 ST 置"工作"位，主变压器冷却器随变压器的投退自动的启、停冷却系统；ST 置"试验"位，强制冷却器运行，当发电机解列前手动将 ST 置"试验"位，主变压器冷却器继续运行 30min，保证主变压器充分冷却。

SL 开关为冷却器信号回路电源开关，SL 置"停止"位，任何信号无指示；置"投入"位，信号回路电源接通，各信号灯显示。

1～5 冷却器控制开关共有四个位置，"备用"、"停止"、"工作"、"辅助"。正常运行中三组冷却器运行，一组辅助、一组备用（夏季环境温度高、负荷大时，可将备用的一组冷却器投工作位，五组冷却器全部运行）。冷却器控制开关置工作位置时，该风扇一直运行；辅助位置时，当负荷电流达 70%或上层油温高于 55℃时辅助冷却器自动投入；当负荷电流低于额定值的 70%且上层油温低于 45℃时，辅助冷却器自动停止；工作冷却器或辅助冷却器任一台发生故障时，备用冷却器自动投入，就地及 LCD 均发出"工作冷却器故障"信号；当故障消除后，工作或辅助冷却器投入，备用冷却器自动停止；备用风扇运行后发生故障，就地及 LCD 均发出"备用冷却器故障"信号；停止位置时，该风扇一直停运。

300MW 机组主变压器温度测点共有三处。一处为 BWR 型绕组温度计，温包安装在箱顶 B 相高压侧处，温度计表头安装在本体 B 相高压侧下，主要用于油温度高报警（85℃），并与冷却器全停配合动作于全停，同时送到控制室显示油温度；另两处为 BWY 型温度控制器，一处温包安装在箱顶南侧，温控器表头安装在本体 A 相高压侧下，用于控制辅助风扇启（55℃）、停（15℃）；另一处温包安装在箱顶的北侧，温控器的表头安装在本体 C 相高压侧下，用于油温高报警（85℃），同时送到控制室显示油温。

二、厂用高压变压器冷却装置的运行

1.350MW 机组厂用高压变压器冷却装置

350MW 机组厂用高压变压器冷却为自然循环风冷,两侧共布置 8 组散热器片,每侧装一组风扇冷却。冷却器由单路电源供电,取自本机组的 400V PC A 段。控制箱内冷却器控制旋钮,有"手动"、"停止"、"自动"三个位置。切至"手动"位时,两组冷却器投入运行;切至"停止"位时,冷却器停运;切至"自动"位时,当油温超过 55℃自动启动,低于 45℃自动停止。

350MW 机组厂用高压变压器上层油温度测点有两处,选用的是 BWY 型温度控制器。一处温包安装在箱顶南侧,温控器的表头安装在本体的南侧,用于控制辅助风扇启(55℃)、停(45℃);另一处温包安装在箱顶北侧,温控器表头装于北侧,送至控制室显示实时温度。

2.300MW 机组厂用高压变压器冷却装置

300MW 机组厂用高压变压器冷却为自然循环风冷,两侧共布置 8 组散热器片,每组散热器片底部装一组风扇。冷却器由两路电源供给,分别取自本机组 400V 汽轮机 MCC A、B 段。

冷却器控制箱内有 1HK、2HK、3HK 三个控制开关。1HK 有"电源Ⅰ"、"停止"、"电源Ⅱ"三个位置,"停止"两路电源都停运。如 1HK 切至"电源Ⅰ"(来自汽轮机 MCC A 段)位置,则电源Ⅰ接带冷却器运行,另一路电源Ⅱ(来自汽轮机 MCC B 段)备用。2HK 和 3HK 各有"手动"、"停止"、"自动"三个位置,2HK 在"手动"时冷却器一直运行,"自动"时根据温度或负荷电流控制冷却器启停。3HK 为控制箱加热器控制开关,"手动"时加热器一直投入,"自动"时根据箱内温度自动投退加热器。"停止"位加热器退出。一般情况下 1HK 置"电源Ⅰ"或"电源Ⅱ"位,2HK 和 3HK 在"自动"位。

300MW 机组厂用高压变压器温度测点共有三处。一处为 BWR 型绕组温度计,温包安装在箱顶北侧,温度计表头安装在本体高压侧北侧,用于油温高报警(85℃),同时送到控制室显示油温;另两处为 BWY 型温度控制器用于上层油温的测量,一处温包安装在箱顶北侧,温控器表头安装在本体北侧,用于上层油温高报警(85℃),同时送到控制室显示油温温度;另一处温包安装在箱顶的南侧,温控器的表头安装在本体 A 相高压侧下,用于控制辅助风扇启(55℃)、停(45℃),同时用于油温高报警(85℃)。

三、启动备用变压器冷却装置的运行

350MW 机组启动备用变压器冷却器共有 3 组,两路电源供电,分别取自 400V PC 1 段和 PC 2 段,两路电源均送电后就地控制盘内"POWER SOURCE A"、"POWER SOURCE B"指示灯均亮。

冷却器控制盘介绍如下:第一排为信号指示灯,依次为"POWER SOURCE A"、"POWER SOURCE B""COOLER STOP"、"COOLER OPERATIⅠON"。

冷却器电源 A 的优先权高于 B,正常运行中 A 电源工作,B 电源备用,当 A 电源失电后自动切为 B 电源接带,当 A 电源恢复后延时 3s 自动切回 A 电源接带。

启动备用变压器 3 组冷却器正常一组运行、一组辅助、一组备用，其运行方式采用硬接线方式，每年变压器春检时由继保人员改接线，调换 3 组冷却器工作方式。运行中当油温达到 75℃，辅助风扇自动启动，低于 75℃，辅助风扇自动停止。运行或辅助风扇任何一组跳闸，备用冷却器自动启动。

　　启动备用变压器冷却器控制开关 43-88SC 有"试验"和"自动"两个位置，"自动"位时冷却器按照正常方式运行，"试验"位时三组冷却器全部运行。

　　启动备用变压器冷却器控制盘设故障掉牌报警，当故障时相应的红色报警牌（如图 13-6 所示）掉下，同时 CRT 报警，当故障消除后按下复位按钮，掉牌复位。故障掉牌从上至下依次为"变压器重瓦斯"、"分接头重瓦斯"、"变压器油温高 2 值"、"低压绕组 LV1 温度高 2 值"、"低压绕组 LV2 温度高 2 值"、"气体监测异常"、"备用"；第二排"变压器轻瓦斯"、"压力释放器动作"、"变压器油温高 1 值"、"低压绕组 LV1 温度高 1 值"、"低压绕组 LV2 温度高 1 值"、"变压器油位低"、"冷却器风扇/油泵故障"、"油流异常"。

图 13-6　启动备用变压器冷却器故障掉牌图

第十四章

电 动 机 运 行

第一节　电动机启动与调速

一、异步电动机的启动

电动机刚启动时，由于旋转磁场相对静止的转子有很大的相对速度，磁力线切割转子导体的速度很快，这时转子绕组中感应的电动势和相应的转子电流都很大，势必导致定子电流增大。一般中小型笼型电动机的定子启动电流大约为额定值的 5～7 倍。电动机不是频繁启动时，启动电流对电动机本身影响不大。因为启动电流虽大，但启动时间很短（1～3s），从发热角度考虑没有问题。并且一经启动后，转速很快升高，电流便很快减小了。但当启动频繁时由于热量的积累，可以使电动机过热。因此在实际操作时，应尽可能避免电动机频繁启动。在刚启动时，虽然转子电流较大，但转子的功率因数很低，所以启动转矩实际上是不大的。异步电动机启动时的主要缺点是启动电流较大。为了减小启动电流，必须采用适当的启动方法。

（一）笼型电动机的启动方法

笼型电动机的启动方法有直接启动和降压启动。

1. 直接启动

即利用开关或接触器将电动机直接接到具有额定电压的电源上。此方法虽然简单，由于启动电流较大，将使线路电压下降，影响负载正常工作，具体说，直接启动方法的使用受供电变压器容量的限制。供电变压器容量愈大，启动电流在供电回路中引起的压降愈小，一般说，只要直接启动电流在电力系统中引起的电压降不超过 10%～15% 的额定电压（对于经常启动的电动机取 10%），就可以采取直接启动。

2. 降压启动

启动时，降低加在电动机定子绕组上的电压，以减小启动电流。常用的降压启动方法是采用电动机绕组星形—三角形换接启动，如仅用空压机。如果定子绕组是三角形接线的，在启动时，可把它连成星形，等到转速接近额定值时再换接成三角形。这样启动时就把定子每相绕组上的电压降到正常工作电压，电流降为直接启动的 1/3。启动转矩也减小到直接启动的 1/3，此方法只适合空载或轻载时启动。降压启动二次图如图14-1 所示。

工作过程：

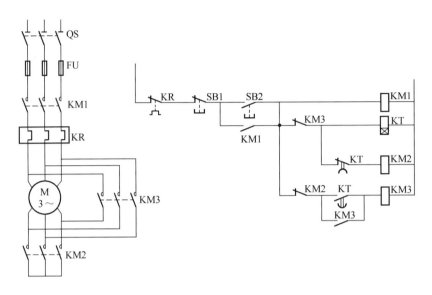

图 14-1　降压启动二次图

（1）按下启动按钮 SB2，接触器 KM1 线圈得电，电动机 M 接入电源。同时，时间继电器 KT 及接触器 KM2 线圈得电。

（2）接触器 KM2 线圈得电，其动合主触点闭合，电动机 M 定子绕组在星形连接下运行。KM2 的动断辅助触点断开，保证了接触器 KM3 不得电。

（3）时间继电器 KT 的动合触点延时闭合；动断触点延时继开，切断 KM2 线圈电源，其主触点断开而动断辅助触点闭合。

（4）接触器 KM3 线圈得电，其主触点闭合，使电动机 M 由星形启动切换为三角形运行。

（二）绕线式异步电动机

某电厂 300MW 机组脱硫球磨机，通常采用转子绕组回路中接入电阻来启动。它的主要优点是启动转矩很高，而启动电流较小，不超过电动机额定电流的 2～3 倍（随启动变阻器的电阻值而定）。用变阻器启动能保证把启动条件最困难的机械平缓地启动起来。此外，借助调节串联于绕线式异步电动机转子回路中的电阻，使其转矩特性 $M_e = f(n)$ 发生变化，可以实现均匀地无级调速。

二、异步电动机的调速

调速是在同一负载下得到不同的转速，以满足生产过程的要求。现场改变电动机的转速主要通过改变电源频率 f 来实现。

由转速公式 $n = 60f/p(\text{r/min})$ 可知，只要改变电源频率 f，就可以改变电动机的转速 n，这种调速方法称为变频调速，它是无级调速。

变频器是变频调速过程中的核心设备，它主要由整流器、逆变器、控制及保护装置等构成。交流工作电源先由整流器变换成直流，再经逆变器将直流变换成频率和电压可调的交流量，供电给电动机。控制装置能够根据负载要求的电动机转速指令调节逆变器输出的频率和电压值，从而达到调节电动机转速的目的。

三、直流电动机的启动

（一）直流电动机的启动要求

把带有负载的电动机从静止启动到某一稳定速度的过程称为启动过程。直流电动机启动时，必须先保证有励磁磁场，后加电枢电压。直流电动机一般不允许直接启动，因为当忽略电枢电感时，电枢电流 $I = (U - E_a)/R_a$，电动机刚启动时，转速 $n = 0$，反电动势 $E_a = 0$，电动机的电枢绕组电阻很小，如直接加额定电压启动，电枢电流会很大，可能会增加到额定电流的 $4 \sim 7$ 倍，这种情况下电动机的换向情况恶化，在换向器表面产生较大的火花，严重时甚至产生"环火"，因此必须限制启动电流。

（二）直流电动机的启动

为了限制启动电流，一般采用两种方法，一种方法是在电枢电路内串入适当的外加电阻；另一种方法是降低电枢电压的降压启动。下面结合 $2 \times 300MW$ 机组采用第一种启动方法的氢侧密封油直流油泵（氢侧直流油泵控制柜如图 14-2 所示）电动机进行说明。

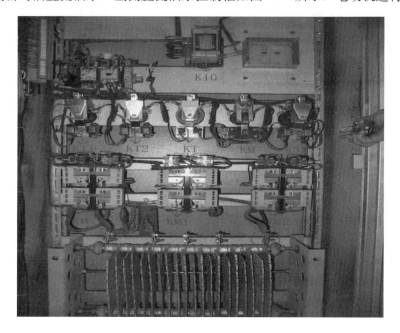

图 14-2　氢侧直流油泵控制柜图

工作原理：在 LCD 上发出启动氢侧直流油泵指令或控制盘上按下合闸按钮后，接触器 KM 线圈得电吸合，电动机电枢电路的全电阻投入接入电源运行；经过时间继电器 KT1 的动合触点延时闭合后接触器 KM1 线圈得电吸合，电动机电枢电路的部分电阻被切除接入电源运行；随后经过时间继电器 KT2 的动合触点延时闭合后接触器 KM2 线圈得电吸合，电动机电枢电路的电阻被全部切除接入电源转入正常运行。

第二节　电动机运行及故障处理

异步电动机在厂用电气设备中占重要地位，它的正常运行对机组的安全运行具有直接影响。为此，对于运行中的异步电动机和其他设备一样，要认真进行检查和维护。

一、电动机启动前检查及注意事项

（1）新装、新修或停止时间较长的电动机，在启动前应进行绝缘电阻检查。对 500V 以下的电动机用 500V 绝缘电阻表测定，其绝缘电阻值不应小于 0.5MΩ。对 6kV 及以上的电动机 1000～2500V 绝缘电阻表测定，其绝缘电阻值每 1kV 工作电压不应小于 1MΩ。

（2）某电厂 350MW 机组炉水泵电动机比较特殊，绝缘合格标准：当注水为 20℃ 冷水时，绝缘电阻应大于 200MΩ，热态条件下电动机腔室水温 50℃ 时，绝缘电阻应大于 6MΩ。

（3）高压变频电动机停电检修、测绝缘时注意事项：检修时，将高压变频电动机切换到工频运行方式，在高压变频柜的电源侧电缆上挂一组接地线。测绝缘时，高压变频电动机切换到工频运行方式，在开关柜后测绝缘，既能检查电缆、电动机绝缘，又能防止变频器损坏。

（4）对于通过就地控制柜接触器控制启停的 400V 电动机，电动机测绝缘在就地接触器下口进行。例如，仪用空气压缩机有三台电动机，分别是主电机、风扇电动机及油泵电动机。主电动机启动采用星形—三角形转换，400V PC 电源开关送电后，在就地经过接触器进行切换后电动机才能带电启动。空气压缩机启动前，400V PC 开关柜后电缆和电动机绕组是断开状态，所以不能直接在 400V PC 开关柜后测主电动机绝缘。400V PC 开关柜后测绝缘反映的是电缆绝缘。主电动机测绝缘要在就地空气压缩机控制柜热电偶下口的 U1、V1 及 W1 接线端子处进行。风扇电动机、油泵电动机容量小，不需要测绝缘。

（5）异步电动机启动前，还应对电源电压、启动设备、电动机所带动的机械、电动机接线以及周围是否有障碍物等方面进行认真检查，经检查一切正常方能启动。

（6）启动时应先试启动一下，观察电动机能否启动和转动方向。如发现不能启动，应检查电路和机械部分。如转动方向不对，可把三相电源引线中的任意两根的接头互相调换一下位置。

（7）合闸后，如无故障，电动机应能很快地进入正常运行状态。注意检查启动电流及电流的返回时间，如果发现电流长时间不返回、转速不正常或声音不正常，应立即断开电源进行检查。若电动机启动后立即跳闸或熔断器熔断，此时电动机不应再启动，应进行详细检查。

二、电动机运行中的检查

（1）电动机额定电压变动在 -5%～10% 范围内运行，其额定出力不变。

（2）电动机在额定出力运行时，最大允许不平衡电压为 5%，不平衡电流不超过 10%，且任何一相电流不得大于额定值。

（3）电动机轴承振动不应超过规定值。

（4）电动机温度温升限制不应超过规定值。

（5）电动机是否有电磁声和机械摩擦声。

（6）检查轴承的润滑情况是否正常。

（7）直流电动机的滑环、炭刷无火花、跃动等现象。

（8）电动机冷却系统正常，冷却管道无堵塞现象。

（9）电动机热电偶复位方法。电动机热电偶复位有手动和自动两种方式，由热电偶上小旋钮进行切换，手动方式对应 H，自动方式对应 A。热电偶动作后，热电偶上的动作指示器弹出。自动方式时，经过一定延时热电偶冷却后，自动复位。手动方式时，通过按热电偶上的复位按钮，可以快速复位热电偶。

三、故障处理

电动机故障的形成也有一个从发生、发展到损坏电动机的过程，在这个过程中必然会出现一些异常现象，因此，值班人员应加强对运行中的电动机的监视和检查，温度有无变化，声音是否正常。当电动机发生故障原因不明时，可按下列步骤进行检查：

（1）检查电动机的电源电压是否正常。

（2）如电源电压正常，应检查开关和启动设备是否正常。

（3）如果开关和启动设备都完好，应检查电动机所带动的负载是否正常，必要时可卸下皮带或联轴器，让电动机空载运转。如电动机本身发生故障，可卸下接线盒检查接线有无断裂和焦痕。

（4）如果接线良好，应检查轴承是否损坏，润滑油是否干涸、变质或缺油。

（5）如果轴承和润滑油都正常，这时需要打开电机检查定子绕组有无焦痕和匝间短路，并检查转子是否断条，气隙是否均匀，有无扫膛现象。

第三节 变频装置运行

锅炉引风机、一次风机变频装置采用的高压变频装置，其变频和工频方式切换是在装置停电情况下手动进行。

凝结水泵 A 采用的高压变频装置，其变频和工频方式切换手动进行。其变频泵运行期间，如果变频器发生重故障，自动切换到工频备用，同时靠凝结水泵出口压力低联启备用泵运行。

低压加热器疏水泵 A 采用的低压变频装置，其变频器故障后自动切换为工频旁路方式，A 泵电气故障跳闸后联启 B 泵，A 泵正常停运后不联启 B 泵。

一、风机变频装置的运行

（一）风机变频器电气回路

如图 14-3 所示显示了风机变频器电源回路。QF 为 6.3kV 高压断路器。QS1、QS2、QS3 为隔离开关，位于变频器旁通柜内。QS1、QS2、QS3 与 QF 断路器之间实现电气闭锁，只有 QF 开关在分闸状态才能进行 QS1、QS2、QS3 操作。QS2 和 QS3 为单刀双投隔离开关；QS1 和 QS2 两者之间机械互锁（QS2 合上，才允许合 QS1；QS1 断开，才允

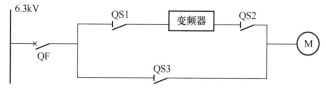

图 14-3　风机变频器电源回路图

许断开 QS2）。风机启动前需要确认启动方式（变频器启动或者工频启动）。

（二）送电及启动程序

（1）首先合变频器的 380V AC 控制电源，确认变频器初始化正常，显示故障代码页面并显示没有高压电的信息。

（2）变频器初始化完成后，合高压电之前，首先按下键盘上的红色"急停"按钮，防止可能的高压上电后电动机立即启动。

（3）检查并确认键盘上的液晶显示器上控制模式显示为"R"（REMOTE 远方），表示变频器为远控。

（4）送高压电后释放变频器键盘上的"急停"按钮（红色），急停按钮上的红灯熄灭，键盘上的"READY"（准备好）灯应点亮。

（5）启动电动机前确认风门入口、出口处于全关闭位置，防止风机反转。

（6）确认风机各启动条件满足，DCS 画面操作"START-UP"按钮变为天蓝色，按下 DCS 操作条画面上的"START-UP"钮，电动机启动开始升速，调节速度到一定值（如 60%）后（一次风机启动后控制最低转速 400r/min，引风机启动后控制最低转速 200r/min），确认各风门自动开启。

（7）根据工艺需要在 DCS 上手动调节速度来满足风量要求。风机出口压力达到要求值后可以将 DCS 投入自动，做到无扰动转自动的切换。

（三）工频、变频方式之间的切换

1. 变频切工频操作

（1）断开 6.3kV QF 断路器（断路器在冷备用状态）。

（2）拉开 QS1。

（3）拉开 QS2，合上 QS3。

（4）检查变频柜上的工频状态指示灯点亮。

（5）6.3kV QF 断路器送至工作位置，断路器转热备用状态。

2. 工频切变频操作

（1）断开 6.3kV QF 断路器（断路器在冷备用状态）。

（2）拉开 QS3，合上 QS2。

（3）合上 QS1。

（4）检查变频柜上的变频状态指示灯点亮。

（5）6.3kV QF 断路器送至工作位置，断路器转热备。

工频、变频切换必须在风机停运，断路器在冷备状态下进行。禁止 6.3kV QF 断路器合闸时带电操作 QS1、QS2、QS3 隔离开关，即 QF 断路器送电后禁止操作旁通柜。隔离开关操作后必须通过观察口检查 QS1、QS2、QS3 隔离开关触头是否到位，变频柜上的状态指示灯是否正确。将隔离开关闭锁插好，防止运行中隔离开关自动滑落断开。

二、凝结水泵变频器的运行

（一）凝结水泵变频器回路

如图 14-4 所示为凝结水泵变频器一次回路。QF0 为 6.3kV 小车断路器。变频器旁通柜用于实现工频/变频方式切换，柜内布置以下设备：QF1 为变频输入断路器，QF2 为工频旁路断路器，KM1 为接触器，QS1、QS2 为检修隔离开关（检修变频器时断开）。变频、工频联锁条件：QF1、KM1 合闸，QF2 分闸或 QF1、KM1 分闸，QF2 合闸状态。

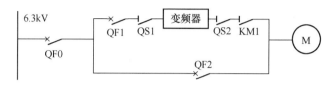

图 14-4 凝结水泵变频器一次接线图

QS1、QS2 与 QF1 断路器之间实现电气闭锁：QS1、QS2 合闸状态，QF1 断路器才能合闸。QF1、KM1 分闸状态，才能打开 QS1、QS2 电磁锁进行操作。

QF2、KM1 之间的闭锁关系：KM1 分闸状态，QF2 断路器才能合闸；KM1 合闸联跳 QF2 断路器。QF2 断路器合闸联跳 KM1。QS1、QS2 合闸状态，QF2 断路器分闸状态，KM1 才允许合闸。

（二）变频器停、送电操作注意事项

（1）隔离开关不允许带电操作，操作隔离开关时，确保 QF0 断路器断开，同时接触器柜的高压带电指示灯处于熄灭状态。

（2）电动机投入工频运行时，先断 KM1、QF1，再合 QF2。

（3）电动机投入变频运行时，先断 QF2，再合 QF1、KM1。

（4）检修变频器时，确保断开 QS1、QS2。

（5）水泵启动前需要确认启动方式（变频器启动或者工频启动）。切换为变频方式，由运行人员操作就地变频控制柜的"工频转变频"按钮进行切换；切换为工频方式，由运行人员操作就地变频控制柜的"变频转工频"按钮进行切换。

（6）工频、变频切换必须在凝结水泵停运，开关在分闸位置下进行，切换时除在 CRT 上检查外，必须到就地变频柜检查、确认。

（7）隔离开关操作后一定检查隔离开关触头到位，将隔离开关闭锁插好，防止运行中隔离开关自动滑落断开。必须通过观察口检查 QS1、QS2 隔离开关是否到位，面板上的合分状态指示灯是否正确。

（8）变频柜上的柜门、隔离开关电磁锁和 6.3kV 开关位置有联锁，开关必须在分闸位置，电磁锁才能打开（变频柜控制电源有电）。

（三）变频运行送电及启动程序

（1）控制柜低压送电。先合柜内所有空气断路器，然后持续按下 UPS 开关按钮 2s，UPS 自检数秒后，转入正常状态。

（2）将变频控制柜切换到"就地"方式，将变频器切换到"变频"方式，检查触摸屏显示器、CRT 上凝结水泵为"变频"方式，旁通柜的断路器、隔离开关及接触器状态指示正确。

（3）将变频控制柜切换到"远方"方式，检查就地触摸屏显示器、CRT 上控制模式显示为远方。

（4）系统状态显示"请求合高压"后，远方启动凝结水泵变频。6kV 高压电源开关合上后，变频器进入高压上电检测状态，大概持续 30s 后，变频器开始启动，根据系统的加速时间和给定频率自动运行至给定频率。

三、变频器运行中的检查

（1）变频启动前检查变频装置外观正常完整，各柜门关闭严密，变频器就地控制室内冷却空调运行正常，室内温度正常，变频装置送电正常，变频指示灯亮。变频器控制面板上无报警、故障指示，变频器处于良好备用状态，变频器控制面板上 INTERLOCK 按钮在弹起位置，颜色显示为灰色。

（2）变频器在启动前有轻故障或重故障时，变频器的"请求运行"信号不会出现，无法启动，需到就地复位，复位后仍然有故障，排除故障后才能启动。

（3）变频器控制柜的红色紧停按钮作为事故按钮和自锁按钮使用。变频器短时间禁止运行时应按下控制柜上的红色按钮，变频器进入内部自锁状态，任何一方都不能进行启动操作。

（4）旁通柜的柜门、隔离开关电磁锁和 QF1 断路器位置有联锁。QF1 断路器必须在分闸位置，变频柜控制电源有电情况下电磁锁才能打开。电磁锁正常操作必须按规定执行，不允许用钥匙解锁操作，闭锁故障需解锁操作必须经值长批准。

（5）隔离开关有电气和机械双重互锁功能，禁止强行分合隔离开关，必须按规定操作顺序对各隔离开关进行操作，各隔离开关的合分必须完全到位。运行中，禁止使用钥匙解开隔离开关和柜门进行任何操作。

（6）运行人员每班应对变频室温度进行检查，根据需要投运轴流风机，要求变频室温度控制在 40℃ 以下。

四、案例分析

350MW 机组 1 号炉 B 一次风机变频故障跳闸。

1. 事件描述

1 号机 LCD 发报警："1B 一次风机变频器重故障"、"1B 一次风机跳闸"，"1A 磨煤机跳闸"，"1B 磨煤机跳闸"，立盘发报警"RB 动作"、"磨煤机跳闸"、"一次风机跳闸"报警，检查 CD 层油枪投入，确认负荷快速降至 180MW，1A、1B 磨煤机跳闸，1B 一次风机跳闸；手动关 1A、1B 磨煤机辅助风挡板至 10%，监视 1A 一次风机电流 85A；就地检查变频室温度正常 23℃，变频柜重故障报警指示灯亮。检查重故障跳闸原因：1B 一次风机变频器过流。摇测 1B 一次风机电机绝缘合格，工频启动 1B 一次风机。启动 1B、1A 磨煤机，撤出所有油枪，机组恢复正常。

2. 原因分析

经调查，1B 一次风机变频器故障前龙辉建材厂水泥粉磨机 6kV 电缆三相短路，造成 6.3kV 1B 段母线电压降低（电压降至 68% 的额定电压），电流增大（增大至 8 倍的额定电流），故障 90ms 后被切除。

根据 1B 一次风机故障波形记录分析，因 6kV 1B 段母线电压降低，变频器的电源电压已经跌落到 72% 以下，变频器封锁输出电流，当电网电压恢复时，变频器重新输出电流造成 OCA 故障。联系设备厂家专业人员分析，因 1B 一次风机变频器控制软件版本较老，没有躲过电源电压波动的功能，因此 OCA 动作跳闸。变频器自身没有问题，故障复位后可以继续正常使用。

3. 预防措施

联系设备厂家一次风机变频器软件进行升级，调整回路定值，避免母线电压下降引起变频器发重故障。

第十五章
直流及交流不停电电源(UPS)系统运行

第一节　直流系统运行

发电厂的直流系统主要用于对开关电器的远方操作、信号设备、继电保护、热工自动装置及其他一些重要的直流负荷（如事故油泵、事故照明和不停电电源等）的供电。直流系统应保证在任何事故情况下都能可靠不间断地向其用电设备供电。

直流系统由蓄电池组及充电装置组成，蓄电池组与充电装置并联运行。

充电装置正常运行时除承担经常性的直流负荷外，还同时以很小的电流向蓄电池组进行充电，用以补偿蓄电池组的自放电损耗。当直流系统中出现较大的冲击性直流负荷时，由于充电装置容量小，只能由蓄电池组供给冲击负荷，冲击负荷消失后，仍恢复由充电装置供电，蓄电池组转入浮充电状态，这种运行方式称为浮充电运行方式。

一、350MW 机组直流系统

某电厂 350MW 每台机组设一组 220V 直流、两组 110V 直流系统。每台机的两组 110V 直流系统设一台公用/备用充电器。两台机的 220V 直流系统设一台公用/备用充电器。

每组直流包含一组蓄电池、一组充电器、一组调压设备、一组电源母线、一组负荷母线和一套微机绝缘监察装置。直流充电装置为晶闸管硅整流器充电柜，其交流输入电源设计为一路。

蓄电池组全部采用阀控免维护铅酸蓄电池，正常以浮充电方式运行。

（一）350MW 机组直流充电柜的运行

运行人员在正常巡视中应该注意对控制柜的相关显示信息进行分析，控制柜面板上的数据直接反映了直流系统的运行状态。运行中，110/220V 直流 PC 段控制柜显示面板指示一般显示"Float charge load ×％"，表示浮充负荷。一般为 10％ 以下，数值过大时，需要联系检修测量电池电压，防止电池有损坏现象。因为 110V 直流备用充电柜正常时不运行，所以面板一般没有显示。

当运行人员按下显示面板上的以下相关键，可以显示其信息：

（1）battery temp（2）——蓄电池温度，显示"N"表示电池温度正常。

（2）mains current（4）——主电源电流或事故保安段进线电流。

（3）battery（5）——电池电流，一般指电池的浮充放电流，可能为正值，也可能为负值。

(4) total DC current（6）——直流总电流，当遇到较大冲击负荷时，这个数值会变化很大，例如，直流220V DC段直流负荷冷却风机启动时，其会增加22A，与直流冷却风机运行电流差值不大。

(5) mains voltage（7）——主电源电压或事故保安段进线电压。

(6) DC voltage（8）——直流母线电压。

当面板有报警声音时，巡检人员应该检查以下报警：整流器电源故障、整流器故障、DC超压、DC熔断器熔断、整流器过载、电池放电、电池断开、DC接地故障、控制电源故障、过热、风机故障、负载MCB/MCCB跳闸、DC电压低、DC电压高。

备用柜上的报警需要检查以下报警指示：整流器电源故障、整流器故障、DC超压、DC熔断器熔断、整流器过载、直流接地、控制电源故障、过热、风机故障、Q500开关在位置1、Q500开关在位置2。

切换开关Q050（就地Q500）有3个位置（1、0、2）一般在0位，表示备用电源没有投入运行。Q500开关在1位置，表示备用电源切至A段运行。Q500开关在2位置，表示备用电源切至B段运行。当备用电源投入某一路时，面板上报警不是故障显示，仅为运行状态指示。

当出现报警现象时，某个或多个报警指示前的红灯会变为红亮，运行人员可以按下 ，消除声音。根据相对应的报警红灯进行判断。任一直流负荷开关断开时，均会发出"负载MCB/MCCB跳闸"报警。

（二）BWZJ-Ⅱ微机直流接地检测系统

350MW机组直流系统配备了BWZJ-Ⅱ微机直流接地检测系统（其控制面板如图15-1所示）。以110V直流系统为例，运行中，接地检测系统的数据指示，不停循环显示+57.5、−57.5、+/−116等数字，代表着直流系统正极、负极，以及正负极之间的电压，其中对应路号的指示处无显示。面板上无"接地报警、过压报警、欠压报警、通信报警"等信息。

当发生分支直流接地异常后，电压显示面板的数值会变化，如正极接地，正极数值会变小，负极数值变大；如负极接地，负极数值变小，正极数值变大；同时接地支路显示有数字，表示该支路接地。

通过对POWER按钮和RESET按钮的操作，可以对直流检测系统停送电和复位报警。通过"清屏"、"＋　−"、"追忆"、"清报警"、"时间"、"自检"等操作可以得到对报警信息的相对应结果。

二、300MW机组直流系统

某电厂300MW机组每台机设一组220V直流、两组110V直流系统。每台机的两组

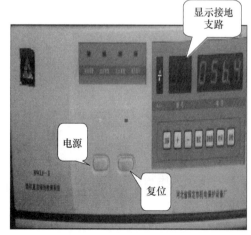

图15-1　350MW机组BWZJ-Ⅱ微机直流
接地检测控制面板图

110V 直流负荷母线中间设有联络开关，可以并列、交叉运行。两台机的 220V 直流负荷母线中间设有联络开关，可以并列、交叉运行。

300MW 机组每组直流包含一组蓄电池、一组充电器、一组微机监控器、一组充电母线、一组负荷母线、一套微机绝缘监察装置和一套蓄电池巡检仪。绝缘监测单元可在线监测直流母线和各支路的对地绝缘状况，集中监控单元可实现对交流配电单元、充电模块、直流馈电、绝缘监测单元、直流母线和蓄电池组等运行参数的采集与各单元的控制和管理。直流充电装置为高频开关电源充电装置，其交流输入电源设计为两路。

（一）HJZ-22020B 型高频开关直流电源模块

相比过去采用的相控电源和磁饱和式电源存在稳压、稳流精度差，纹波系数大及对输入电网谐波污染大等缺点，高频开关电源模块体积小、稳压稳流精度高，可以实现 $N+1$ 冗余备份，使得直流系统运行更可靠。

1. 电源模块前面板说明

HJZ-22020B 型高频开关直流电源模块前面板说明见图 15-2。

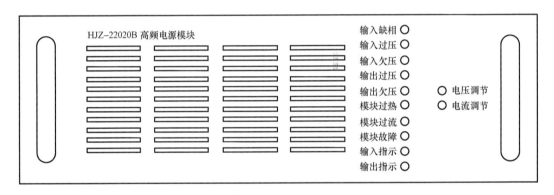

图 15-2　HJZ-22020B 型高频开关直流电源模块前面板图

（1）输入缺相指示灯（红色）。当模块输入缺相时，此指示灯被点亮，模块保护，无输出。当输入正常时，此指示灯熄灭，模块输出正常。

（2）输入过压指示灯（红色）。当模块输入电压高于（465±2）V AC 时，此指示灯被点亮，模块保护，无输出。当输入正常时，此指示灯熄灭，模块输出正常。

（3）输入欠压指示灯（红色）。当模块输入电压低于（304±2）V AC 时，此指示灯被点亮，模块保护，无输出。当输入正常时，此指示灯熄灭，模块输出正常。

（4）输出过压指示灯（红色）。当模块输出电压高于（300±1）V DC 时，此指示灯被点亮，模块保护，无输出。重新上电，且输出不再过压时，此指示灯熄灭，模块输出正常。

（5）输出欠压指示灯（红色）。当模块输出电压低于（180±1）V DC 时，此指示灯被点亮，模块不保护，有输出。当输出正常时，此指示灯熄灭，模块输出正常。

（6）模块过热指示灯（红色）。当模块散热器温度高于（85±5）℃时，此指示灯被点亮，模块保护，无输出。当温度恢复正常时，此指示灯熄灭，模块输出正常。

（7）输出过流指示灯（红色）。当模块输出电流大于 22A 时，此指示灯被点亮，模块保护，处于间歇工作状态。当输出电流正常时，此指示灯熄灭，模块输出正常。

（8）模块故障指示灯（红色）。当模块输入正常，且处于工作状态，却没有输出时，此指示灯被点亮。当输出正常时，此指示灯熄灭，模块输出正常。在模块上电启动过程中，此指示灯亮，非模块故障。

（9）模块输入指示灯（绿色）。当模块有输入时此指示灯被点亮。反之，此指示灯熄灭。

（10）模块输出指示灯（绿色）。当模块输出电流大于 0.5A 时，此指示灯被点亮。

（11）电压调节。手动调节单台模块的输出电压，调节范围(180～300)V DC 连续可调。

（12）电流调节。手动调节单台模块的输出电流，输出电流调节范围(2～20)A DC 连续可调。

2. 电源模块后面板说明

HJZ-22020B 型高频开关直流电源模块后面板说明见图 15-3。

（1）三相交流输入端。三相交流电压（380V±20%）输入端，无相序要求。

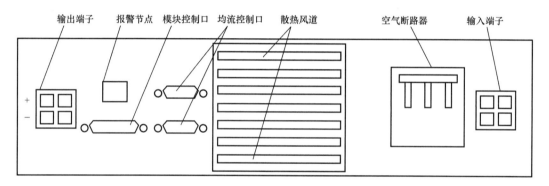

图 15-3　HJZ-22020B 型高频开关直流电源模块后面板图

（2）直流输出端。有正、负之分，正、负分别由两根并联。

（3）均流控制口。多台模块并联时，此控制口以级连方式连接。

（4）模块控制口。多台模块并联时，此控制口以并联方式连接。

3. 电源模块的操作及运行注意事项

（1）手动调节模块输出电压。在脱离监控单元的情况下，通过调节模块前面板上的电压调节电位器，调节到指定输出电压值。

（2）手动调节模块输出电流。通过调节模块前面板上的电流调节电位器，调节到指定输出电流值，一般不用。

（3）风机温控方式工作，只有模块散热器温度高于 40℃时，风机才开始低速转动。散热器温度高于 60℃时，风机高速转动。

（4）模块运行时，不要用异物挡住前面板和后面板的散热风道。

（5）出现模块输出电压不正确时，通过调节模块前面板上的电压调节电位器，调节到正确输出电压值。

（6）当模块上电后发出过压保护时，应手动调节输出电压超过过压保护值或模块控制口输出电压调节端输入电压过高。

（7）发现输出电压不稳时，应检查输入电压是否波动超过允许范围或负载连续严重波动。

（8）出现模块无输出电流时，应检查模块直流输出线是否断路、输出熔断器是否融断或模块输入无电压。

两路交流输入经交流配电单元选择其中一路交流提供给充电模块，充电模块输出稳定的直流。两路交流电源采用自动切换电路，由双路交流自动切换的检测及控制元件和接触器执行元件组成。切换开关共有"退出"、"1 号交流"、"2 号交流"、"互投"四个位置。切换开关处于"1 号交流"位置时，Ⅰ电源工作。切换开关处于"2 号交流"位置时，Ⅱ电源工作。切换开关处于"互投"位置时，工作电源失压或断相，可自动投入备用电源。

（二）JZ-IPD-Ⅲ型智能接地巡检仪

该接地巡检仪用于监测直流系统电压及绝缘情况，在直流电压过压、欠压或直流系统绝缘强度降低等异常情况下发出声光报警，并将对应告警信息发至集中监控器。装置采用非平衡电桥原理，实时监测正负直流母线的对地电压和绝缘电阻。当正负直流母线的对地绝缘电阻低于设定的报警，自动启动支路巡检功能。智能接地巡检仪采用直流检测法，利用平衡电桥与不平衡电桥，检测母线对地的绝缘电阻。不向直流系统输入信号，不受直流馈线对地电容影响。支路对地的绝缘电阻的检测使用电流差值计算，准确计算出各支路的正、负端接地阻抗。当检测到接地阻值小于设定阻值，设备给出报警信号。

智能型接地巡检仪面板指示灯有：

1——电源指示；

2——Ⅰ段正母线接地；

3——Ⅰ段负母线接地；

4——Ⅰ段控母超压；

5——Ⅰ段控母欠压；

6——Ⅱ段正母线接地；

7——Ⅱ段负母线接地；

8——Ⅱ段控母超压；

9——Ⅱ段控母欠压。

运行人员可根据指示灯点亮情况作出故障判断。

（三）直流系统 HJZ-MC-Ⅲ型智能监控装置

直流系统控制采用了 HJZ-MC-Ⅲ型智能监控装置，控制电源系统工作在设定的状态下，可实现"遥测、遥信、遥控、遥调"四遥功能以及过压、欠压等报警功能，同时还具有交流断电恢复自动启动等功能。

1. 智能型监控装置的基本操作方法

（1）系统主菜单显示内容。

1）维护级设置：维护级设置只限维护人员使用。

2）系统参数设置：由运行人员管理。

3）系统运行监控：监控系统运行情况。

4）故障记录查询：可查询已发生的故障报警记录。其中包括报警类型、所设限值、实际值以及发生的时间等情况。

5）开入状态；开关输入状态监视。

6）曲线：可观察充电曲线。

7）电能表数据：显示电能表数据。

8）开关操作：显示报警发生后输出的开关量情况。

（2）系统参数设置。选择系统参数设置时进入画面，密码默认值为0000，输入密码后按确认键进入画面。按下主菜单中的系统参数设置，监控装置显示进入设定状态，即可进行各参数的设定，参数设定分四部分。按"→"键在四个部分间切换，按"↑"或"↓"键，移动光标显示位置，在第一部分按"←"键用于选择状态。

其中充电状态可以在主充、均充、浮充之间切换；系统开关可以在开机（工作）、关机（停止）之间切换；故障记录可以在记录、清除之间切换；记录表示每次系统上电后接着原有记录继续新记录，清除表示每次系统上电后将原有记录清除然后开始新记录，切到清除状态将同时清除当前记录；屏保延时可以在1、2、5、8min之间切换。

其他部分用数字键直接输入数字调整设定参数值，确认输入正确后按一次"←"按键确认数据有效。按确认键，设定参数即存入系统，并退出参数设置屏，监控装置进入主菜单。参数设定具有有效性检查功能，若参数输入完毕按确认键不能退出设定屏，说明输入的均充电压、浮充电压或主充电流有误，纠正后再试。如按退出键，则所设参数无效，系统退回到主菜单，系统继续使用原来的参数。在主菜单下，运行人员可以选择进入其他菜单项，否则数秒钟后系统将自动进入监控运行工作显示状态。

在可设定的参数中可以设定相关参数；在报警限值设定中可以设定故障报警的上下限值；在时间日期设定可以设定系统实时时间和日期值。

2. 充电管理

根据对蓄电池的充电取样信息，智能监控装置可按预定的管理程序自动完成充电方式的选择及转换，并可对蓄电池进行充电的动态管理，使蓄电池始终处于满容量状态下运行。

（1）恒流充电（主充）工作方式。当蓄电池回路的充电电流达到$0.1C_{10}A$（C_{10}为蓄电池放电10h释放的容量）时，充电装置自动转入对电池的恒流—恒流限压充电工作方式，在第一阶段以$0.1C_{10}A$的定量限流方式进行充电。当电池端电压达到设定的均衡充电电压时，自动转入第二阶段：恒压—恒压限流充电，恒压充电电压按单体电池电压$2.35V×N$设定。

（2）恒压充电（均充）工作方式。在这种工况下，蓄电池端电压不再上升，而电池回路充电电流在电池容量逐渐地趋向满容量的同时，不断的下降，当蓄电池充电电流降为$0.008\sim0.01C_{10}A$后，再延时若干小时，自动转入第三阶段：浮充电工作方式，即正常运行方式。

（3）浮充电工作方式：在浮充电工作方式下，装置输出电压以单体电池$2.25V×N$设定。当蓄电池回路充电电流达到$0.1C_{10}A$时，自动转入恒流充电（主充）方式。

3. 蓄电池电压温度补偿功能

蓄电池的运行环境温度以25℃为基准，根据对蓄电池的运行环境温度的监测，判定对蓄电池电压温度补偿的量化值，对单体蓄电池的电压温度补偿每单位温度为3.3mV/℃，整组蓄电池电压温度补偿值为

$$U_t = -3.3×(t-25)N/1000(V)$$

式中　t——电池运行环境温度，℃；

　　N——蓄电池单体数；

　　U_t——蓄电池充电电压温度补偿值，V。

电池的管理功能主要有如下内容：

（1）可显示蓄电池电压和充放电电流，当出现过、欠压时进行告警。

（2）设有温度变送器测量蓄电池环境温度，当温度偏离 25℃时，由监控器发出调压命令到充电模块，调节充电模块的输出电压，实现浮充电压温度补偿。

（3）手动定时均充，可通过监控器键盘预先设置均充电压，然后启动手动定时均充。手动均充程序：以整定的充电电流进行稳流充电，当电压逐渐上升到均充电压整定值时，自动转为稳压充电，当达到预设时间时转为浮充运行。手动定时均充曲线图如图 15-4 所示。

（4）自动均充，当下述的条件之一成立时，系统自动启动均充：

1）系统连续浮充运行超过设定的时间（3 个月）。

2）交流电源故障，蓄电池放电超过 10min。

自动均充电程序：以整定的充电电流进行稳流充电，当电压逐渐上升到均充电压整定值时，自动转为稳压充电，当充电电流小于 $0.01C_{10}$A 后延时 1h，转为浮充运行。充电均充曲线图如图 15-5 所示。

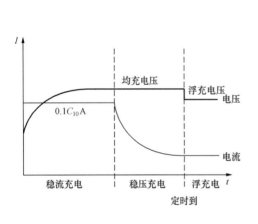

图 15-4　手动定时均充曲线图

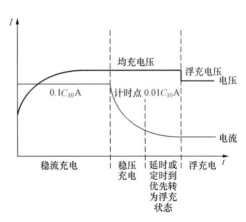

图 15-5　自动均充曲线图

三、直流系统的运行规定

蓄电池组和硅整流充电器必须并列运行，由充电器供给正常负荷电流，并以很小的电流向蓄电池浮充电，蓄电池为冲击负荷和事故负荷供给电流；直流母线不能脱离蓄电池运行；两台充电器不宜长期并列运行，但在工作充电器与备用充电器切换时可遵守先并后断的原则；当任一母线充电器发生故障时，必须先停用故障充电器，再开启备用充电器；直流系统运行时，绝缘监测装置应投入运行；直流系统单极接地时，允许运行时间不超过 2h。

四、直流系统接地的处理

正常运行时，直流系统正极、负极对地电压相等。例如，直流 110V 系统正极、负极对地电压分别为 55V。如果直流系统正极接地，则直流母线正极对地电压降低，负极对地电压升高，接地巡检仪发出接地报警。

根据运行方式、操作情况、气候影响进行判断可能接地的处所，采取拉路分段寻找处理的方法，以先信号和照明部分后操作部分，先室外部分后室内部分为原则。

使用钳形电流表直流挡测试各负荷的不平衡电流找出接地支路。正常运行时，钳形电流表测试各负荷的不平衡电流为零（用钳形电流表同时卡住该负荷的正负极输出电缆）；如果该负荷发生接地，则该负荷的不平衡电流增大，不再为零。

在切断各专用直流回路时，切断时间应尽量短，不论回路接地与否均应合上。当发现某一直流负荷有接地时，应及时通知检修人员找出接地点，尽快消除。

查找直流系统接地的注意事项：

（1）发生直流接地时，应迅速进行处理，不得延误，并停止直流回路上所有其他工作，以免造成两点接地或短路等异常情况。

（2）直流支路停电时，应考虑相关的继电保护和热工自动装置，必要时让热工、继保人员确认控制柜、保护柜能否停电。如果不能停电，通知热工、继保人员采取必要措施（例如，退出保护），防止直流失电可能引起保护及自动装置误动。

（3）确认接地支路后，应对该支路上的负荷进行逐级试拉合，确认接地点，通知检修人员进行处理。

（4）对电源设备进行试拉时，应保证电源设备不失电，严禁将两个不同极性接地系统并列。

（5）查找直流系统接地应由两人进行，一人监护，一人操作。

第二节 UPS 系 统 运 行

一、UPS 系统简介

随着发电机组向着大容量、高参数发展，机组的自动化水平也日益提高，各种自动控制系统和自动装置、保护装置已成为大容量发电机组安全运行必不可少的保证。这类设备由于十分重要，所以对供电电源的要求非常高。

每台机组各配置一套独立的 UPS 装置，输出电压 230V。UPS 装置主要由整流器、逆变器、静态开关、旁路变压器、手动旁路开关和相应控制板等组成。某电厂 350、300MW 机组集控 UPS 主要区别是：350MW 机组手动旁路开关是两位置开关，300MW 机组手动旁路开关是三位置开关。

（1）整流器：作用是把工作电源来的三相交流电源整流为直流电送至逆变器。

（2）逆变器：用于把直流电逆变成交流电。

（3）旁路变压器：作用是防止外部高次谐波进入 UPS 系统，把保安段来的交流电压自动调整在规定范围内。

（4）静态切换开关：静态开关是由晶体管元件组成的，在工作电源与旁路电源之间切换时速度快、负荷不受影响，切换时间不得大于 5ms。

（5）手动旁路切换开关：为确保 UPS 整流、逆变装置检修时系统用户的正常供电，设计此开关。它具有"先闭后开"的特点。350MW 机组手动旁路开关有 2 个位置：AUTO、BYPASS；而 300MW 机组手动旁路开关有 3 个位置：AUTO、BYPASS、TEST。在 AUTO 位置时，负载由逆变器供电，静态开关随时可以自动切换，为正常工作状态；在 BYPASS 位置时，负载由手动旁路供电，可对 UPS 进行检测或停电维护，静态开关和负载母线隔离，静态开关和旁路电源隔离，逆变器同步信号切断；在 TEST 位置时，300MW 机组 UPS 供电从手动旁路切至自动旁路过程中实现信号同步。

二、UPS 操作面板

UPS 操作面板分为控制和监视面板、操作和显示单元两部分。

1. 控制和监视板

UPS 控制和监视板如图 15-6 所示。显示系统单线图，嵌有各主要元件运行状态信号灯，用于直观的监视各元件的工作状态。装有系统启、停及灯测试按钮，用于系统整体启动、停止及灯测试。

图 15-6　UPS 控制和监视板图

运行人员在正常巡视中应该注意对控制柜的相关显示信息进行分析，控制柜面板上的数据直接反映了 UPS 系统的运行状态。运行中，UPS 控制柜显示面板指示一般显示"normal operation. Load power X%"，表示正常运行的功率负荷。正常时一般运行在 15% 左右，数值过大需要检查。

当运行人员按下显示面板上的以下键，可以显示如下信息：

1——显示当前时间。

2（inverter current）——转换器电流，单位 A DC。

3（output frequency）——出口频率，正常为 50Hz。

4（mains current）——主电源电流或事故保安段进线电流。

5（battery current）——电池电流，一般指电池的放电电流，正常一般为 0A DC。

6（out current）——出口电流。

7（mains voltage）——主电源电压或事故保安段进线电压。

8（DC voltage）——直流母线电压。

9（output voltage）——出口电压。

当面板有报警声音，报警指示显示为红色时，巡检人员应该检查以下报警：整流器电源故障、整流器故障、直流超出容量、蓄电池放电、转换器故障、转换器/旁路过载、转换器熔断器熔断、不同步、旁路电源故障、手动旁路接通、EN 禁止、电源故障、过热、风机故障、负载 MCB/MCCB 跳闸。

存在报警时，以上某个或多个报警指示前的红灯会亮，运行人员可以按下 ((•)），消除声音。根据相对应的报警红灯进行判断。面板上的 ✳、◐、(((•)))、廾、⬇、⬆ 6 个按键，均可配合其他操作使用。

2．操作显示单元

操作显示单元包括一个液晶显示器，一个报警发光二极管和一个键盘，用于修改设定值、切换工作方式的具体操作等。通过按键可显示：主线电压/旁路电压、蓄电池电压、输出电压、主线电流、蓄电池电流、输出电流、逆变器电流、输出频率等。

三、UPS 的运行方式

UPS 交流输入主电源取自机组 400V 保安 PC B 段，旁路交流电源取自机组 400V 保安 PC A 段，其直流电源取自 220V 直流配电盘，作为正常交流电源失去时的备用电源。

UPS 电源系统运行方式有：正常运行方式、蓄电池运行方式、静态旁路运行方式、手动旁路运行方式。

（1）正常运行时，由保安段向 UPS 供电，经整流器后送给逆变器转换成交流 220V、50Hz 的单相交流电向 UPS 负荷供电。

（2）220V 蓄电池作为逆变器的直流备用电源，经逆止的二极管后接入逆变器的输入端，当正常工作电源失电或整流器故障时，由 220V 蓄电池继续向逆变器供电。

（3）当逆变器故障时，静态旁路开关会自动接通来自保安段的旁通电源，但这种切换只有在 UPS 电源装置电压、频率和相位都与旁通电源同步时才能进行。

（4）当静态旁路开关需要维修时，可操作手动旁路开关，使静态旁路开关退出运行，并将 UPS 主母线切换到旁通电源供电。

当整流器的主输入三相交流电源故障（如断电、缺相、短路故障等）或整流器本身故障时，220V 直流电源自动投入带逆变器工作。因整流器输出与直流电源并联，且整流器输出电压整定在 246V，而 220V 直流电源的正常运行电压一般为 230V 左右，为了防止正常情况下整流器向 220V 直流系统倒送电，所以在直流电源侧加了一个闭锁二极管。这样，整流器切至直流电源输入的条件就是整流器输出电压降低到闭锁二极管导通（246V DC 降至 230V DC 以下）。若整流器主输入交流电源恢复，整流器将自动启动，220V 直流电源将闭锁二极管的关断而自动退出运行。

四、UPS 操作关键点及控制措施

（1）UPS 从手动旁路运行切换到正常方式运行，关键点是检查 UPS 主电源、直流电源送电正常，启动 UPS，在逆变器后测量 UPS 电压正常。

（2）由正常运行切换到手动旁路防止 UPS 负荷失电措施：检查确认 UPS 在自动旁路运行方式。

（3）UPS 转检修，切换到手动旁路，为了防止 UPS 负荷失电，拉开 UPS 主电源前用钳形电流表测量 UPS 主电源电流为零，旁路电源电流和 UPS 负荷电流大小一致。

（4）UPS 系统运行中，主控发"UPS　FAIL"综合信号，即"UPS 故障"综合信号。电气值班员迅速到就地检查以下内容：UPS 母线电压是否正常，输出电流有无明显变化；根据主控制板信号指示情况并判断 UPS 运行方式；检查 UPS 运行方式是否与显示

一致；检查 UPS 故障原因。

（5）300MW 机组 UPS 逆变器如果发生故障，故障处理结束后，从手动旁路切换到正常方式运行之前，为了防止 UPS 失去供电，需先在逆变器空载工况下（手动旁路运行）运行，即将切换开关 Q050 从"BYPASS"位置切至"TEST"位置停留（不准将切换开关 Q050 直接从"BYPASS"位置切至"AUTO"位置），检查控制面板相应的指示灯正常后，再进行自动旁路—主电源之间的相互切换。

第十六章

柴油发电机运行

第一节 柴油机启动

发电厂有可能发生全厂停电事故，必须设置事故保安电源，一般采用快速自启动的柴油发电机组作为单元机组的交流事故保安电源，给机组提供安全停机所必需的交流电源，如汽轮机盘车电源、顶轴油泵电源、交流润滑油泵电源等，保证机组和主要辅机的安全停运。柴油发电机组由柴油机和交流同步发电机组成，它不受电力系统运行状态的影响，可靠性高。

每台机组设置一台快速启动的柴油发电机组作为本机组的事故保安电源。

柴油发电机组是以柴油为燃料，以内燃机作动力，驱动同步交流发电机而发电。无刷同步交流发电机与柴油机曲轴同轴安装，利用柴油机的旋转带动发电机的转子，根据电磁感应原理，发电机就会输出感应电动势，经闭合的负载回路就能产生电流。

整套机组一般由柴油机、发电机、控制箱、燃油箱、启动控制蓄电瓶、保护装置等部件组成。柴油发电机组属非连续运行发电设备。柴油发电机组可手动或自动启动，接到信号后 3s 内能达到额定转速和额定电压。

某电厂 350MW 机组配两台型号：24V-71TA；类型：双循环水冷、蜗轮增压型柴油机。

300MW 机组配两台型号：MTU（12V2000G22）；类型：四冲程、V 式 12 缸、空气冷却器、蜗轮增压型柴油发电机。

一、事故保安段的运行方式

（1）每台机组设 2 段事故保安 PC 段，正常运行时，350MW 机组由工作 PC 段供电，300MW 机组由锅炉 PC 段供电。

（2）当任一段保安 PC 段失去工作电源时，母线低电压保护经延时跳开工作电源进线开关，同时启动柴油发电机，经延时合发电机出口开关，然后合保安电源开关向保安 PC 段供电。

（3）厂用电源恢复正常后，保安段应切换由厂用电供电，在切换过程中应采用同期并列方式。

二、柴油发电机的启动与并列

（一）柴油发电机共有四种启动方式

（1）手动机前启动。

(2) 紧急自动启动。

(3) 手动试验启动。

(4) EACP 盘手动启动（350MW 机组），单元控制台手动启动（300MW 机组）。

（二）启动步骤

1. 手动机前启动

柴油发电机新安装或维修后的第一次启动均采用手动机前启动。

(1) 350MW 机组柴油发电机手动机前启动：①将柴油发电机启动选择开关打至"RUN"位置，柴油发电机组启动，当发电机组的转速、电压达到额定值，机组启动成功，允许并网切换负荷运行；②将状态选择开关（1SA3）置于手动 A（或 B）位置；③合发电机主开关（52EPC□），并检查合闸指示灯亮；④将并车屏上并车选择开关（2SA1）置于保安 A（或 B）位置；⑤根据同期表指示，调整发电机频率（速度调节开关 2SA3）及电压（查 ΔU 灯灭）在规定范围内，当发光二极管亮点位置相当于 11 点钟的位置，且同步指示灯（2HL1、2HL2）灭时，准同步合闸，并网运行成功。立即断开工作电源 52BT□A（52BT□B）开关。

(2) 300MW 机组柴油发电机手动机前启动：①将开关控制切至"手动"位置；②按下柴油发电机控制屏"RUN"按钮，柴油发电机组启动，发电机组的转速、电压达到额定值，机组启动成功；③将保安电源开关 A（或 B）上"转换开关"切至"试验同期"位置；④将并车选择开关切至"保安 A（或 B）"位置；⑤根据同步表旋转速度和方向，调整发电机速度（频率）和电压在规定范围内，当同步表指针接近同步点（超前 15°）时，按下"合闸"按钮，柴油发电机开关合闸，保安电源开关 A（或 B）检同期自动合闸。同步表指针指向同步点，立即拉开工作电源开关 A（或 B）。

2. 紧急自动启动

对于 350MW 机组，当事故保安某段失电时，柴油发电机启动，合出发电机开关，断开工作电源开关，合保安电源开关。

对于 300MW 机组，当事故保安某段失电时，柴油发电机启动，断开工作电源开关，合发电机出口开关，合保安电源开关。

3. 手动试验启动

手动试验启动一般在机组检修期间，柴油发电机回来经过检修后的试验启动，目的是检验回路正确性。启动方法是：350MW 组手动断开保安 A（或 B）段 TV 隔离开关［300MW 机组用保安 A（或 B）段 TV 测控装置试验功能模拟低电压保护动作］，柴油发电机按照紧急自动启动程序接带保安段负荷。

4. 控制盘远方启动

值班员可根据现场的实际情况，采用 EACP 盘手动启动（350MW 机组），单元控制台手动启动（300MW 机组）柴油发电机，启动后根据情况接带负荷。

（三）柴油发电机并列运行注意事项

1. 350MW 机组柴油发电机并列运行注意事项

(1) 并列时必须将状态选择开关切至相应母线段，并车选择开关切至待并开关，才能接入同期回路。如 1 号柴油发电机接带事故保安 1A 段，同期并列时，应将状态选择开关切至"手动 A"位置，并车选择开关切至"保安 A"位置。

（2）发电机并列时需调整调频旋钮，顺时针升高转速，逆时针降低转速。一般调整同步表指针顺时针缓慢旋转，即保持柴油发电机频率略高于待并系统的频率。

2.300MW 机组柴油发电机并列运行注意事项

（1）柴油发电机启动后一定要检查就地控制屏上柴油发电机出口参数（如频率、电压等）正常，若发现参数异常应停运检查，不得强行并列运行。

（2）柴油发电机启动前应检查调压旋钮刻度正确，启动后检查电压正常。

（3）柴油发电机并列运行时需调整调频旋钮，逆时针升高转速，顺时针降低转速，一般调整同步表指针顺时针缓慢旋转，即保持柴油发电机频率略高于待并系统的频率；调压旋钮一般不进行调整。

（4）事故保安段进线开关控制方式有三种：①集中位；②就地位；③试验同期位。同期并列时，应将待并的开关转换开关方式切至"试验同期"位置，并车选择开关选至待并开关，才能接入同期回路。

第二节　柴油发电机运行与维护

一、柴油发电机的检查项目

1. 运行中的检查

（1）本体无异声、异常振动及异味。

（2）冷却水位正常，各部无漏水现象。

（3）燃油箱油位及润滑油油位正常，各部无漏油、渗油现象。

（4）控制盘上各仪表指示正常。

（5）冷却水温低于 90℃，转速为 1500r/min。

（6）发电机电压为 400V。

（7）各相电源不超过 1445A（300MW 机组 760A）。

（8）频率为 50Hz。

（9）功率因数滞相 0.8～0.9。

（10）"机组带载运行"指示灯亮。

（11）发电机出口开关合闸状态，"主开关合"指示灯亮。

（12）观察排烟颜色，分析运行工况。

（13）严禁在柴油发电机运行中触摸气缸、排气管等高温部分，以免烫伤。

2. 备用中的检查

（1）柴油发电机本体无漏油，漏水及其他异常情况。

（2）供燃油的一、二次阀门均为开启位置。

（3）水加热电源指示灯亮，控制屏"AUTO"按钮指示灯亮，且机组准备就绪"READY"灯亮。

（4）润滑油箱油位正常，在规定油标刻度内。

（5）蓄电池充电方式为浮充，蓄电池浮充电流正常（0.05A 左右）。

（6）柴油发电机辅助设备电源供电正常。

（7）柴油发电机控制盘上无报警信号显示。

（8）并车选择开关在"OFF"位置，出口开关在"自动"位置，350MW 机组柴油发电机还应检查状态选择开关在"自动"位置。

（9）柴油发电机入口空气滤网（如图 16-1 所示）无脏污，红色未超过报警线。

图 16-1　柴油发电机入口空气滤网图

柴油发电机正常处于自动紧急备用状态，为了确保柴油发电机启动回路备用完好，可每月 3 日白班在控制屏上手动启动柴油发电机组，检查柴油发电机回路有无异常（试验时不并网）。

二、柴油发电机运行维护注意事项

（1）柴油发电机不宜长时间空载运行。长时间空载运行会降低喷油雾化质量，加速缸壁早期磨损。

（2）柴油机停止前必须空载运转 3~5min，待增压器转速降低后再熄火。

（3）柴油发电机运行中油箱油位过低，需要补油时，应特别注意补油速度不得过快，否则可能将油箱底部的沉积物激起，使油质劣化。

（4）定期应对柴油机油箱放水、清理滤网以及换油工作。

（5）冬季水箱绝对不能结冰，防范方法有加专用长效防锈、防冻液或利用电加热设备，要求室温在冰点以上；严禁明火烘烤。

（6）柴油发电机启动用蓄电池应定期检查和维护，出现问题应及时更换，以免影响柴油发电机的启动。运行中特别注意检查蓄电池充电方式为浮充方式，充电电压在 24V 左右。

（7）300MW 机组柴油发电机控制屏上没有工作电源、保安电源状态指示灯，并列或解列操作时，主要通过观察柴油发电机出口开关电流指示的变化来判断保安电源开关是否分闸或合闸。柴油发电机出口开关电流指示发生明显变化后，就要断开或合上相应的工作电源开关，避免工作电源、保安电源长时间并列运行。

（8）为了确保柴油发电机的应急启动，机组必须经常处于暖机状态。因此，柴油机设有冷却水预热装置。

（9）柴油发电机检修后投运前应检查柴油发电机绝缘，由于定子绕组中性点经过电阻接地，所以应先打开中性点接地连接（在柴油发电机机端定子接线盒下）。

三、异常分析与处理

（1）3 号柴油发电机曾发生过输出电压低的异常现象。柴油发电机检修后做启动试验，启动达额定转速后就地控制屏发"电压低"报警，显示输出电压 280V（线电压），检查调压旋钮与检修前刻度一致，将柴油发电机停运检查，发现为励磁回路故障，处理正常后启动柴油发电机，输出电压正常。柴油发电机调压旋钮一般在调试时已调试正常，保持在某一刻度就可保证输出电压在额定值。运行中不得随意调整调压旋钮。

（2）1号机组柴油发电机在定期试验过程中发生过无法正常启动。首先对柴油机的蓄电池置进行更换、燃油系统入口滤网清洗、本体详细检查无异常，柴油发电机仍然无法启动。随后，通过多方技术人员的分析判断，发现柴油机内燃油油质差达不到柴油机启动要求，从而造成柴油机无法正常启动。将本体油排净，清理油箱更换燃油后柴油发电机启动试验正常。因此规定柴油发电机禁止使用锅炉燃油系统油进行补充。

（3）400V工作母线检修，柴油发电机带保安段运行，柴油发电机运行5～6h后自动跳闸，原因是油箱底部有水或污泥，清理油箱更换燃油后正常。因此规定每季度定期放水一次。

（4）柴油发电机在定期试验中发生过因蓄电池容量不能满足要求启动不起来，要求日常蓄电池正常浮充电方式，并每2～3年定期进行更换。

第四篇

集 中 控 制

第十七章

单元机组启动和停运

第一节 单元机组启动

一、单元机组的启动方式

（一）按设备金属温度分类

对锅炉和汽轮机冷态、热态启动的规定，各国及各制造厂家的标准不尽相同。目前常用的划分标准有如下两种。

1. 按停机后的时间长短划分

按停机后时间长短可以分为冷态、温态、热态、极热态。如某电厂 300MW 机组规定，停机时间大于 72h 后启动为冷态，停机时间 10～72h 启动为温态，停机时间小于 10h 为热态，停机时间小于 1h 为极热态。

2. 按启动前汽轮机的金属温度来划分

按汽轮机内缸或转子表面温度，同样可划分为冷态、温态、热态、极热态。如某电厂 350MW 机组规定：汽轮机调节级金属温度小于 165℃为冷态，在 165～300℃之间为温态，在 300～380℃之间为热态，大于 380℃为极热态。300MW 机组规定调节级金属壁温小于 150℃为冷态，在 150～300℃之间为温态，在 300～380℃之间为热态，大于 380℃为极热态。

（二）按蒸汽参数分类

1. 额定参数启动

从冲转至机组带额定负荷的整个启动过程中，锅炉保证自动主汽门前的蒸汽参数始终为额定值，此方法一般不采用。

2. 滑参数启动

汽轮机自动主汽门前的蒸汽参数（温度和压力）随机组转速或负荷变化而滑升。与额定参数启动相比，这种方式具有经济性好，能均匀加热零部件等优点，故得到广泛的应用。按冲转时主汽门前压力大小，滑参数启动又可分为真空法启动和压力法启动。机组采用压力法启动，即汽轮机冲转时，主汽门前蒸汽具有一定的压力和温度。

（三）按冲转时进汽方式分类

1. 中压缸启动

启动初期，高压缸不进汽而用中压缸进汽冲转，待汽轮机转速达 2300～2500r/min 时，才开始向高压缸送汽。

2. 高中压缸启动

启动时,蒸汽同时进入高、中压缸冲动转子。

(四) 按冲转时控制进汽流量的阀门分类

1. 调速汽门启动

汽轮机冲转时高压主汽门全开,用高压调门控制转速。

2. 自动主汽门启动

汽轮机冲转时高压调门全开,用高压主汽门控制转速。

二、自然循环锅炉单元机组的冷态启动

现代大型单元机组的冷态启动均为滑参数启动,且以采用压力法滑参数启动方式居多。下面就以自然循环锅炉的单元机组为例说明整个启动过程。

(一) 启动前的检查和准备工作

冷态启动是指在机组检修以后或刚安装好时进行的启动。启动前,检查和准备的范围包括炉、机、电主辅机的一次设备及监控系统,其主要内容有以下几方面:

(1) 炉、机、电的一次设备完好。

(2) 各种仪表、操作装置及计算机系统处于正常工作状态,电气保护正确投入。

(3) 进行有关试验和测量,并符合要求,主要内容包括:①锅炉水压试验;②发电机组联锁、锅炉联锁和泵的联锁试验;③炉膛严密性试验;④汽轮机控制系统的静态试验;⑤转动机械的试运转;⑥油泵联动试验;⑦汽轮机大轴挠度测量;⑧电气设备的绝缘测定;⑨阀门及挡板的校验;⑩规程规定的其他试验。

(4) 原煤仓应有足够的煤量。

(5) 除盐水充足合格,凉水塔补水至正常水位。

(6) 厂用电系统投入正常,机组辅机送电正常。

(7) 辅助设备及系统按照规定顺序启动:

1) 启动循环水系统。注意启动前凝汽器水室、循环水回水管排空门必须开启,连续排水后再关闭,防止循环水管道在水流和气流的脉动状态下振动。

2) 启动工业(开式)水泵、闭式水泵、空气压缩机闭式泵,并投入泵的联锁。

3) 启动仪用、厂用空气压缩机。对于长期停运的空气压缩机,启动前应联系机械盘动灵活,并充分疏水,防止空气压缩机卡涩、抱死。

4) 建立炉前油循环。

5) 启动润滑油系统。启动润滑油泵,进行油循环、排空。当油系统充满油,润滑油压已稳定时,对油管、法兰、油箱油位、主机各轴承回油等情况进行详细检查。

6) 启动 EH 油系统。

7) 投密封油系统。在检修后初次启动时,以及发电机内部未充氢状态下,应经常检查密封油系统各差压阀动作情况,空氢侧密封油差压情况,定期对油水检测仪放油检查,防止密封油大量进入发电机。

8) 发电机风压试验合格后充氢,投入定子冷却水系统。

9) 启动顶轴油泵,投入汽轮机盘车装置。

10）启动化学补充水泵，向凝结水储水箱补水至正常位置，启动凝结水输送泵向热井补水至正常水位。

11）邻炉送汽至辅助蒸汽母管暖管。暖管结束后投入辅助蒸汽系统运行。

12）启动凝结水泵，进行低压水冲洗，水质合格后，向除氧器上水，冲洗凝结水系统及除氧器。注意：凝结水泵启动前，应关闭凝汽器溢流至凝结水储水箱手动门，防止不合格的凝结水进入室外储水箱，造成凝结水补水的污染。除氧器水位正常后，启动除氧器循环泵，投入除氧器蒸汽加热，注意除氧器水温与汽包壁温相匹配，尽量保证正温差。

凝结水、给水系统启动后，应根据机组检修情况，投入加热器水侧查漏。当发现加热器水侧投入后液位升高时，应采取放水、隔离等手段判断是否存在铜管泄漏现象。

13）启动一台电动给水泵，将锅炉上水由低压切为高压上水，根据需要确定高压加热器是投水侧查漏，还是投入水侧旁路。

14）锅炉侧启动火检冷却风机及空气预热器运行。

15）投盘车，冲转前盘车应连续运行 4h 以上。

16）投轴封系统，用辅助汽源向轴封送汽。转子静止时绝对禁止向轴封送汽，否则可能引起大轴弯曲。高、中、低压轴封供汽温度与转子轴封区间金属表面温度匹配，过热度不低于 14℃。投轴封前系统应充分疏水，防止蒸汽带水。热态启动时必须先投轴封，后抽真空。

17）启动真空泵，抽真空。真空大于 85kPa 时（300MW 机组背压小于 20kPa，并启动空冷风机），方可进行锅炉点火操作。

（二）锅炉点火

1. 锅炉上水

在汽包无压力的情况下，可用凝结水输送泵或凝结水泵上水。汽包有压力或锅炉点火后，可利用电动给水泵由给水操作台的小旁路缓慢经省煤器上水。

锅炉上水时应注意：由于上水温度与汽包壁温存在差异，而汽包壁较厚，必然形成内、外壁温差，同时汽包下壁被给水浸没，该部分受热、壁温上升，造成上下壁的温差。为防止温差形成的热应力造成汽包永久变形，一般规定冷态启动时，锅炉进水温度不高于 90～100℃。热态进水时，水温与汽包壁温差不大于 40℃，高压及以上锅炉，进水时间为夏季不少于 2h，冬季不少于 4h。如果锅炉的给水温度与汽包壁温差在 55℃ 以上时，要缓慢上水。上水速度不能太快，应控制给水流量为 30～60t/h。在点火前，上水只到汽包水位线的低限。350MW 锅炉为强制循环，锅炉上水至汽包水位＋200mm，启动 A、C 炉水泵。上水完毕后，应检查汽包水位有无变化。若水位上升，则说明进水阀门或给水门未关严或有泄漏。若水位下降，则表明有漏水之处，应查明原因并消除。

此外，在进水过程中还应注意汽包上、下壁温差和受热面的膨胀是否正常。上水完毕，进行锅炉冲洗，直至水质达到点火前要求。冲洗时根据水质情况选择“全面放水”和“边上边放”两种方式。点火前保证炉水冷态冲洗水质合格，一般控制硅含量小于 $20\mu g/L$，铁含量小于 $100\mu g/L$。

2. 风烟系统投运及炉膛和烟道吹扫

锅炉点火前，应顺序启动空气预热器、引风机和送风机，以其额定风量的 25％～

30%，对烟道和炉膛进行通风 5～10min，排除炉膛和烟道中的可燃物，防止点火时发生爆燃，同时进行燃油系统泄漏试验。350MW 机组注意引风机变频启动后需将入口调整挡板切手动关小，调节引风机变频转速在 400r/min 以上，然后将入口调整挡板投"ST-BY"，防止炉膛负压大幅波动。

3. 准备点火

复位主燃料跳闸（MFT）。点火前，应对雾化蒸汽管路进行充分的疏水，尤其在冬季，应关闭燃油手动门，开启蒸汽手动门，油枪在伸入炉内状态下充分疏水。点火前，轻油和蒸汽的压力和温度必须符合规定值。

4. 锅炉点火

首先对角投入下层油枪点火，按自下而上的原则投入其余点火油枪。在点火初期，为使炉膛温度场尽量均匀，每层初投的对角油枪运行一段时间后，应切换至另一对角运行（切换原则为"先投后停"）。

点火时应注意通过火焰监视器对炉膛火焰进行监视。同时在点火初期应加强就地油枪着火情况检查，防止油枪在未着火情况下，仍然大量过油，导致炉内油气聚集，引发爆燃事故。350MW 机组出现过油枪未着火情况下，火检信号显示着火，油枪不退出，大量燃油进入炉膛而未燃烧，再点其他油枪时炉膛发生爆燃的事件。投煤粉时，应先投油枪上面或紧靠油枪的煤粉燃烧器，这样对煤粉引燃有利。投煤粉时，若发生炉膛熄火或投粉 5s 不能引燃，应立即停止送粉，并对炉膛进行充分的通风吹扫，以防发生炉内爆燃事故。点火后，应投入空气预热器连续吹灰，防止未燃尽的燃油在尾部受热面粘结，引起烟道二次燃烧。

（三）锅炉升温升压

锅炉起压后（0.1MPa），手动方式开低压旁路、高压旁路配合升温升压，注意水帘喷水保护及高、低压旁路减温水投入正常。升压过程的初始阶段温升速度比较缓慢，随着主蒸汽压力的升高，升温速度可以适当增加。冲转以后锅炉的升温、升压则是根据汽轮机增负荷的需要进行。

升压过程中的定期工作：点火后，随着压力逐渐升高，运行人员应按一定的技术要求，在不同压力下进行有关操作，如关空气门（压力升至 0.1～0.2MPa），冲洗汽包水位计（压力升至 0.2～0.3MPa），进行锅炉下部放水（压力升至 0.2～0.3MPa），复紧汽包人孔门螺栓（0.5MPa）等。

点火初期，过热器、再热器内无蒸汽流量或流量很小，应注意监视和控制炉膛出口烟温，适当控制燃烧速率，确保各部受热面的安全。

点火过程中要注意炉水循环，适当开启下联箱放水，定期切换油枪，尽量保持炉膛热负荷均匀，监视汽包水位和汽包上下、内外壁温差。控制燃油流量，以控制炉水升温率，350MW 机组升温率控制在 220℃/h 以下，300MW 机组因为是炉水自然循环，控制升温率在 60℃/h 以下。对于 350MW 机组燃油流量低于 10% ECR（7.7t/h），应配合高、低压旁路开度，以防再热器干烧保护动作。旁路投入后，根据实际情况投运其他油枪，满足升温升压的要求。0.2MPa 以下汽包水位应控制在 -200～-150mm，以防炉水沸腾膨胀造成"虚假水位"导致汽包水位高引发 MFT。锅炉升压过程中应按规定记录锅炉膨胀。如有膨胀不均或卡涩时，应暂停升压，待消除后再继续升压。

在升温升压阶段，要设专人监视和调整汽包水位，在进行可能引起汽包水位大幅度变动的操作时（如改变燃料量、调整旁路门开度及疏放水操作），应提前与调节水位人员沟通。

（四）汽轮机冲转及升速

1. 冲转前检查

冲转时主汽门前的主蒸汽过热度应至少有 56℃ 以上，当用主汽门来冲转时，调节汽阀全开。冲转前应检查下列项目满足：

（1）处于连续盘车状态（超过 4h）。

（2）蒸汽参数冲转规定：主蒸汽压力、温度满足要求；再热蒸汽压力由旁路调整（350MW 机组冲转前维持 0.8MPa，300MW 机组为 0.6MPa），再热蒸汽温度与主蒸汽温度偏差小于规定值（83℃）；左右侧汽温偏差小于规定值（28℃）。

（3）汽轮机所有疏水阀开启。

（4）排汽压力尽可能低，排气压力过高，将会导致叶片损坏或汽轮机动、静部分之间的摩擦，造成严重事故。300MW 机组冬季启动时，应考虑空冷岛防冻要求。

（5）轴向位移、低油压（润滑油压、抗燃油压）、电超速、发电机断水、振动、胀差、机炉电大联锁等保护投入。

（6）大轴弯曲度不超过 0.076mm，且不超过原始值 0.03mm。

（7）汽缸上下壁温差小于 42℃。

2. 冲转及中速暖机

当冲转条件具备时，接值长命令，汽轮机冲转。主要操作如下：

（1）汽轮机复位，检查主汽门、调门状态正确，高压主汽门、中压调汽门关闭，高压调门、中压主汽门开启。

（2）进行主机远方、就地打闸、挂闸试验正常。

（3）按规定升速率升速至 500r/min 进行摩擦检查。摩擦检查是发现汽轮机本体是否存在隐患的重要环节，必须引起足够的重视。检查可以采用点击"摩擦检查"按钮（仅 350MW 机组），或主机打闸两种方法。要求在操作员站、就地进行详细检查，检查内容包括轴承振动、轴承温度、胀差、转子轴向位移、偏心、声音等。350MW 机组还可以在立盘投入摩擦检查仪（含轴承声音检测、分贝检测）来判断机组有无异常。

（4）确认正常后，继续升速至 2100r/min（350MW 机组）/2450r/min（300MW 机组）进行中速暖机，检查所有监视仪表，确认状态良好。主机保护试验如低油压、低真空、推力轴承磨损保护试验可提前进行。

（5）主机过临界转速时不能停留，并提高升速率。通过临界转速时，任一轴承振动超过 0.1mm 或任一轴振动超过 0.26mm，应立即打闸停机，严禁强行通过临界转速或降速暖机。

3. 升至全速

（1）中速暖机结束（时间及汽轮机金属温度达到规程要求），机组继续升速至 3000r/min，全面测量轴承振动等参数，要求汽轮机各监视值正常。汽轮机在空负荷下不应长时间运行，否则会使低压缸过热，导致汽轮机中心线破坏并产生较大振动。

（2）在整个升速过程中，应注意排汽温度达 80℃时低压缸喷水投入。

（3）升速过程中，注意主油泵出口油压变化是否正常，若有异常应停止升速，查明原因。

（4）发电机氢气冷却器通水。

4. 全速后试验

全速后需要进行如下试验：①主机油泵联动试验；②主机保护装置试验（低真空、低油压、推力轴承磨损、危机保安器注油试验）；③发电机相关试验。

（五）并网及带初负荷

1. 并网

大容量的单元机组一般采用自动准同期法并网。所谓准同期法并网，是指在发电机电压、相位、频率三者与系统相一致情况下的合闸并网。

350MW 机组一般采用 ATS 自动准同期或 GCP 盘自动准同期方法并网，300MW 机组一般采用 LCD 自动准同期并网。

2. 带初负荷

并网后，为使机组不至于产生逆功率，应强迫带上一定的初负荷（5%～10%额定负荷），初负荷暖机要根据汽轮机转子和汽缸温度的上升情况选择合适的负荷，负荷太小则蒸汽流量过小暖机效果不好；负荷过大则会造成较大的热冲击。此阶段要重点监视汽轮机金属温差和胀差。对于 350MW 机组，DEH 回路有自动给定初负荷的功能，在阀切换之前，ATS 根据机组启动状态，自动选择 5.714%（冷态）或 10%（热态）额定负荷作为初负荷，阀切换完成后，可以在 LCD 上 DEH 负荷设定的回路改变负荷指令。对于 300MW 机组，应及时投入功率回路进行增加有功负荷的操作，机组启动过程中曾出现过并网后功率回路投入不及时，机组逆功率保护动作的情况，因此应引起重视。此时锅炉燃烧不变，逐渐开大调节阀门加大蒸汽流量，会使得转子与汽缸间的温差增大，故需要一段初负荷暖机时间，一般不少于 30min，主蒸汽温度每变化 3℃则延长 1min 的暖机时间。可利用这段时间对机组作一次全面的检查和一些必要的调整。

3. 进行阀切换

有的机组选择在并网前进行阀切换，有的机组并网后进行。350MW 机组规定在并网后进行。300MW 机组阀切换在主机转速 2900r/min 时进行。阀切换过程中，注意监视主汽门、调节汽门动作情况，防止阀位大幅摆动，监视左右侧阀门开度是否平衡，主机转速是否摆动。由于大型机组均设有阀门全关保护或汽轮机无流量保护，所以阀切换时必须注意监视阀门开关限位是否正确。

（六）升至额定负荷

（1）初负荷暖机结束后，锅炉加强燃烧。机组以每分钟 1%额定负荷左右的升负荷率增加负荷，锅炉以 1～1.5℃/min 的升温率，0.05MPa/min 的升压率改变蒸汽参数。当二次风温升高后，启动制粉系统、检查确认锅炉本体各疏水门应全部关闭，主蒸汽系统、再热蒸汽系统、主汽门壳体等疏水门逐渐关闭，整个升负荷过程应按机组规定的滑压曲线控制负荷与蒸汽参数的匹配关系。

（2）根据主蒸汽压力及燃烧情况，将高、低压旁路逐渐关闭，以减少燃料消耗，并根据需要将高、低压旁路系统投入备用。在手动改变旁路开度时，要注意高、低压旁路开度的配合，防止仅操作高压旁路，而引起再热器压力的过高或过低。

（3）当胀差变化过快时，应停止升负荷进行暖机。在升负荷过程中，机组出现异常振动时应减负荷直到异常振动消除为止，并在此负荷下暖机 20～30min，查明原因并消除后再继续升负荷。300MW 机组负荷达到 30MW 时将锅炉给水由旁路调整门切换为主给水电动门供水。

（4）当负荷升到 30％额定负荷左右，给水三冲量满足自动投入条件时，给水由单充量自动切为三冲量控制方式。350MW 机组准备启动汽动给水泵，随着负荷继续增加，第二台汽动给水泵启动并投入后，退出电动给水泵并停运。300MW 机组需要将第二台电动给水泵投入运行。切换除氧器的辅助蒸汽汽源，由低压至高压依次投入回热加热器运行，检查确认各轴封调整门在自动位置，动作正常。增大煤量，减小燃油量，可根据负荷、压力情况将部分油枪退出运行。检查给水流量、主蒸汽流量稳定，显示正常。

（5）机组控制方式的改变。

1）350MW 机组协调控制方式投入：①在阀切换完成后，DEH 回路可以设定目标负荷及负荷变动率；②升负荷过程中，燃油量主控制器须保持"手动"状态，根据需要人为改变燃油量设定值。当机组带一定负荷后，一般在 100MW 负荷，两台磨煤机已启动正常，可以将两台磨煤机一次风调整挡板投入"自动"，随后将磨煤机主控制器投入"自动"。这时可以改变 BM 值来改变燃料量；③将 DEH 方式切为"CCS MODE"，交由上级（汽轮机主控）控制，此时汽轮机主控为手动状态，可以改变其设定值以改变汽轮机阀门开度，调整负荷；④将锅炉主控、汽轮机主控投入自动，机组的方式转变为"C. C."方式，机组负荷的改变可以在协调控制画面完成；⑤根据需要，可以将机组负荷设定投"ADS"方式，机组投入 AGC。

2）300MW 机组协调控制方式投入：①在机组达到最低稳燃负荷（180MW）后，燃料量和风量调节投入"自动"时（即一次、引、送风机及磨煤机入口调节挡板投入自动），进入机组协调控制画面，点击"BOILER MASTER"，锅炉主控可手动控制锅炉负荷，而后点击"AUTO"，锅炉主控投入自动。进入"DEH UNIT OVERVIEW"画面，在"FEEDBACK"中退出功率回路，点击"CNTL MODE"将"REMOTE"投入，进入机组协调控制画面，点击"TURBINE MASTER"，而后点击"AUTO"，汽轮机主控投入自动，此时机组为协调控制方式；②AGC 的投入：当机组为协调控制方式时点击"CCS允许"按钮，并且机组实际负荷与 AGC 指令偏差不大于 2MW 时即可投入 AGC。

（6）当负荷到 50％额定负荷时，逐渐退出油枪，锅炉进行一次全面检查。根据真空的需要，投另一台循环水泵运行，或增投空冷风机。厂用电由启动备用变压器切换为厂用高压变压器接带。厂用电切换前应提前将 6.3kV 母线工作电源开关送电转热备。

（7）根据需要，可以投入自动电压控制系统（AVC），机组 AVC 的投入顺序是首先投入上位机，从后台 PC 观察系统无异常后投入下位机，投入励磁增减连接片，LCD 点击"AVC-IN"按钮。

（8）机组启动完成后，机组进行一次全面检查，确认一切正常，各辅机联锁投入正常，各种保护均已投入，且各种自动投入正常，保持机组正常运行。

三、强制循环锅炉单元机组冷态启动的特点

强制循环锅炉其所配的单元机组启动顺序与自然循环锅炉单元机组类似，但由于强制循环锅炉配备了强制循环泵，机组启动的时间大大缩短，安全性和经济性提高。与自然循环锅炉单元机组相比，强制循环锅炉有以下特点：

1. 升压过程中汽包工作安全

强制循环锅炉的汽包容量较小，汽包内有弧形衬板，上升管束的汽水混合物从汽包顶部引入，沿弧形衬板与内壁之间的通道自上而下流动，然后进入汽水分离装置。这样，整个汽包内壁与汽水混合物相接触，其上、下内壁温度基本相同，无汽包上、下壁温差。点火前，强制循环泵已投运，建立了可靠的水循环。点火后，汽包受热比较均匀，这有利于升温升压速度的提高，缩短启动时间。

2. 水循环的安全性

强制循环锅炉由于依靠循环泵进行强制循环，启动初期的循环倍率较大，管内有足够的水量流动，因此，在其点火启动过程中无需采用特殊措施来改善水冷壁的加热情况。

3. 省煤器保护

强制循环锅炉在 25%～30%额定负荷之前，依靠循环泵对省煤器进行强迫循环，循环水量大，保护可靠。再循环阀可保持全开状态。在锅炉负荷大于 25%～30%额定负荷后，再循环阀关闭。

四、汽包炉单元机组的热态启动

（一）热态启动的特点

热态启动的特点，概括讲有三点：一是启动前机组金属温度水平高；二是汽轮机进汽冲转参数高；三是启动时间短。

热态启动时，锅炉提供的蒸汽温度相对汽轮机金属温度而言较低，故应先将机炉隔绝，点火后，锅炉来汽经旁路系统送到凝汽器，直至蒸汽参数满足冲转要求。在该过程中，锅炉出口汽温在保证安全的前提下升高较快，而压力上升的速度要相对慢一些。解决这个问题的措施主要有提高炉内火焰中心位置、加大过剩空气系数、排放饱和蒸汽等。在锅炉升温升压的过程中无需暖管，这是因为蒸汽管路的温度还未来得及降低很多。启动时一般在 5～10min 内完成冲转、升速。若检查无异常，则不需暖机即可升速至额定转速，此后发电机应尽快并网带负荷。

并网后以每分钟 5%～10%额定负荷的升负荷速度加至初负荷。不允许在初负荷点之前作长时间停留，以免冷却汽轮机金属。其后可按冷态滑参数启动曲线滑升负荷，操作工作与冷态滑参数启动的操作过程相似。

（二）热态滑参数启动中应注意的问题

1. 冲转参数的选择

由于热态启动前，汽轮机金属部件已有较高温度，因此只有选择较高的冲转参数，才能使蒸汽温度与金属温度相匹配。最好采用正温差启动（即蒸汽温度高于金属温度）。但对于极热态启动（如调节级汽缸和转子温度在 380℃以上），正温差启动则存在困难，此

时不得不采用负温差启动（即蒸汽温度低于金属温度）。在负温差启动过程中，为了确保机组安全，要密切监视主蒸汽温度值，并尽快提高汽轮机的进汽温度，密切监视机组的胀差、热应力和振动等，尽快升速、并网带负荷。

在热态启动时，主蒸汽温度要高于高压缸调节级上缸内壁温度 $50\sim100℃$，且要有 $56℃$ 以上的过热度，但不能超过额定蒸汽温度。这样主蒸汽经调节阀节流和经调节器级膨胀后，调节级后汽室的蒸汽温度不低于该处金属温度。冲转的汽压应采用较高的数值，这样易使冲转温度满足要求，且能使汽轮机迅速升速，接带负荷至初始工况点，中途无须调整汽压。热态启动时，再热汽温也应与中压缸金属温度相匹配。对于高、中合缸的机组，还应保持再热汽温与主蒸汽温度接近，这样既减少汽缸的轴向温差，又保证中压缸不至于受到低温蒸汽的冲击。

2. 上下缸温差及转子热弯曲

由于汽轮机经过短时间停机后，其各部件的金属温度还较高，且停机后各部件冷却速度不同而存在温差，因此处于热状态的汽轮机在启动前就存在一定的热变形。

对装有连续盘车的汽轮机，虽然停机后连续盘动转子可避免因径向温差产生热弯曲，但汽缸仍可能由于上、下缸温差过大而变形，以致使转子和汽封发生摩擦。因此，上、下缸温差就成为限制机组热态启动的主要矛盾。在热态启动过程中，汽轮机从冲转到带上初负荷时间较短，不能期待在机组冲转后再来矫正转子热弯曲，因此，要求热态冲转前连续盘车不应少于 4h，以消除转子暂时弯曲。若启动前转子挠度超过规定值，还应延长盘车时间。在盘车时应仔细听声，检查轴封处有无金属摩擦声，否则必须停止启动，采取措施消除后方可再启动。

引进的日产 350MW 机组的热态启动规定上下缸温差小于 42℃。300MW 机组规定高压外缸及中压缸上下壁温差小于 42℃，高压内缸上下壁温差小于 35℃。

3. 轴封供汽问题

在热态启动中，轴封是受热冲击最严重的部位之一。热态启动时，轴封段转子温度也很高（仅比调节级缸温低 $30\sim50℃$），因此，必须注意轴封蒸汽温度，系统充分疏水，使高温轴封蒸汽达到或接近辅汽温度，低温轴封减温水调门动作应正常。轴封蒸汽过热度必须大于 14℃。

4. 热态滑参数启动过程中应注意的其他问题

（1）由于热态启动机组升速快，且不需暖机，要注意润滑油温不低于 38℃，以防油膜不稳引起机组振动。

（2）为减少汽轮机各部件的冷却程度，定速后应尽快并网，且不允许在初负荷之前作长时间停留。各种辅助设备的启动也要紧凑并且汽动给水泵应及早带负荷，以防影响主机升负荷速度。

（3）热态启动时应保持较高真空，保证疏水畅通，这有利于汽温的提高。

（4）热态启动时间短，应严格监视振动，严格执行紧停规定。

第二节　单元机组停运

一、单元机组的停运方式

单元机组的停运是指机组从带负荷运行状态到减去全部负荷、发电机解列、汽轮机停转、锅炉熄火及机组降压降温的全部过程，根据实际情况，单元机组的停运（简称停机）可以分成以下几种方式：

1. 事故停机

由于机组本身或电力系统设备故障，为防止故障扩大，造成设备损坏或因机组无法承担发电任务，必须在短时间内把故障设备甚至整个机组停下。

2. 正常停机

正常停机是非事故时停机，有充裕的停机时间，停下来是为了机组检修或备用的目的。通常机组正常停机又可分为额定参数停机和滑参数停机。

二、滑参数停机

正常停机如果是以检修为目的，希望机组尽快冷却下来，则可选用滑参数停机方式，即停机过程中，汽轮机负荷随锅炉蒸汽参数的降低而下降，炉、机的金属温度也相应下降，直至机组完全停运。

（一）滑参数停机的主要优点

（1）金属冷却均匀。

（2）减少停机过程中的热量和汽水损失，充分利用锅炉余热发电。

（3）缩短汽轮机揭缸时间。

（4）对汽轮机喷嘴和叶片上的盐垢有清洗作用。

由于滑参数停机有很多优点，所以单元机组在正常情况下多采用滑参数停机。

（二）滑参数停机的关键问题及滑停方式的选择

滑参数停机过程中，要求温降率不超过规定值。350MW 机组规定主、再热蒸汽温降速度为 $1 \sim 1.5℃/min$；300MW 机组规定主、再热蒸汽平均温降率为 $0.5 \sim 0.8℃/min$，最大不超过 $1℃/min$。调节级汽室的汽温比该处金属温度低 $20 \sim 50℃$ 为宜，蒸汽仍应保持 $56℃$ 以上的过热度。由于滑参数停机时蒸汽参数降低速度应小于滑参数启动时蒸汽参数的上升速度，所以停机时间应适当长一些。

根据停机目的的不同，对停机后金属温度水平有不同的要求，据此可选择不同的停机方式。例如，为消除某些缺陷或根据电网需要而短期停机，则可按滑参数方法减负荷，一般是在负荷下降的过程中，主蒸汽压力滑降，主汽温、再热汽温随着锅炉燃烧的减弱自然会降低，不需要人为调整降低主汽、再热汽温度。降负荷过程中不需要做特殊停留，机组利用较短的时间便与系统解列。这样，在消除缺陷后或电网再次要求启动时，机炉的金属温度水平较高，有利于热态启动，可缩短启动时间。再次启动时，由于这种方法的温度变化较小，即使温升率较大，热应力也不会超过允许值。

若单元机组需大修或汽轮机需揭缸检查，则需要在主蒸汽压力滑降的同时，降低主蒸汽、再热蒸汽温度。汽温一般由运行人员手动调整。机组负荷降至 30％额定负荷左右，需要做一段时间停留，这期间汽温需要逐步调整到 450℃，以加强对汽轮机的冷却，当调节级金属温度降至 350℃左右后，继续降负荷，完成停机操作。这种方法可以使调节级金属温度有较大幅度下降，为机组停运后尽快停盘车、揭缸检查赢得了时间。

（三）滑参数停机的操作

1. 停运前的准备

停运前，运行人员应根据机组设备与系统的特点以及运行的具体情况，预测停运过程中可能发生的问题，制定相应的停运方案和解决问题的措施。

对锅炉原煤仓的存煤，应根据停炉时间的长短，确定相应的拉空措施。停炉前应做好投入油燃烧器的准备工作，以便在停炉减负荷过程中用以助燃，防止炉膛燃烧不稳定和灭火。对锅炉受热面应进行一次全面的吹扫。按有关规定做必要的试验，如试验交、直流润滑油泵，密封油备用泵，顶轴油泵，盘车电动机，并确认各油泵联锁投入正常。

2. 减负荷

应合理选择降负荷方式，使机组所带的有功负荷相应下降，其有功减负荷率应控制在每分钟降 1％额定负荷的范围内，降负荷前汇报中调退出机组 AGC、AVC。

当机组负荷降至 60％时，辅汽汽源切至邻炉接带，轴封汽源切至辅汽接带。根据燃烧情况投入油枪助燃；当油枪投运后退出电除尘器，停止脱硫系统运行，空气预热器投入连续吹灰，注意监视空气预热器入出口烟温，防止尾部烟道二次燃烧。300MW 机组将一台电动给水泵切"手动"，缓慢降低其出力，并确认另一台电动给水泵出力自动增加，保持汽包水位正常。350MW 机组需要启动电动给水泵，投入其运行，并退出一台汽动给水泵。在有功负荷下降过程中，注意调节无功负荷，维持发电机端电压不变。减负荷后发电机定子和转子电流相应减少，绕组和铁芯温度降低，应及时调整气体冷却器的冷却水量以及氢冷发电机组的轴端密封油压，倒换厂用电（由厂用高压变压器切为备用变压器供电）。

因机组检修需要降低汽轮机缸温时，应该在机组负荷降低的同时，通过降低温度设定值以规定的速率（350MW 机组：1～1.38℃/min；300MW 机组：0.5～0.8℃/min）降低主蒸汽、再热蒸汽温度。主蒸汽压力以 0.05～0.1MPa/min 的速率滑降。机组负荷降至 60％额定负荷时，要求主蒸汽、再热蒸汽温度降至 480℃，主蒸汽压力降到一定数值（350MW 机组为 13MPa，300MW 机组为 10.4MPa），保持 15min，全面检查机组运行状况。

在负荷减到 50％～30％额定负荷时，仍以每分钟降 1％额定负荷的速率减负荷。在此过程中，应根据燃烧工况的需要投入部分油枪助燃，油枪投入的选择应注意当下层磨煤机在运行时，要投下层磨对应的油枪，因为随着锅炉热负荷的减弱，炉膛温度随之降低，这时，底层燃烧器着火情况的稳定与否，直接决定了锅炉燃烧的稳定。停一台循环水泵或减少循环水量（空冷机组视情况停运空冷风机）；负荷允许后停运另一台汽动给水泵。

对于 350MW 机组，随着负荷的降低，当磨煤机投入自动的台数小于两台，磨煤机主控及锅炉主控均转为"备用"方式，机组控制方式退出协调而转为"汽轮机跟踪"方式。这时应注意，锅炉燃烧的稳定，是防止主蒸汽压力波动、机组负荷的大幅摆动的基础。

强迫冷却停机时，仍以强冷停机规定的降温、降压速率和降负荷速率，缓慢降低主蒸汽压力、主蒸汽温度、再热蒸汽温度以及机组负荷，当机组负荷降至规定值（350MW 机组到 25％额定负荷；300MW 机组到 40％额定负荷）后保持，主汽、再热汽温度应维持在 450℃，主蒸汽压力维持在规定值（350MW 机组为 10MPa，300MW 机组为 9.4MPa），对汽轮机进行降温冷却，直至调节级金属温度达到 350℃，强迫冷却停止，继续降低机组负荷。在汽轮机冷却过程中应注意：运行人员手动调整主蒸汽温度必须平稳，防止大开大关减温水调门，减温水量不仅决定了蒸汽温度的变化，对汽压的影响也是非常大的，汽压不稳，直接带来机组负荷的摆动，给燃烧调整带来难度；主蒸汽、再热蒸汽温度必须保证足够的过热度，一旦有温度突降、蒸汽带水的危险，应立即打闸停机；汽轮机冷却过程中，应密切监视汽轮机振动、胀差、轴向位移、上下缸温差等参数，如上述参数有增大趋势，应立即停止降温、降压，保持负荷稳定，待参数恢复正常后再进行后续操作。

继续降至 20％额定负荷的过程中，减负荷率不变，此时停止高压加热器。磨煤机停运后，停止两台一次风机、密封风机运行。此时应注意凝结水泵变频转速，必要时切手动调整出口压力，维持除氧器水位；监视引风机变频转速，必要时引风机入口调整挡板切手动关小，维持转速在 400r/min 以上，将引风机入口调整挡板投"ST-BY"，防止炉膛负压大幅波动。

在 5％～20％额定负荷的减负荷过程中，若以前减负荷为自动，这时应采用手动方式，同时停除氧器、低压加热器抽汽。高压加热器水侧切为旁路运行，检查高压缸通风排汽电动门开启正常。低压缸排汽减温喷水阀自动开启，停运低压加热器疏水泵。

随着机组负荷的降低，锅炉要相应地进行燃烧调整（相应减少给粉量、送风量）。减负荷时要注意维持锅炉汽温、汽压和水位。对停用的燃烧器，应通以少量的冷却风，保证其不被烧坏。所有煤粉燃烧器停运后，即可准备停油枪灭火。及时停用减温水，以维持锅炉的汽温。炉膛熄火后，为排除炉膛和烟道内可能残存的可燃物，应维持送风机、引风机运行 10min 再停运。对回转式空气预热器，为防止其转子因冷却不均而变形，在炉膛熄火和送风机、引风机停转后，还应连续运行一段时间，待尾部烟温低于规定值后再停转。汽包水位达最高值时，停电动给水泵。停止进水后，应开启省煤器再循环门，保护省煤器。

在减负荷过程中，应注意调整轴封供汽，以减少胀差和保持真空。减负荷速度应满足汽轮机金属温度下降速度不超过 1～1.5℃/min 的要求。为使汽缸和转子的热应力、热变形及胀差都在允许的范围内，每当减去一定负荷后，要停留一段时间，使转子和汽缸温度均匀地下降，减少各部件间的温差。

3. 发电机解列及转子惰走

当发电机有功负荷下降到 5％额定负荷时，启动辅助油泵和盘车油泵。汽轮机打闸，发电机解列，检查灭磁开关断开。汽轮机各主汽门调门全关，各抽汽电动门及抽汽止回阀及高压排汽止回阀关闭，解列后应密切注意汽轮机的转速变化，防止超速。打闸断汽后，转子惰走，转速逐渐降至零。

每次停机都应记录转子惰走的时间。若惰走时间明显减少，可能是轴承或机组的其他动静部件有轴向或径向摩擦，应立即破坏真空，减少惰走时间，不允许投入盘车，可定期翻转转子，以防大轴弯曲；若惰走时间明显增加，则说明可能是汽轮机主蒸汽管道上闸门不严或抽汽管道止回阀不严密，致使少量的有压力的蒸汽从抽汽管倒入汽轮机，待停机后及时处理有关阀门漏汽。

转子惰走时，要及时调整水内冷发电机的水压，并调整氢冷发电机的密封油压。因为在转速下降的过程中，氢冷发电机的轴端密封油压将升高，如不及时调整，会损坏密封结构部件，并使密封油漏入发电机内。打闸 1h 后关闭氢冷器入出口手动门 8 个，防止发电机结露。注意调整主机油温在 30℃ 左右。

转子静止后，应立即投入连续盘车，直到调节级金属温度降至 150℃ 以下为止。

滑参数停机比额定参数停机更容易出现负胀差，滑参数停机过程中严禁做汽轮机超速试验，以防蒸汽带水引起汽轮机水冲击。

4. 锅炉降压和冷却

汽轮发电机解列后，撤出所有油枪，吹扫结束后锅炉 MFT，关闭炉前燃油供、回油总门，关闭燃油雾化蒸汽总门，350MW 机组还要将高压旁路由辅汽切为主蒸汽控制方式，防止主蒸汽压力大幅下滑。锅炉从停止燃烧开始即进入降压和冷却阶段。对于自然循环锅炉，这期间总的要求是保证设备的安全。为此，应控制好降压和冷却速度，防止冷却过快产生过大的热应力，特别要注意不使汽包壁温差过大。在锅炉停止供汽初期的 4～8h 内，应关闭锅炉各处门、孔和挡板，防止锅炉急剧冷却。此后，再逐渐打开烟道挡板和炉膛各门、孔，进行自然通风冷却。停炉后 8h 后，可进行自然冷却，停炉 16h 后，汽包上下壁温差不大于 40℃，可根据检修需要进行强制通风冷却。并可适当增加进水和放水次数。

350MW 机组因为配有强制循环泵，不受此条件限制，锅炉灭火后可以保持单侧风烟系统运行，以加快冷却速度。

三、额定参数停机

发电机组参加电力系统调峰或因设备系统出现一些小缺陷而只需短时间停运时，要求炉、机金属部件保持适当的温度水平，以便利用蓄热缩短再次启动时间，加快热态启动速度，提高其经济性。针对这种情况，一般可采用额定参数停机的方法。它采用关小调节汽门逐渐减负荷的方法停机，而保持主汽门前的蒸汽参数不变。由于关小调节汽门仅使流量减少，不会使汽缸金属温度有大幅度的下降，因此，能较快速地减负荷。大多数汽轮机都可在 30min 内均匀减负荷停机，不会产生过大的热应力。

在额定参数停机时，如不等降压冷却过程结束，就要求机组重新启动，则可利用锅炉所保持的较高金属温度来缩短启动时间。

额定参数停机的操作与滑参数停机基本相同，这里不再赘述。

四、紧急停机

除了上述正常停机之外，发电机组在运行中若出现异常情况或发生严重事故时，还应采取紧急措施进行停机。由于单元制发电机组炉、机、电联系紧密，且具有联锁保护，其中任一环节出现严重事故或故障，都可能导致发电机组停运。

紧急停机分为保护动作紧停和运行人员手动紧停。当达到保护动作条件时，锅炉、汽轮机、发电机会因保护动作停运。而发生规程规定的紧停事故时，需要运行人员手动操作，使机组紧停。

（一）紧停操作

1. 锅炉紧停操作

在锅炉达到紧停规定时，运行人员在盘上操作锅炉"MFT"按钮（两个同时按下），检查锅炉 MFT 动作正常，汽轮机联跳（300MW 机组灭火不停机改造后需要手动打闸），发电机逆功率保护动作解列。

2. 汽轮机紧停操作

在汽轮机达到紧停规定时，运行人员操作盘上汽轮机打闸按钮（两个同时按下），或机头搬打闸把手，使汽轮机跳闸，检查发电机逆功率保护动作解列，锅炉 MFT 动作（300MW 机组），或 FCB 动作、锅炉手动 MFT（350MW 机组）。根据情况决定是否破坏真空。

3. 发电机紧停操作

在发电机达到紧停规定时，运行人员操作盘上按汽轮机打闸按钮，或机头搬打闸把手，使汽轮机跳闸，检查发电机逆功率保护动作解列，锅炉 MFT 动作（300MW 机组），或 FCB 动作、锅炉手动 MFT（350MW 机组）。

（二）紧急停运后的处理

1. 锅炉紧急停运后的处理

在确认锅炉主燃料切断保护动作后，检查所有喷燃器和油枪已灭火。引风机、送风机应维持运行，维持 30% 以上风量进行炉膛吹扫。检查过热器、再热器减温水门已关闭。手动控制给水门，保持汽包水位正常。打开主蒸汽管上的疏水阀。

若故障原因能迅速查明并很快被消除，则锅炉可重新点火。若锅炉灭火原因一时难以查清或是由其他原因引起，则应按热备用停炉进行处理，停止各风机运行，关闭各风门挡板，以保持锅炉处于热备用状态。锅炉紧急停用后，汽轮机也应做相应处理。

2. 汽轮机紧急停运后的处理

紧急停机时，监视顶轴油泵、盘车油泵和辅助油泵自动启动，以保证汽轮机转子惰走时轴承油的供应。若属于破坏真空的紧急停机，则应首先停止真空泵运行，并开启真空破坏门，真空未降至零时，不得停用轴封供汽。对不破坏真空的停机，其处理措施同正常停机一样。汽轮机跳闸后，应立即开启汽轮机疏水阀，并定期检查润滑油与轴封温度、轴向位移、胀差及加热器、除氧器水位等主要检测项目。

在汽轮机惰走过程中，应仔细检查惰走情况、汽轮机脱扣，确认转速下降，记录惰走时间。汽轮机转速至零时，立即投入盘车，并注意盘车工况与大轴偏心度。若大轴偏心度超过正常值，而经盘车后已恢复到正常值，则还应继续盘车至少 1h，以消除残余热应力，否则不得再次启动。在凝汽器真空至零时，方可停止轴封供汽，其余操作与正常停机操作步骤相同。

3. 发动机紧停后处理

发电机在确认主断路器和励磁开关已跳闸后，其他操作与正常停机操作步骤相同。发电机解列后，及时拉开主变压器高压侧隔离开关，同时将 6.3kV 厂用电工作电源进线断路器转冷备，防止断路器误合造成事故。

五、汽轮机停运后的强制冷却

由于汽轮机热容量大，保温性能良好，停机后自然冷却时间长。按照汽轮机运行规程规定，当高压缸第一级金属温度降至150℃时，方可停止汽轮机盘车和油系统运行。实际运行中，即便采用滑参数停机，停机后的第一级金属温度为360℃左右，停机后自然冷却，汽缸内金属温度下降速度为1.5~1.8℃/h，因此，汽轮机冷却到150℃至少需要115h，方可停止盘车和润滑油系统运行。为解决停机后的汽轮机冷却时间问题，缩短检修工期，设置了汽轮机强制冷却系统，以达到加速汽轮机冷却的目的。

（一）强制冷却方式

汽轮机强制冷却的主要对象是高、中压缸，根据冷却空气与工作蒸汽流动方向的异同可分为逆流和顺流两种，高压缸采用逆流冷却方式，中压缸采用顺流冷却方式。

高压缸冷却空气由高压缸排汽管止回阀前管道引入，经高压调汽门后疏水管排出；中压缸冷却空气由中压调汽门后疏水管引入，经中低压缸间导汽管上的阀门排出。

强制冷却系统投运前应检查高中压主汽门、调汽门、高排止回阀、高排止回阀前疏水阀、各段抽汽电动及电动门前疏水阀、汽轮机本体及各导汽管疏水阀、从冷再和辅汽供轴封汽的电动门及手动门全部关闭。检查真空破坏门一、二开启。盘车、润滑油、顶轴油系统运行正常，一台凝结水泵运行正常，300MW机组四台空气压缩机均可正常运行且压力正常。

（二）强制冷却系统运行注意事项

（1）强制冷却系统投运前、后均全面记录汽轮机参数一次，以后每30min记录一次。

（2）就地强冷装置处设专人监视和调整，每30min记录一次各参数，并与集控监盘人员保持对讲机联系，以掌握冷却过程中的参数变化。

（3）根据调节级金属温度和中压持环金属温度的下降情况（≤5℃/h），调整高中压进气二次门开度，以保证高中压缸及转子均匀冷却。

（4）强制冷却系统投运后第一个小时内，控制各缸温测点温降速度不超过3℃/h。稳定1h后，逐渐开大各强制冷却手动门，调整各进气量，注意控制各缸温测点温降速度不超过5℃/h。

（5）监视检查缸温下降速度，及时进行进气量调整，以保证缸温均匀下降，调整加热装置（温控柜）温度设定值及温度上、下限设定值，使进气温度与汽缸金属温差保持在50~60℃。

（6）监视强冷装置晶闸管三相电流最大不超200A，否则减小冷却空气量。

（7）经常监听汽轮机转动部分无异声。

（8）高压缸及中压缸上下缸温差不超过42℃。

（9）机组正胀差正常，并且不应出现负胀差。

（10）低压缸排汽温度不超过90℃，否则开启排汽缸喷水减温。

（11）严格控制汽缸温降速度不超过5℃/h。

（12）强冷结束后，缸温会有10~20℃的回升。

（13）汽轮机强冷过程中，发生下列任一情况，应立即停止强制冷却（关闭高中压缸强冷进气一、二次门，停止强冷装置）。

1）汽轮机转动部分有异声且盘车电流上升。

2）汽轮机转子偏心指示有明显增大趋势。

3）汽轮机胀差大于规定值，或出现负胀差。

4）汽轮机盘车故障停运。

5）强制冷却装置电源失去或温度不能自控使进气温度突降 50℃ 以上。

6）高、中压缸上、下缸温差大于 42℃。

7）低压缸排汽温度大于 121℃ 无法降低。

8）高、中压缸任一点金属温度突降 5℃。

9）厂用气系统故障，无法维持稳定的气压时。

第三节　机组停运后保养

机组停用后，若不进行保养，溶解在水中的氧和外界漏入系统的空气所含的氧气和二氧化碳，都会对金属产生腐蚀（主要是氧化腐蚀）。近年来一直采用 SW-ODM 保护法和锅炉余热烘干法（热炉放水）进行保养，收到很好的效果。

一、SW-ODM 保护法

（一）SW-ODM 保护法的原理与特点

SW-ODM 保护法适应于锅炉中、长期停用保护。SW-ODM 主要成分是十八胺，它既有十八胺的优点，又能有效协调十八胺在汽—液相中的分配，同时增加液相成膜组分，而且在使用条件下不会分解产生酸性物质，是一种高效、安全的保护缓蚀剂。有机胺中含有电负性比较大的氮原子，水溶性好，它同时带有亲水基和憎水基，与金属表面接触时，其极性集团可以以化学键吸附在金属表面的腐蚀活性区，非活性基（疏水基）则在远离金属表面作定向排列，中间部分则形成网状结构，这样整个金属表面就形成一层憎水性保护膜，这种膜质结构完全符合三夹层理论，即这层膜对金属离子向外扩散和腐蚀介质或水向金属表面的渗透都成为障碍。这种膜可以渗入到垢层下面，隔绝水和空气对金属的腐蚀。SW-ODM 具有以下特点：

（1）机组启动时，它可以重新溶入水中，该过程会产生物理作用而使垢部分脱落，所以长期使用，炉管结垢量会下降。

（2）不但对锅炉本体起防腐保护作用，而且对汽轮机系统也起到良好的防腐保护作用，在锅炉和汽轮机通流部分防腐保护效果明显。它在凝汽器铜管上形成的膜会使凝结水水珠变小，提高热效率。

（3）可以减缓金属（如不锈钢）腐蚀裂纹的产生和发展。

（4）可应用于计划和非计划停运的热力设备防腐；而且有效保护周期比较长，SW-ODM 高效停炉防腐剂适合现场使用，易溶、无毒、排放对环境无污染。

（5）省时省力，准备工作少，加药系统和设备简单，只要在机组滑停过程中将保护剂加入炉内，正常停炉放水即可。

（6）SW-ODM 高效停炉防腐剂可在不同钢号的金属上形成保护膜，在机组滑停参数下，较短时间内（2～4h）可快速成膜，膜质致密、完整，膜厚约 $2\mu m$。

（7）不但在汽相中可成膜，液相中也可成膜，炉水放不尽不影响防腐效果。

（二）SW-ODM 保护法的实施

（1）停机前 6～8h，将停炉保护加药箱提前用除盐水冲洗并排放干净，将 400～440kg 的停炉保护药液剂 SW-ODM（10%）倒至药箱内（不放水稀释），以备使用。

（2）停机前 5h，全开精处理手动旁路门，将精处理系统退出运行。加大加药量，将凝水、给水 pH 值调整为 9.4～9.5，炉水 pH 值调整为 9.8～9.9。

（3）停机前 4h，停运所有在线仪表，关闭所有仪表取样门（包括采样间、精处理、检漏仪等）。

（4）停机前 4h，启动两台停炉保护加药泵，将行程调至最大，用尽可能短的时间将保护液加完。加药过程中注意药箱液位，防止空气进入加药泵，当药箱液位降至低位时，往药箱加入适量除盐水，将药箱底部药液加入系统。

（5）在停炉保护剂全部加完后，停止加药泵运行，并用除盐水将加药箱冲洗干净。

（6）锅炉压力降为 0.5～0.8MPa 时，热炉放水，利用余热烘干各部受热面。

二、热炉放水保养（余热烘干法）

机组短时停运，一般采用此方法，也就是在锅炉停运后，当其压力降至一定值时，带压放水，利用锅炉余热，烘干受热面，以保持锅炉汽水系统金属表面的干燥，减轻腐蚀。而机组大、小修停运采用 SW-ODM 加药结合热炉放水法，则可以大大提高加药保护的效果。

（一）350MW 锅炉热炉放水的操作

（1）锅炉 MFT 后保持单侧风烟系统运行，6h 以后将风烟系统停运自然通风冷却。给锅炉汽包上满水后，停止电动给水泵运行；锅炉汽包水位降至 0mm 时停止一台 BCP 运行，保持一台 BCP 运行 8h 后停运。如汽包水位降低、汽包壁温差增大时，可启动电动给水泵向锅炉上水至满水位后，启动一台 BCP，循环 1h，汽包上下壁温差降低后停运。

（2）当锅炉汽包压力降至 0.5MPa、汽包壁温降至 150℃ 以下时，打开锅炉底部联箱放水门，开锅炉所有疏水门进行热炉放水，注意放水速度不能太快，以防止锅炉连、定排超压运行，安全门动作。

（3）锅炉汽包压力降至 0.2MPa 时开锅炉所有空气门。

（4）若锅炉汽包上、下壁温差未达到 25℃ 时，逐渐开大过热器空气门；若锅炉汽包上、下壁温差已到 25℃ 时并有继续增大的趋势，就地关小锅炉底部联箱放水门，当锅炉汽包上、下壁温差大于 30℃ 时并有继续增大的趋势时，应立即停止锅炉放水，必要时关闭锅炉所有空气门。

（5）若锅炉汽包上、下壁温差大于 30℃ 时，采取以上措施无效时，关小或关闭锅炉所有风烟系统的风门、挡板进行闷炉；待汽包上、下壁温差小于 25℃ 时再开锅炉所有风烟系统的风门、挡板进行自然通风冷却，并开启锅炉底部联箱放水门，以及所有的空气门继续热炉放水工作。

（6）若锅炉上下汽包壁温达到40℃时，应启动电动给水泵给锅炉上水，350MW机组启动一台BCP，待上下壁温差降至30℃以下，上满水，停止电动给水泵、BCP，继续热炉放水。

（7）放水过程中应严密监视机组其他参数，如锅炉空气预热器出、入口温度，发现有异常情况立即汇报有关人员并将空气预热器出入口挡板关闭。

（8）锅炉放水完毕后，立即关闭锅炉所有空气门、放水门、化学取样门、加药门，将锅炉受热面严密封闭。

（二）300MW机组锅炉热炉放水的操作

（1）锅炉MFT后立即停止风烟系统并将各挡板关闭严密，保持一台电动给水泵运行，开启省煤器再循环门，维持汽包水位正常。

（2）当锅炉汽包压力降至0.5MPa时，将省煤器上水电动门及旁路门关闭，开始热炉放水。打开锅炉侧各疏水电动门，开启下联箱放水电动门和下降管放水电动门（一般各保持两组在开启状态，轮流开启）。开锅炉所有疏水电动门进行热炉放水（放水时不能太快，注意监视、检查定排扩容器运行情况）。

（3）当锅炉汽包压力降至0.2MPa时开锅炉侧排空门。

（4）注意监视汽包上下壁温差，若锅炉汽包上、下壁温差已到30℃时并有继续增大的趋势，关闭下降管放水电动门；当锅炉汽包上、下壁温差大于35℃时并有继续增大的趋势时，下联箱放水电动门保持一组在开启状态进行放水，必要时关闭锅炉所有空气门。

（5）若锅炉汽包上、下壁温差大于40℃时，暂停放水，检查各空气门及风烟系统各挡板关闭严密，炉底水封等正常。

（6）待锅炉汽包上下壁温差下降时，可继续开始放水。

（7）放水过程中应严密监视机组其他参数，如锅炉空气预热器出、入口温度，发现有异常情况立即汇报有关人员并将空气预热器出入口挡板关闭。

（8）锅炉放水完毕后，立即关闭锅炉所有空气门、放水门、化学取样门、加药门，将锅炉受热面严密封闭。

第十八章
单元制机组的控制方式与联锁保护

单元机组运行中，作为外部需求的电功率和反映机组内部平衡关系的主蒸汽压力是机、炉协调控制的两大参数。机组的运行方式可按锅炉、汽轮机所承担机组功率与机前压力的控制任务来划分，有协调控制（CC）、锅炉跟随（BF）、汽轮机跟随（TF）、机炉手动（B. T MAN）四种控制方式。

第一节　单元制机组控制方式介绍

一、350MW 机组控制方式

某电厂 350MW 机组有协调控制（CC）、锅炉跟随（BF）、汽轮机跟随（TF）、机炉手动（B. T MAN）四种控制方式。

1. 协调控制方式（CC）

CC 方式下，汽轮机主控制器及锅炉主控制器均处于自动方式，机炉相互协调控制机组负荷和主蒸汽压力，故称协调控制。350MW 机组采用了以炉跟机为基础的协调控制方案，增加机炉间的协调信号回路，以提高机组对负荷变化的响应速度，并使主蒸汽压力波动控制在允许范围，原理如图 18-1 所示。

机组的负荷指令（由 ADS 来或运行人员设定），经过"速度限定"、"高低限限定"送到比较器，与机组实际负荷相比较，随后将差值送到 PI 调节器，由调节器给出汽轮机主控制器的指令；主蒸汽压力设定值与实际压力相比较，差值送到 PID 调节器，输出锅炉侧控制指令 BID，该指令一路对燃料量进行控制，一路对风量进行控制，从而实现锅炉燃烧调整。主蒸汽压力设定与实际压力差值 ΔP 会累加到功率调节回路中，而负荷指令会作为前馈引入到压力控制回路，这才达到了协调控制目的，即汽轮机主调负荷，但会受制于主蒸汽压力与其设定值的偏差；锅炉主调汽压，同时会感知机组负荷指令的变化提前做出调整以保证响应速度。

2. 炉跟踪控制方式（BF）

BF 是 BOIL FOWL（锅炉跟踪）的简称，在此方式下，锅炉主控制器在自动方式，汽轮机主控制器在手动或备用（ST-BY）方式。主蒸汽压力与其设定值比较后，经过 PID 调节器得出炉侧的调整指令，一路用于调整风量，一路调整燃料量。这时，炉侧接收到的前馈信号为实际负荷。炉跟机控制原理简图如图 18-2 所示。

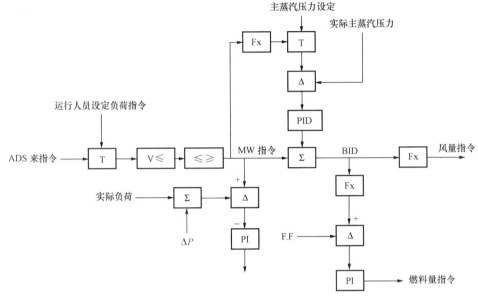

图 18-1 CC 方式原理简图

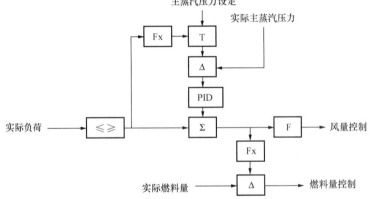

图 18-2 炉跟机控制原理简图

3. 汽轮机跟踪控制方式 (TF)

TF 是 TURBINE FOWL (汽轮机跟踪) 的简称。在此方式下，汽轮机主控制器在自动方式，锅炉主控制器在手动或备用 (ST-BY) 方式。主蒸汽压力与其设定值比较 (设定值可以手动给定，也可自动根据当前负荷计算得出)，经 PI 调节器，得出汽轮机主控的调整指令。锅炉侧指令则有以下方式：①手动设定方式，当燃料量、风量控制在自动时，可以由运行人员手动改变 BM 值；②RB 设定值，发生 RB 时回路会给定一个 BM 目标值；③FCB 设定值，发生 FCB 时回路给定的 BM 值为 40％额定燃料量；④燃料量跟踪方式，燃料量控制或风量控制在手动时，BM 值自动跟踪实际燃料量。机跟炉控制原理简图如图 18-3 所示。

4. 机炉手动方式 (B. T MAN)

机炉手动方式下，主蒸汽压力和机组负荷的控制均由运行人员手动完成。汽轮机主控制器可以手动设定 (当下级子系统 DEH 在自动时)，或者跟踪 DEH 回路 (当 DEH 在手动方式)。锅炉主控制器同样可以手动设定 (燃料量及风量控制在自动时)，或跟踪子回路 (当风量、燃料量之一在手动时)。此时，负荷设定器跟踪实际功率，主蒸汽压力设定器跟

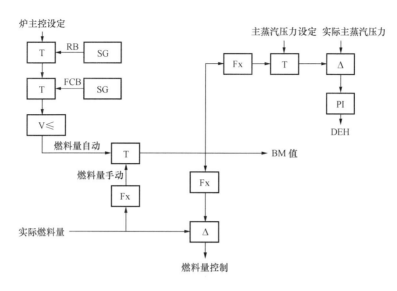

图 18-3 汽轮机跟炉控制原理简图

踪实际汽压。

5. 机组控制方式的选择

（1）机组正常运行时，依据机、炉主控制器的手动（Manual）、自动（Auto）状态，根据表 18-1 自动选择一种方式。

表 18-1   350MW 机组四种控制方式选择

名　称	CC	BF	TF	B. T MAN
锅炉主控制器	Auto	Auto	Manual	Manual
汽轮机主控制器	Auto	Manual	Auto	Manual

（2）四种控制方式下，机组各子系统要求的状态不同，具体见表 18-2。

表 18-2   350MW 机组四种控制方式下各子系统状态

运行方式	负荷指令	汽轮机主控	主蒸汽压力控制	锅炉主控制	锅炉输入指令	燃料控制	风量控制	氧量控制
CC（DISP ATCH）	ADS 指令	Auto（MW CONT）	Auto or Manual	Auto	锅炉主控制器指令	Auto	Auto	Auto（O$_2$ CONT）or MAN
CC（HOUSE）	CRT 负荷指令	Auto（MW CONT）	Auto or Manual	Auto	锅炉主控制器指令	Auto	Auto	Auto（O$_2$ CONT）or MAN
锅炉跟踪		MAN（DEH 方式）	Auto ST-BY MAN	Auto	锅炉主控制器指令	Auto	Auto	Auto（O$_2$ CONT）or MAN
汽轮机跟踪		Auto（主蒸汽压力控制）or MAN	Auto or MAN	MAN	锅炉主控制器指令	Auto	Auto	Auto（O$_2$ CONT）or MAN
		MAN	ST-BY	RB		Auto	Auto	Auto（O$_2$ CONT）or MAN
机、炉手动	跟踪实际功率	MAN（DEH 方式）	MAN	燃料量跟踪		MAN	Auto or MAN	风量控制手动时 MAN
机、炉手动	跟踪实际功率	MAN（DEH 方式）	MAN	MAN（CRT）	锅炉主控制器指令	Auto	Auto	风量控制手动时 MAN
机、炉手动	跟踪实际功率	MAN（DEH 方式）	MAN	MAN（燃料流量跟踪）	燃料量跟踪	MAN	Auto or MAN	风量控制手动时 MAN

二、300MW 机组的控制方式

某电厂 300MW 机组有协调控制（CC）、锅炉跟随（BF）、汽轮机跟随（TF）、机炉手动（BASE）四种控制方式。

1. 机炉手动（BASE）

机炉手动指锅炉、汽轮机主控制器均处于手动控制方式，这时主蒸汽压力和机组负荷均有运行人员手动控制。对于汽轮机侧，DEH 投入"远方"方式，运行人员可以改变汽轮机主控制器设定值；DEH 退出"远方"时，可以有两种控制方式，一种是功率回路控制，另一种是阀位控制。对于锅炉侧，燃料量和风量控制在自动时，运行人员可以改变锅炉主控制器给定值，当燃料量或风量手动调整时，锅炉主控值会自动跟踪当前燃料量。

2. 锅炉跟随（BF）

这种方式锅炉主控在自动状态，汽轮机主控在手动状态。锅炉主调压力，机组负荷由运行人员改变阀门开度实现。对于锅炉侧，要求燃料量和风量控制在自动方式，锅炉主控才能投"自动"控制。对于汽轮机侧，一般将 DEH "远方"方式切除，在 DEH 画面"功率回路"手动设定负荷，少数情况下可以将 DEH 切为"阀位控制"方式，人为改变主机阀门开度来调整负荷，当然也可以将 DEH 投入"远方"，在汽轮机主控调整负荷。该方式下机组负荷响应快，但主蒸汽压力波动相对较大。

3. 汽轮机跟随（TF）

汽轮机主控在自动方式，锅炉主控在手动方式。汽轮机主调压力，机组负荷通过运行人员改变燃料量调整。汽轮机侧，DEH 投入"远方"，汽轮机主控投入自动。锅炉侧，燃料量和风量在自动方式，可以手动改变炉主控给定值；当燃料量或风量在手动时，运行人员只能通过手动调整燃料量或风量来改变机组出力。该方式下主蒸汽压力波动较小，但机组负荷响应较慢。

4. 协调方式（CC）

300MW 机组采用了以炉跟机为基本调节的协调控制方式，即汽轮机主调负荷，锅炉主调压力。

5. 机组控制方式的选择

（1）机组正常运行时，依据机、炉主控制器的手动（Manual）、自动（Auto）状态，根据表 18-3 自动选择一种方式。

表 18-3　　　　　　　　　　　**300MW 机组四种控制方式选择**

名　　称	CC	BF	TF	BASE
锅炉主控制器	Auto	Auto	Manual	Manual
汽轮机主控制器	Auto	Manual	Auto	Manual

（2）四种控制方式下，机组个子系统要求的状态不同，具体见表 18-4。

表 18-4　　　　　　　　　　**300MW 机组四种控制方式下各子系统状态**

运行方式	负荷指令	机主控	炉主控	燃料控制	风量控制	氧量控制
CC（AGC 投入）	ADS 指令	Auto	Auto	Auto	Auto	MAN or Auto

运行方式	负荷指令	机主控	炉主控	燃料控制	风量控制	氧量控制
CC（AGC 退出）	LCD 负荷指令	Auto	Auto	Auto	Auto	MAN or Auto
锅炉跟踪 BF	跟踪实际功率	MAN（DEH "remote" 方式投入或退出）	Auto	Auto	Auto	MAN or Auto
汽轮机跟踪 TF	跟踪实际功率	Auto	MAN	Auto or MAN	Auto or MAN	MAN or Auto
机、炉手动 BASE	跟踪实际功率	MAN（DEH "remote" 方式投入或退出）	MAN	MAN	Auto or MAN	MAN or Auto

第二节　350MW 机组 FCB/RB 功能的实现

一、RB 功能的实现

RB 全称为 RUN BACK，即快速甩负荷，其作用是在机组主要辅机发生故障停运后，自动、快速降低机组负荷。根据动作结果，可以分为 50%RB 和 75%RB 两种情况。

（一）实现前提

在以下条件满足时，机组 RB 功能才能实现：

（1）给水控制自动。

（2）磨煤机主控自动。

（3）送风量控制自动。

（4）炉膛负压控制自动。

（5）汽轮机主控制器自动。

（6）油主控自动备用。

（7）没有 MFT、FCB 信号发出。

（二）RB 触发

1. 50%RB

当 BM 大于 175MW 时，下列任一情况将引发 50%RB 动作：

（1）两台送风机运行，其中一台跳闸。

（2）两台引风机运行，其中一台跳闸。

（3）两台一次风机运行，其中一台跳闸。

（4）两台炉水泵运行，其中一台跳闸。

（5）两台汽动给水泵运行，其中一台跳闸。

（6）一台凝结水泵运行，突然跳闸，备用凝泵未联启。

（7）三台磨煤机运行，其中一台跳闸。

（8）两台磨煤机运行 BM 值大于 260MW。

2. 75%RB

发生下列情况，引发 75%RB 动作：

（1）一台磨煤机停运（三台磨煤机运行），同时 BM 值大于 360MW。

（2）四台磨煤机运行中一台磨跳闸，同时 BM 值大于 343MW。

注：①因 RB 动作与 BM 值密切相关，因此，运行中要通过改变热值，保证 BM 值与机组负荷吻合，防止因为 BM 值过高或过低，带来 RB 的误动或拒动；②磨煤机"停运"和"跳闸"两种情况下触发 RB 的条件是不相同的；③当锅炉有油枪在投时，磨煤机跳闸或停运引发 RB 的 BM 值会根据油量上调一定数值，上调的幅度见表 18-5，X 代表油量折算成标煤的数值，Y 代表 BM 值上调的幅度。

表 18-5   **BM 值随油量上调幅度**

X（t/h）	Y（MW）	X（t/h）	Y（MW）
0.0	0.0	69.73	162.0
46.2	114.0		

（三）动作过程

1. 50%RB 动作过程

发生 50%RB 后，BM 转为自动备用状态，快速降至 140MW（磨煤机 50%RB 时降至 175MW），机组控制方式由 CC 切为 TF 方式。磨煤机自下而上切除后保留两台运行，当 A、B 磨煤机任一台仍在运行，则投入 AB 层油枪，否则投入 CD 层油枪，投油枪时先投 1、3 号，延时 55s 投 2、4 号，油枪投入后设定油量 7.8t。RB 动作后，应检查自动动作是否正确，否则手动干预。

2. 75%RB 动作过程

发生 75%RB 后，BM 转为自动备用状态，并维持在 262.5MW。磨煤机、油枪不发生动作。

（四）RB 复位

当 BM 值降到目标值，即 50%RB 动作后降至 140MW（磨煤机 RB 降至 175MW），75%RB 动作后降至 262.5MW，延时 180s，RB 自动复位，此时可根据需要恢复机组运行方式。值得注意的是，在设备故障未消除投入运行前，一定要控制 BM 值在合理范围，防止二次触发 RB 动作。

二、FCB 功能的实现

FCB 全称是 FAST CUT BACK，快速切除负荷。其作用是汽轮机发电机或电网发生故障，汽轮机发电机跳闸或自带厂用电运行时，锅炉不停炉而带最低负荷运行，一旦故障消除，就能快速恢复机组，减少事故损失。根据动作结果，分为 0%FCB 和 5%FCB 两种情况。

（一）实现前提

只有机组同时满足以下条件，FCB 功能才能实现：

（1）给水控制自动。

（2）两台（含）以上磨煤机一次风调整挡板自动。

（3）风量控制自动。

（4）油主控自动备用。

（二）FCB 触发

（1）发生 0%FCB。汽轮机跳闸，逆功率保护动作发电机跳闸；发电机-变压器组内部故障导致发电机跳闸，联跳汽轮机。

（2）发生5％FCB。外部故障或人员误动，导致主变压器出口开关52G跳闸。

（三）动作过程

1．电气方面动作

（1）5％FCB。主变压器出口开关跳闸，发电机维持运行，厂用电自带。

（2）0％FCB。汽轮机、发电机跳闸，厂用电切为启动备用变压器接带。

2．汽轮机方面动作

（1）5％FCB。汽轮机不跳闸，OPC动作，保证汽轮机不超速，并最终维持3000r/min，保证机组带厂用电运行。

（2）0％FCB。汽轮机跳闸。

（3）加热器汽侧切除，仅保留2号高压加热器（冷再热蒸汽供汽）和5号低压加热器（辅汽供汽）运行。

（4）除氧器汽源自动转为辅助蒸汽；给水泵汽轮机汽源自动转为主汽供给。

3．锅炉方面动作

（1）快速减燃料。自下而上切除磨煤机，并保留两台磨煤机运行，投油枪稳燃（A、B磨煤机之一运行，投AB层油枪，否则投CD层油枪），剩余磨煤机维持最小出力。

（2）泄压。旁路强制全开100％，30s后若主蒸汽压力与设定值之差小于0.3MPa，高压旁路转为压力控制（压力设定值为机组压力设定）；再热蒸汽压力与低压旁路压力设定值之差小于0.2MPa，低压旁路转为压力控制；PCV开启，5s后根据压力动作。

（3）强制上水。汽动给水泵强制上水（回路设定转速）10s，随后转为自动。

（4）省煤器入口可动喷嘴关至10％。

（5）关闭再热器减温水关断阀。

（四）复位

1．FCB成功

FCB发生60s后自动复位，机组变为炉跟踪方式。

5％FCB动作，机组内部无故障，应该根据电网情况，尽快恢复并网。如果短时间（10min内）无法并网，应将汽轮机打闸，逆功率保护动作发电机跳闸，防止汽轮机长时间少汽状态运行，鼓风摩擦会导致排汽温度显著升高，各部膨胀不均，胀差振动增大，严重影响汽轮机安全运行。机组内部故障，引起0％FCB动作，短时无法恢复，则锅炉MFT，停机检修。

2．FCB失败

机组在正常运行中（发电机负荷大于30％），若发生电网故障使主变压器开关52G跳开或中压调门全关时，FCB实现条件中有一项不满足，则不能发出FCB动作指令，此时延时3s后发出FCB失败保护，锅炉MFT。

第三节　机组的联锁保护

一、锅炉联锁保护

（一）350MW锅炉MFT保护动作条件

1. 锅炉紧急停止（MFT）按钮

当锅炉达到保护动作条件而保护拒动时，或达到锅炉紧急停运条件时，运行人员在控制室操作台（UCD）上直接按下 MFT 按钮，MFT 保护立即动作，注意是两个 MFT 按钮同时按下才会触发保护，否则不会动作。

2. 再热器干烧保护

在机组启停或运行中，汽轮机突然故障而使再热汽流中断时，再热器将无蒸汽通过来冷却而使管壁超温烧坏。所以必须设置再热器干烧保护，并装设旁路系统通入部分蒸汽，以保护再热器的安全。

再热器保护分为两种情况：

（1）任一 MSV、GV、ICV 在全关位置，即汽轮机空负荷（350MW 机组汽轮机空负荷逻辑判断如图 18-4 所示）并且高压旁路控制阀或低压旁路控制阀在关位（高旁控制阀开度小于 7％或低旁控制阀开度小于 6％）。此时总燃料量大于 10％MCR（燃油 7.7t/h，燃煤 15.4t/h），发出再热器干烧保护报警，延时 20s 再热器干烧保护动作，350MW 再热器干烧保护逻辑如图 18-5 所示。

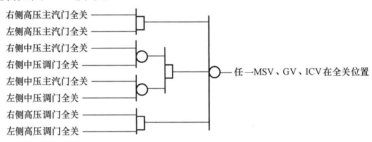

图 18-4　350MW 机组汽轮机空负荷判断逻辑图

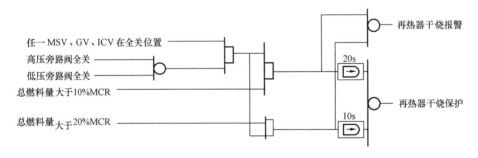

图 18-5　350MW 机组再热器干烧保护逻辑图

（2）同上述条件，当总燃料量大于 20％MCR（燃油 15.4t/h，燃煤 30.8t/h），发出再热器保护报警，延时 10s 再热器保护动作。

在实际运行中，特别是在启动阶段，注意到干烧预报警发出，要在延时时间内，迅速开大旁路至动作值之上或者减少燃料量至规定值以内，可避免 MFT 动作。注意动作值是旁路位返值而不是指令，尤其是在指令与位返偏差非常大时应引起重视。

3. 送风机全停保护

机组配有两台送风机（2×50％MCR），当发生 A、B 两台风机全部停止时，立即发出 MFT 动作指令。

4. 引风机全停保护

机组配有两台引风机（2×50%MCR），如果发生两台引风机全部停止时，延时 2s 发出 MFT 动作指令。

5. 三台炉水泵全停/出入口差压低低保护

机组配有 3 台炉水循环泵进行强制水循环，正常运行保持两台运行，一般是 A、C 运行，炉水循环的正常与否，直接影响锅炉的安全运行。该保护通过测量炉水泵进、出口差压大小以及炉水泵运行与否来反映炉水循环状况，该逻辑的特点是当一台水泵停用或有个别变送器故障时，不会影响保护功能和造成保护误动，350MW 机组炉水泵全停逻辑如图 18-6 所示。

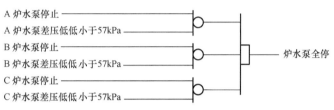

图 18-6　350MW 机组炉水泵全停逻辑图

6. 汽包水位低低保护

汽包水位低于 −450mm 时，延时 5s 保护动作。其延时 5s 的作用是防止水位瞬时波动造成保护误动。汽包水位信号左右侧各有 A、B、C 三个，分别经过低选后由 CCS 送出三路开关量信号，经过三取二逻辑后送出保护指令。

7. 汽包水位高高保护

汽包水位高于 +400mm 时，延时 5s 保护动作。其延时 5s 的作用也是防止水位瞬时波动造成保护误动，信号的来源同水位低低保护。

8. 炉膛压力高高保护

当炉膛燃烧不稳定时，炉内局部积聚的燃料可能突然点燃，此时炉膛内部会产生正压，严重时会造成灭火或炉墙破坏。350MW 锅炉正常运行时的炉压力为 −0.1kPa，当炉膛压力高于 2.941kPa 时，延时 3s 后 MFT 动作，信号由三只就地压力开关经三取二逻辑后送出。

9. 炉膛压力低低保护

炉膛内部压力过低，会造成炉膛及烟道内爆，给炉体结构造成破坏，当负压低于 −5.883kPa 时，延时 3s 后 MFT 动作。信号由三只就地压力开关送经三取二逻辑后送出。

10. 全火焰消失保护

全炉膛火焰消失是指有燃料进入炉膛，但各层都检测不到火焰（一层四个火检有三个及以上测不到火焰，则认为此层测不到火焰），一旦具备保护条件，便说明燃烧已经恶化到非常严重的地步，如不立即切断燃料，就会发生爆燃的恶性事故。对于火检的维护要引起格外的重视，防止保护误动，在火检报警后，一定要全面检查，确认燃烧正常，方可判断为探头故障，及时通知热工人员检查。

此信号由 BMS 直接送至锅炉保护盘内，触发 MFT，350MW 锅炉全火焰丧失判断逻辑如图 18-7 所示。

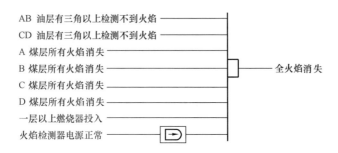

图 18-7　350MW 锅炉全火焰丧失判断逻辑图

11. 所有燃料失去

在锅炉正常运行中，如果发生所有轻油燃烧器阀关闭，以及所有磨煤机停止的情况，立即发生 MFT，所有燃料失去判断逻辑如图 18-8 所示。

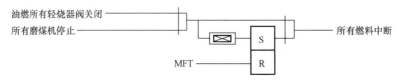

图 18-8　所有燃料失去判断逻辑图

12. 燃油供应不稳定保护

此保护针对只投油枪而所有磨煤机全停时出现供油不稳定设置，供油不稳定指轻油压力低低或雾化蒸汽压力低低，轻油压力低低或雾化蒸汽压力低低都由就地压力开关送来。其定值分别为 0.2MPa 和 0.25MPa，在保护回路中经过三取二逻辑后发出，以提高可靠性。需要说明的是，此保护主要在锅炉启动初期使用，雾化蒸汽疏水要充分，特别是在油枪的启停时，一定要注意油压的变化，提前调整。燃油供应不稳定判断逻辑如图 18-9所示。

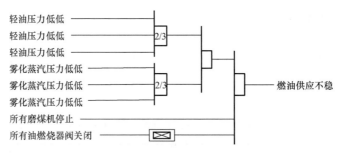

图 18-9　燃油供应不稳定判断逻辑图

13. 汽包压力高高保护

汽包是个高压力容器，如果超压工作会降低金属的使用寿命，严重时会损坏汽包。汽包压力高时装在锅炉汽包及过热器等处的安全门会依次动作，如果汽包压力达到21.2MPa 时，便会 MFT，保证设备和人身安全，此信号也由就地压力开关经三取二逻辑送出。

14. BMS 所有 CPU 故障

当 BMS-1 或 BMS-2 的两台 CPU 同时故障，立即 MFT。

15. CCS 所有 CPU 故障

当 CCS-1 或 CCS-2 的两台 CPU 同时故障，立即 MFT。

16. 总风量低于 25％MCR

当总送风量低于稳定燃烧所需的最低风量（25％MCR）时，不仅会影响燃烧，而且会发生燃料堆积在炉膛内，存在爆燃的安全隐患，此时由 CCS 送来触发信号引起 MFT 动作。

17. FCB 失败保护

FCB 保护是针对机组正常运行中汽轮机突然发生汽轮机跳闸或由于电网故障使主变压器出口开关 52G 跳开等故障造成机组大幅度甩负荷而锅炉在最低稳燃负荷正常运行设置的。FCB 发出后锅炉迅速降低出力至最低允许负荷下运行，以便于排除故障后机组能迅速恢复带负荷，如果 FCB 失败，便立即 MFT，避免事故的扩大。FCB 联锁保护逻辑如图18-10所示。

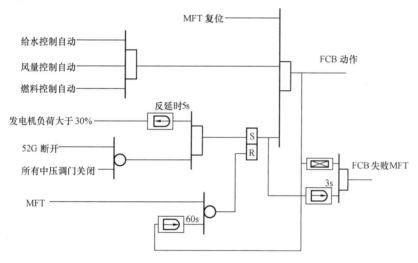

图 18-10　FCB 联锁保护逻辑图

（二）300MW 锅炉 MFT 保护动作条件

MFT 设计成软、硬两路冗余，当 MFT 条件出现时软件会发出相应的动作信号，同时 MFT 硬继电器也会向这些重要设备送出一个硬接线信号触发相关设备跳闸。例如，MFT 发生时逻辑会通过相应地模块输出信号来切断燃料。这种软硬件互相冗余有效地提高了 MFT 动作的可靠性。此功能在 FSSS 跳闸继电器柜内实现。

1. 主控室手动跳闸（操作台上的锅炉危急跳闸的两个按钮同时按下）

在操作台共有两个 MFT 跳闸按钮，共引出四组接线，其中 3 组直接送往 MFT 继电器柜，跳闸 MFT 继电器（硬线）；另一路送往 Drop10 控制柜，在逻辑中触发 MFT 保护动作。在事故情况下，操作此按钮时，必须将两个 MFT 跳闸按钮同时按下，指令才会发出。

2. 炉膛压力低低保护

炉膛压力过低，会造成炉膛及烟道内爆，给炉本体造成破坏。此信号由就地三只压力开关送回，经三取二逻辑后送出。当压力低于 -2540Pa，延时 3s 后 MFT 动作。

3. 炉膛压力高高保护

由于炉膛燃烧不稳或其他原因造成炉膛内产生正压，严重时会造成灭火或炉墙破坏。此信号由就地三只压力开关送回，经三取二逻辑后送出。当压力高于+3300Pa，延时 3s 后 MFT 动作。

4. 火检冷却风与炉膛差压低低保护

就地共安装有 3 个火检炉膛冷却风差压低低开关。开关定值为 2000Pa。当三个火检冷却风与炉膛差压开关中任意两个低于 2000Pa 时，在逻辑中经过三取二判断，延时 30s 后 MFT 动作。在进行火检冷却风机的切换操作时，备用火检冷却风机启动后，LCD 上应注意检查母管压力升高，就地应检查启动后的火检冷却风机电流正常。停止原运行风机后，LCD 上确认母管压力正常，不低于 5kPa，在就地出口三通挡板处，清楚听见挡板动作声音并检查风机电流升高，才可判定切换成功，如果切换时压力突然下降较快，应立即恢复原运行方式。

5. 引风机全停保护

当发生 A、B 两台引风机全部停止时，立即发出 MFT 动作指令。如果锅炉大联锁投入正常，此时两台送风机也将联锁跳闸。如果锅炉大联锁未投入，应手动停运两台送风机。

6. 送风机全停保护

当发生 A、B 两台送风机全部停止时，立即发出 MFT 动作指令。如果锅炉大联锁投入正常，此时两台引风机也将联锁跳闸。如果锅炉大联锁未投入，应手动停运两台引风机。

7. 电动给水泵全停保护

当发生 A、B、C 三台电动给水泵全部停止时，延时 10s 发出 MFT 动作指令。注意：跳闸信号取自电气 6.3kV 开关柜。其中由于 C 电动给水泵由两段 6.3kV 母线供电（互为备用），所以只当两路跳闸信号都发出时，才发 C 电动给水泵跳闸信号。

8. 三次点火失败保护

为了防止锅炉在点火阶段由于点火不成功造成燃料大量聚集。当锅炉 MFT 复位后，油枪连续三次点火不成功，立即发出 MFT 动作指令。判断条件：当 MFT 复位且燃烧器投运记忆为 0 时，任一油枪每发一次跳闸信号，则计数器增加 1，当计数器累计为 3 时，MFT 动作。

9. 首支油枪点火延时保护

当 MFT 复位后，如果 1800s 内没有燃烧器投运，立即触发 MFT 动作。当 MFT 复位，炉前进油快关阀开到位，且燃烧器投运记忆为 0 时，计时器开始计时。油枪投运判断条件：油枪在启动位；油枪进到位；进油快关阀开到位；雾化阀开到位；同时火检有火，即认为油枪运行。

10. 所有燃料失去跳闸

机组正常运行过程中，燃烧器投运记忆信号动作（该信号与三次点火失败项目中的燃烧器投运记忆为同一信号），在全部油枪的进油阀和雾化阀全关或者炉前进油阀和回油阀全关的情况下，如果全部给煤机跳闸同时全部磨煤机跳闸或者全部一次风机跳闸，则发一个脉冲信号触发 MFT 动作，300MW 锅炉所有燃料失去逻辑如图 18-11 所示。

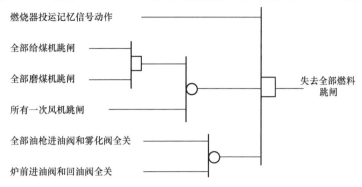

图 18-11 300MW 锅炉所有燃料失去逻辑图

11. 全炉膛火焰丧失

机组正常运行过程中，在任一层燃烧器投运的情况下，如果全部火检信号消失（每一层燃烧器的火检信号均采用四取三的逻辑判断。如果磨煤机跳闸，则该磨煤机所带的两层燃烧器也认为火检信号消失），触发 MFT 动作。正常运行中，经常会发生个别火检信号因为管积灰而消失的现象。如果发生个别火检信号消失，应就地看火检查。如果信号为误发，应尽快通知热工专业进行处理。

12. 总风量低于 30%MCR

机组正常运行时，如果总风量小于 30%，将会影响燃烧，甚至造成燃料堆积在炉膛内，威胁锅炉安全。为保证安全，该信号触发，延时 5s 后发 MFT 跳闸指令。总风量信号由左、右侧二次风总风流量差压变送器经计算后相加得出。为了防止由于 DCS 间通信原因造成保护拒动，因此另外加了两路硬接线从 CCS（DROP3）接入 FSSS（DROP10）。

13. 汽包水位低低保护

汽包水位低于 −350mm 时，延时 3s 后 MFT 动作。其延时是为了防止因水位瞬时波动造成保护误动。此信号由就地三个变送器送来，经过低值选择器后，三取二输出。在一个或两个水位信号故障时，则将故障信号自动剔除，保护逻辑变为二取二或一取一输出。

14. 汽包水位高高保护

汽包水位高于 +250mm 时，延时 3s 后 MFT 动作。其延时是为了防止由于水位瞬时波动造成保护误动。此信号由就地三个变送器送来，经过高值选择器后，三取二输出。在一个或两个水位信号故障时，则将故障信号自动剔除，保护逻辑变为二取二或一取一输出。

15. 汽轮机跳闸保护

正常运行中，在主蒸汽流量大于 150t/h（15%额定负荷）情况下，如果汽轮机挂闸信号消失或者高、中压主汽门同时关闭，则发汽轮机跳闸触发 MFT 动作。汽轮机挂闸信号采用三个汽轮机挂闸开关经三取二逻辑判断后送出。同时为防止 DCS 通信故障，另接两组硬线由 DROP41 接至 DROP7。

16. FSSS 控制柜内电源失去

该路保护采用硬接线由 FSSS 控制柜（DROP10）接至 MFT 继电器柜，FSSS 控制柜内共由三个电源监视继电器，为常带电结构，每个继电器分别有一组接线引至 MFT 继电器柜，和三路手动跳闸接线并联后接至 3 个 MFT 继电器，电源监视继电器和 MFT 继电器一一对应，电源跳闸后由 MFT 继电器实现三取二动作。

17. 燃油供应不稳定保护

此保护针对只投油枪而所有磨煤机全停时出现供油不稳定设置，供油不稳定指轻油压力低低或雾化蒸汽压力低低，其定值分别为 0.5MPa 和 0.35MPa。此保护主要在锅炉启动初期使用，雾化蒸汽疏水要充分，特别是在油枪的启停时，一定要注意油压的变化，提前调整。

二、汽轮机联锁保护

（一）350MW 汽轮机保护

1. 汽轮机跳闸回路的功能和特点

（1）汽轮机跳闸回路设置两个电磁阀，其中 SV1（电动跳闸电磁阀）是励磁开启，开启后通过泄掉保护装置油再泄掉汽轮机安全油；SV2（电超速跳闸电磁阀）是失磁开启，直接泄掉汽轮机安全油，使汽轮机脱扣。

（2）当保护回路发出跳闸命令时，SV1 与 SV2 电磁阀同时动作开启，使汽轮机跳闸。

（3）汽轮机脱扣试验时，具有保护功能。当试验手柄处于试验位置时，"试验位置限位开关"接点闭合，此时除电超速保护外的其他"汽轮机电动脱扣指令"对电超速电磁阀 SV2 不起作用，而此时机械装置使保护装置油和安全油隔离，这样汽轮机在做在线保护试验时，"汽轮机脱扣指令"只使汽轮机电动脱扣电磁阀 SV1 动作，泄掉保护装置油，而不影响安全油油压。此时，SV2 只受控于 DEH 来的汽轮机超速脱扣指令，如果在试验期间出现 DEH 来的电超速脱扣指令，只有 SV2 动作，直接泄掉安全油，汽轮机跳闸。

（4）失电保护功能。电超速电磁阀 1SV-04202 使用的是失电动作型电磁阀，正常运行时电磁阀通电励磁，如果保护发出脱扣指令时，电磁阀立即失电动作，使汽轮机跳闸，如果在正常运行中出现电磁阀供电电源 110V DC 因故障断电时，汽轮机电动脱扣电磁阀因为失电而拒绝动作，影响机组安全，此时电超速电磁阀则因为 DC110V 电源失去，而立即动作，使汽轮机跳闸，保证了机组的安全。

2. 350MW 汽轮机跳闸保护动作条件

（1）安全油压低保护。汽轮机复位，安全油压建立正常以后，一旦出现安全油压低，达到动作值 0.29MPa，便产生 1s 的脉冲，使汽轮机跳闸。

（2）发电机跳闸保护。在机组运行中，如果发电机出现内部故障或发电机跳闸条件满足联动汽轮机跳闸，该信号来自电气系统继电保护盘。

（3）汽轮机紧停按钮。当运行人员根据运行工况认为需要停机时，可在操作盘上按下汽轮机跳闸按钮，使汽轮机跳闸，同样汽轮机跳闸按钮为双路，只有两个同时按下才可接通跳闸回路。

（4）汽轮机无流量保护。汽轮机无流量保护有以下两种情况：

1）当发电机—变压器组开关 52G 在闭合状态（并网状态）时，出现了左右高压主汽门曾经全开过而此时又全关的情况。

2）在发电机—变压器组开关 52G 在闭合状态（并网状态）时，出现了左右高压主汽门全关，并且中压缸无进汽情况下。350MW 机组汽轮机无流量保护如图 18-12 所示。

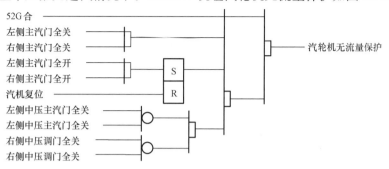

图 18-12　350MW 机组汽轮机无流量保护图

在发生汽轮机无流量保护时，不仅会使汽轮机跳闸而且也送汽轮机阀位关信号至发电机保护柜，因此阀门的位返开关的维护是非常重要的，在机组的挂闸、试验等操作时，除了检查 CRT、立盘的阀位开度外，一定要到就地确认指示正常，否则很可能发生飞车、跳机等重大事故。

（5）调门无负荷位置保护。在发电机—变压器组主开关 52G 在闭合状态（并网状态时）如果出现左侧和右侧高压调门无负荷位置的情况，便发出命令使汽轮机跳闸。该保护信号取自于 1、2 号高压调节门上设置的无负荷位置开关，当两个开关均触发时，延时 60s，保护动作。所以在正常运行中，对于这两个位返开关的维护是非常重要的，一旦有一个故障，而当另一个也因负荷或是阀门活动试验等而发出关信号时，保护就会动作，经过改造后，这两个限位开关的状态在 LCD 是上可以看到。

（6）电超速 EOST 保护。汽轮机三套测速装置 A、B、C 经过三取二逻辑组合后，若汽轮机转速大于额定转速 111%（3330r/min）后，电超速信号成立通过电动跳闸电磁阀泄掉脱扣油，并且也使电超速 EOST 电磁阀动作，泄掉安全油（此电超速信号来自 DEH）。电超速是超速保护的最后一道关口，相对来说比较可靠，它的动作转速是不会漂移的，在做机械超速试验时，可以作为后备保护。

（7）DEH 电源故障。机组运行中 DEH 的电源故障，发出命令使汽轮机跳闸。

（8）轴振动保护。汽轮发电机主轴上共设有 6 套振动测点。通过这 6 套振动测量装置综合监视主轴的振动情况：

1）当测得任一轴的振动值超过 0.125mm，保护回路发出"轴振动高"报警。

2）当测得任一轴振动值超过 0.25mm，同时测得其他任一轴振动超过 0.125mm，延时 3s 后发出汽轮机跳闸命令，并发出报警。

（9）凝汽器真空低低保护。此触发信号由三只测量凝汽器真空开关经三取二逻辑回路组合形成，当二只及以上真空开关测得凝汽器真空低于设定值 500mmHg（0.066MPa）时，立即发出"真空低低"信号，使汽轮机跳闸。

（10）轴承润滑油压低低保护。此触发信号由三只测量汽轮机轴承润滑油压的压力开关经三取二逻辑回路组合而成，当两只及以上压力开关测得轴承润滑油压低于设定值（0.05MPa）时，立即发出"轴承润滑油低低"信号，使汽轮机跳闸。

（11）推力轴承磨损保护。此触发信号由三只测量汽轮机推力轴承磨损油压的压力开关经过三取二逻辑回路组合而成，当二只及以上压力开关测得推力轴承油压高于动作值 0.54MPa 时，立即发出"推力轴承磨损"信号，使汽轮机跳闸。

（12）主蒸汽温度低低保护。当发电机负荷大于 40％额定负荷，三只热电偶测量机前主蒸汽温度，如果有两只及以上测得主蒸汽温度低于 440℃，延时 5s 后发出温度低低信号，汽轮机跳闸。

（13）两台循环水泵全跳保护。机组运行中，如果发生两台循环水泵全部跳闸，便发出"两台循环水泵全跳"保护，使汽轮机跳闸。

（14）MFT 保护。机组运行中，发生 MFT 以后，立即联动汽轮机跳闸。

（15）汽轮机机械跳闸装置。

1）就地打闸手柄。

2）机械超速跳闸。汽轮机的危急遮断器装在汽轮机的轴端，位于前轴承箱内，它是汽轮机转速的一道机械保护，它的动作转速在 110％（±1％）额定转速，当转速上升到 110％（±1％）时，危急遮断器撞击子飞出，推动杠杆，从机械泄油口泄掉保护装置油，从而泄掉安全油，使汽轮机跳闸。

（二）300MW 汽轮机保护

汽轮机跳闸保护主要由 OPC 保护、ETS 保护、机械超速保护三个系统组成。

1. OPC 保护

汽轮机转速达到 OPC 动作值时，OPC 电磁阀失励打开，OPC 油管泄油，高、中压调节汽阀关闭，待转速降低到额定转速时，OPC 电磁阀励磁关闭，OPC 油压重新建立，高、中压调节汽阀重新打开，继续行使控制转速的任务。

2. ETS 保护

（1）汽轮机跳闸回路的几个功能和特点。

1）汽轮机跳闸回路设置 4 个 AST 电磁阀，正常运行中带电关闭，保护动作失磁开启，通过泄掉保护装置油再泄掉汽轮机安全油。

2）当保护回路发出跳闸命令时，4 个 AST 电磁阀同时动作开启，使汽轮机跳闸。

3）ETS 系统应用了双通道概念，布置成"或—与"门的通道方式，即 AST 电磁阀，300MW 机组 AST 跳闸回路如图 8-13 所示，这就允许对真空低、EH 油压低、润滑油压低进行在线试验，并在试验过程中装置仍起保护作用。试验时绝对禁止左右侧同时进行，否则可能造成 4 个电磁阀全开，汽轮机跳闸。

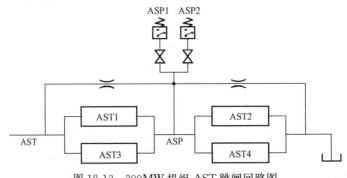

图 18-13　300MW 机组 AST 跳闸回路图

（2）ETS 保护共有 16 项内容。

1）汽轮机手动紧停。运行人员根据运行工况参数的变化，在参数达到需要紧急停机时，在控制室操作台上直接按下汽轮机紧停按钮，使汽轮机跳闸。

2）排汽装置真空低低。保护回路设四个真空开关，它们两两相"或"，而后再"与"，出口信号为"1"，即触发汽轮机跳闸，真空开关设定值为 35kPa。

3）背压遮断保护。根据设计背压曲线，当低压缸的排汽压力高于定值时，发出命令使汽轮机跳闸。0～20%负荷时，25kPa 跳闸；80%～100%负荷时，65kPa 跳闸；20%～80%负荷按汽轮机背压控制曲线动作。

4）润滑油压低低。保护回路设四个压力开关，它们两两相"或"，而后再"与"，出口信号为"1"，即触发汽轮机跳闸，压力开关设定值为 0.049MPa。

5）EH 油压低低。保护回路设四个压力开关，它们两两个"或"，而后再"与"，出口信号为"1"，即触发汽轮机跳闸，压力开关设定值为 9.3MPa。

6）TSI 超速保护。当汽轮机在四瓦处装设的测速装置 A、B、C 经三取二逻辑组合后，且 ETS 操作面板不处于超速抑制模式时，两者经一"与"门之后控制汽轮机跳闸，当转速达到额定转速的 110%时超速信号成立并经过跳闸块使汽轮机跳闸。

7）DEH 超速。此信号由装在前箱上的三个 DEH 测速装置 A、B、C，送回来的信号经三取二逻辑组合，若转速达到额定转速的 110%时超速信号成立并经过跳闸块使汽轮机跳闸。

8）轴振动大保护。汽轮发电机组主轴上共设有 6 个振动测点，通过这 6 套相对振动测量装置来监测主轴的振动情况。当测得任一轴振动值超过 $254\mu m$，且其他五个振动测点值中有任一也大于 $125\mu m$，即发出汽轮机跳闸命令，并报警。

9）轴向位移大保护。机头的推力轴承处共布置了 4 个轴位移测点，当测得 1、2 点的轴位移同时超过±1.0mm 或 3、4 点的轴位移同时超过±1.0mm 时，发出汽轮机跳闸命令，并报警。

10）胀差保护。探头布置于汽轮机四瓦处，当测得其相对膨胀值大于正向 17.15mm，或负向－2.2mm 时，发出"胀差大"信号，使汽轮机跳闸并报警。

11）DEH 失电保护。在机组运行中，如 DEH 电源发生故障，则汽轮机跳闸。

12）高压缸排汽温度高保护。当高压缸的排汽温度高于 427℃时，且负荷小于 50MW 延时 5s，发出命令使汽轮机跳闸。

13）透平压比低保护。透平压比是指高压缸调节级压力与高压缸排汽压力之比，当二者之比小于等于 1.734 时，且负荷大于 100MW 延时 60s，说明运行工况恶化，发出命令使汽轮机跳闸。

14）MFT 联锁保护。①手动 MFT，联锁汽轮机跳闸；②汽包"水位高四值（＋300mm)汽轮机跳闸"；③"炉侧主、再热蒸汽过热度低于 80℃汽轮机跳闸"。注：锅炉 MFT 后，该项保护自动投入 30min，保护信号均采用炉侧温度、炉侧压力。

15）轴瓦温度高保护。当汽轮机发电机组同一支持轴承的两测点钨金温度均高于 113℃或推力轴承工作面的两个测点温度均高于 107℃时发出命令使汽轮机跳闸并报警。

16）发电机跳闸联锁保护。在机组运行中，如果发电机出现内部故障或发电机跳闸条件满足联动汽轮机跳闸时，发出汽轮机跳闸命令。发电机—变压器组保护柜 A、B、C 任一发保护信号均会联跳汽轮机。

（3）汽轮机机械超速跳闸装置。汽轮机的危急遮断器装在汽轮机的轴端，位于前轴承箱内，它是汽轮机转速的一道机械保护，它的动作转速在 110%（±1%）额定转速，当转速上升到 110%（±1%）时，危急遮断器撞击子飞出，推动杠杆，从机械泄油口泄掉保护装置油，薄膜阀动作泄掉安全油，汽轮机跳闸。

三、发电机—变压器组保护

（一）350MW 发电机—变压器组保护配置

350MW 发电机—变压器组保护装置采用 REG216 微机型保护装置，由 A、B 保护柜组成。A 柜由 REG216 和 REX010 两部分组成，B 柜由 REG216 组成，REX010 是定子、转子接地保护的专用电源。

1. 350MW 发电机—变压器组保护配置

发电机—变压器组保护 A 柜的保护配置见表 18-6。

表 18-6　　　　　　　　　　发电机—变压器组保护 A 柜的保护配置

序号	符号	保护名称	反应故障性质	动作结果
1	87G	发电机差动	发电机定子相间短路	停机Ⅰ（A）
2	64G1	100% 定子接地保护	发电机定子接地	高阻接地：报警（A） 低阻接地：停机Ⅰ（A）
3	46G	负序电流保护	不平衡负载造成的转子过热	46G1 报警（A） 46G2 程序跳闸（A）
4	49G	定子过载保护	过电流造成定子过热	49G1 报警（A） 49G2 程序跳闸（A）
5	64F	励磁回路接地报警	发电机励磁回路接地故障	高阻接地：报警（A） 低阻接地：停机Ⅱ（A）
6	32-1G	逆功率保护	发电机从系统吸收有功	停机Ⅰ（A）
7	81-1G	低频保护	防止汽轮机低频率运行造成叶片疲劳或机械振动	81-1G：报警（A）
8	60GA	电压互感器平衡保护	防止 TV 二次熔断器熔断，防止与电压有关的保护或自动装置误动或不正常运行	报警，闭锁 21G、40G、32-1G、78G、81-1G、81-2G
9	21G	阻抗保护	发电机—变压器组相间故障的后备保护	停机Ⅱ（A）
10	87MT	主变压器差动保护	主变压器内部及引出线短路故障	停机Ⅰ（A）

续表

序号	符号	保护名称	反应故障性质	动作结果
11	87AT	厂用高压变压器差动保护	厂用高压变压器内部及引出线短路故障	停机Ⅰ（A）
12	27A 27B	6.3kV 低电压保护	母线电压降低	报警（A）
13	87ET	励磁变压器差动保护	励磁变压器内部及引出线故障	停机Ⅰ（A）
14	51ET	励磁变压器过流保护	相间故障作为励磁变压器后备保护	反时限停机Ⅱ（A） 定时限报警（A）
15	49	主变压器冷却器系统保护	主变压器油温高	报警（A）
			主变压器冷却系统全停	停机Ⅲ（A）
16	46CB	发电机—变压器组主开关失灵保护	发电机—变压器组 220kV 断路器拒动	启动 220kV 母差的失灵保护（A）
17	63UT	厂用高压变压器瓦斯保护	厂用高压变压器油箱内部故障	轻瓦斯：信号 重瓦斯：停机Ⅲ（A）
18		母线保护、失灵保护动作	220kV 母线故障（或开关拒动）	解列（A、B）
19	59G	过电压保护	发电机—变压器组过电压	停机Ⅰ（A）

发电机—变压器组保护 B 柜的保护配置见表 18-7。

表 18-7　　　　　　　　发电机—变压器组保护 B 柜的保护配置

序号	符号	保护名称	反应故障性质	动作结果
1	87GMT	发电机—变压器组差动	保护区域相间短路	停机Ⅱ（B）
2	64G2	95％定子接地保护	发电机定子接地	64G2：停机Ⅱ（B）
3	40G	失磁保护	发电机励磁的不正常状态	程序跳闸（B）
4	32-2G	逆功率保护	汽轮机跳闸后，发电机仍处于与电网相连的不正常状态	停机Ⅱ（B）
5	78G	失步保护	反应发电机运行的不正常状态	停机Ⅰ（B）
6	59V/HZG	过励磁保护	发电机过量磁通引起的过电压	低定值：报警（B） 高定值：停机Ⅱ（B）
7	81-2G	低频保护	防止汽轮机低于额定频率运行造成叶片疲劳或机械振动	81-2G：程序跳闸（B）
8	60GB	电压互感器平衡保护	TV 二次熔断器熔断，防止与电压有关的保护或自动装置误动或不正常运行	报警，闭锁和电压量有关的保护
9	51，27	死机保护	防止发电机与系统误并列，使发电机尽快与系统隔离	停机Ⅲ（B）
10	51-27	电压控制电流保护	发电机后备保护，在发电机近端故障时，因发电机电压过低导致其他保护拒动	停机Ⅱ（B）

序号	符号	保护名称	反应故障性质	动作结果
11	51NMT	主变压器零序电流保护	220kV 系统单相接地故障	停机Ⅱ（B） 母线解列（B）
12	59NMT	主变压器零序电流电压保护	220kV 系统单相接地故障	停机Ⅱ（B）
13	51ATH	厂用高压变压器高压侧过流保护	相间故障，作为厂用高压变压器后备保护	短延时：6.3kV 分支解列（B） 长延时：停机Ⅱ（B）
14	51NACT	厂用高压变压器 A 分支中性点零序过流保护	6.3kV A 分支接地故障	短延时 A 分支解列（B），长延时停机Ⅰ（B）
15	51NATB	厂用高压变压器 B 分支中性点零序过流保护	6.3kV B 分支接地故障	短延时 B 分支解列（B），长延时停机Ⅰ（B）
16	51ATLA	厂用高压变压器 A 分支过流保护	厂用高压变压器 A 分支相间故障的后备保护	A 分支解列
17	51ATLB	厂用高压变压器 B 分支过流保护	厂用高压变压器 B 分支相间故障的后备保护	B 分支解列
18	63MT	主变压器瓦斯保护	主变压器油箱内部故障	轻瓦斯：信号 重瓦斯：停机Ⅲ（B）
19	46CB	发电机—变压器组主开关失灵保护	发电机—变压器组 220kV 断路器拒动	启动 220kV 母差的失灵保护（B）
20		励磁系统严重故障保护	晶闸管桥熔断器熔断或两组风扇全故障	停机Ⅱ（B）
21		励磁变压器异常	励磁变压器温度高于 80℃	报警（B）

2. 保护出口动作结果说明

停机Ⅰ：断开发电机—变压器组 220kV 断路器，断开灭磁开关，断开厂用高压变压器 6.3kV 分支断路器，启动厂用电切换、汽轮机主汽门关闭，启动失灵保护。

停机Ⅱ：同停机Ⅰ，用于主保护双重化。

停机Ⅲ：除不启动失灵保护外，其余同停机Ⅰ。

系统解列：断开发电机—变压器组 220kV 断路器，锅炉快速减负荷，汽轮机甩负荷，启动失灵保护。

母线解列：断开发电机—变压器组所在 220kV 母线上母联断路器。

程序跳闸：首先关闭主汽门，再由逆功率保护出口动作于停机Ⅱ。

信号：发出声光信号。

6.3kV 分支解列：厂用高压变压器 6.3kV 故障分支断路器跳闸。

动作结果的"（A）"表示 A 柜；"（B）"表示 B 柜。

（二）300MW 发电机—变压器组保护配置

300MW 发电机—变压器组保护采用 GDT 801 系列数字式发电机变压器组保护装置，由 A、B、C 三个保护柜组成。A、B 保护柜采用 GDT 801B 装置，每个保护柜包含了发电机—变压器组全部电气量保护功能，两个保护柜满足了保护双重化要求。C 柜采用 GDT801F 装置，由非电量保护构成。

1. 300MW 发电机—变压器组保护配置

发电机—变压器组保护 A/B 柜的保护配置见表 18-8。

表 18-8　　　　　　　　　　发电机—变压器组保护 A/B 柜的保护配置

序号	保护名称	反应故障性质	动作结果
1	发电机—变压器组差动	保护区域相间短路	全停 I
2	主变压器差动	主变压器内部及引出线短路故障	全停 I
3	发电机差动	发电机定子相间短路	全停 I
4	厂用高压变压器差动（t）	厂用高压变压器内部及引出线短路故障	全停 I
5	励磁变压器差动（t）	励磁变压器内部及引出线故障	全停 I
6	对称过负荷（定时限、反时限）	发电机定、转子绕组过热	定时限：减负荷 反时限：全停 I
7	不对称过负荷（反时限）	发电机定、转子绕组过热	反时限：全停 I
8	发电机失磁（t_1、t_2、t_3）	发电机励磁的不正常状态	t_1：200s 减出力，切换厂用电 t_2、t_3：0.5s 全停 I
9	励磁系统过负荷（定时限、反时限）	转子绕组过电流以及作为励磁变压器后备保护	定时限：程序跳闸 反时限：全停 I
10	发电机复压过流（记忆）（t_1、t_2）	发电机定子相间短路的后备保护	t_1：2s 母线解列 t_2：6s 全停 I
11	主变压器零序过流（$1t_2$、$2t_2$）	220kV 系统单相接地故障	$1t_2$：母线解列 $2t_2$：全停 I
12	厂用高压变压器 A 分支零序（t_1、t_2）	6.3kV A 分支接地故障	t_1：0.7s 跳 A 分支、闭锁快切 t_2：1.1s 程序跳闸
13	厂用高压变压器 B 分支零序（t_1、t_2）	6.3kV B 分支接地故障	t_1：0.7s 跳 B 分支、闭锁快切 t_2：1.1s 程序跳闸
14	A 分支过流（t）	厂用高压变压器 A 分支相间故障的后备保护	t_1：0.7s 跳 A 分支、闭锁快切 t_2：1.1s 程序跳闸
15	B 分支过流（t）	厂用高压变压器 B 分支相间故障的后备保护	t_1：0.7s 跳 B 分支、闭锁快切 t_2：1.1s 程序跳闸
16	定子匝间	防止发电机定子绕组和铁芯损伤	全停 I
17	定子接地 $3U_0$	发电机定子接地	全停 I
18	发电机过电压（t）	发电机定子绕组过电压	t：0.5s 全停 I
19	过励磁（定时限、反时限）	发电机过量磁通引起的过电压	定时限：发信号 反时限：全停 I

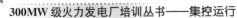

续表

序号	保护名称	反应故障性质	动作结果
20	发电机逆功率（t_2）	汽轮机跳闸后，发电机仍处于与电网相连的不正常状态	t_2：100s 全停
21	程跳逆功率（t）	汽轮机跳闸后，发电机仍处于与电网相连的不正常状态	t_1：0.5s 程序跳闸 t_2：1.5s 全停
22	主变压器间隙零序（t）	220kV 系统单相接地故障	
23	发电机复压过流（t_2）	发电机定子相间短路的后备保护	t_1：2s 母线解列 t_2：6s 全停 I
24	厂用高压变压器复压过流（t_1、t_2）	厂用高压变压器相间故障的后备保护	t_1：切换厂用电 t_2：全停 I
25	励磁变压器过流（t）	励磁变压器相间短路的后备保护	t：6s 程序跳闸
26	主变压器零序过流保护（$1t_1$、$2t_1$）	220kV 系统单相接地故障	t_1：母线解列 t_2：全停 I
27	低频（t_3）	防止汽轮机低于额定频率运行造成叶片疲劳或机械振动	t_3：解列
28	断路器失灵（t_1、t_2）	220kV 母线故障（或断路器拒动）	解除电压闭锁，启动母差失灵
29	启停机（t）	发电机启动或全停过程中在低频下保护定子、转子绕组	跳灭磁开关
30	主变压器通风（t）	防止主变压器油温过高损坏变压器绕组绝缘	发报警信号
31	厂用高压变压器通风（t）	防止厂用高压变压器油温过高损坏变压器绕组绝缘	发报警信号
32	转子一点接地（t_2）只投一套	发电机转子绕组损坏	t_1：3s、10kΩ 发信号 t_2：5s、1kΩ 程序跳闸
33	断路器闪络（A柜）	主变压器高压侧开关断开，发电机出现负序电流	启动失灵保护
34	误上电（A柜）	防止发电机非同期合闸和盘车和升速过程中突然并网	跳主开关
35	非全相（t）（A柜）	发电机出口断路器三相位置不一致	启动失灵保护

发电机—变压器组保护 C 柜的保护配置见表 18-9。

表 18-9   **发电机—变压器组保护 C 柜的保护配置**

序号	保护名称	反应故障性质	动作结果
1	主变压器重瓦斯	主变压器油箱内部故障	全停 II
2	厂用高压变压器重瓦斯	厂用高压变压器油箱内部故障	全停 II
3	主变压器冷却器全停	主变压器冷却系统全停故障	60min 程序跳闸；全停 20min，绕组温度 100℃全停 II
4	母差保护 1 动作	220kV 母线故障	跳母联断路器及故障母线所有的开关

续表

序号	保护名称	反应故障性质	动作结果
5	母差保护 2 动作	220kV 母线故障	跳母联断路器及故障母线所有的开关
6	发电机断水	定子冷却水系统故障	t_1：30s 程序跳闸

2. 保护出口动作结果说明

全停Ⅰ：（电气量保护动作）断开发电机—变压器组 220kV 断路器，断开灭磁开关，启动厂用电快切装置，断开 6.3kV 厂用 A、B 分支开关，关主汽门，启动失灵保护。

全停Ⅱ：（非电气量保护动作）断开发电机—变压器组 220kV 断路器，断开灭磁开关，启动厂用电切换装置，断开 6.3kV 厂用 A、B 分支开关，关主汽门。

程序跳闸：首先关闭汽轮机主汽门，待逆功率继电器动作后，启动全停Ⅰ。

系统解列：断开发电机—变压器组 220kV 断路器，锅炉快速减负荷，汽轮机快速甩负荷，启动失灵保护。

第十九章

单元制机组的试验

第一节 锅炉试验项目

一、锅炉水压试验

1. 锅炉水压试验的目的

锅炉水压试验是锅炉承压部件的一次检查性试验，主要是在冷态下检查锅炉给水系统、省煤器、水冷壁、过热器及主蒸汽系统各承压部件以及所检修、更换过的阀门是否关闭严密，保证机组锅炉承压部件在启动后能够安全运行。同时为了检验机侧主要辅机设备状况是否正常。

2. 水压试验的种类

水压试验分为工作压力的水压试验和1.25倍工作压力的超压试验。1.25倍的超压试验只有在锅炉新投产或大面积更换受热面后才进行。

3. 水压试验合格标准

（1）关闭上水门后，5min内汽包压力下降值不超过0.5MPa，再热器压力下降值不超过0.25MPa。

（2）承压部件金属壁和焊缝没有漏泄痕迹。

（3）承压部件无明显的残余变形（水冷壁下联箱在允许限度内的下移不算作残余变形）。

4. 水压试验的注意事项

在水压试验过程中，为了保证人身和设备的安全，必须注意下列事项：

（1）水压试验过程中，应停止炉内外一切检修作业。

（2）锅炉升压期间或达到超压试验压力值时，禁止进行检查工作。

（3）汽轮机的高压主汽门采取必要的泄压检查措施，以防止汽轮机进水。并确认高压主汽门和高压调节汽门均关闭。水压试验过程中，密切监视主汽管道、缸体、主汽门阀体温度，发现任一温度急剧下降应立即停止升压。

（4）锅炉上水前应投除氧器辅汽加热，进入汽包的水温不得低于22℃，上水水温控制在50~60℃为宜。环境温度低于5℃，应采取防冻措施。

（5）上水过程中应派专人检查受热面各部排空门，排空门见水后应立即减少上水量，防止压力突变造成超压。

（6）在水压试验过程中，当发现承压部件有渗漏现象时，应停止升压，并且只有在判断该渗漏点没有发展的可能时，才能再进行仔细检查。

（7）达到工作压力检查承压部件时，检查人员不允许用工具敲击承压设备，在确定泄漏点时不允许直接面对泄漏点进行观察，不允许长时间站立在汽包两侧的水位计前。

（8）水压试验的压力主要由电动给水泵的液压联轴器和调门控制。严格控制升压速度为 0.2～0.4MPa/min。压力升至 10.0MPa 后，控制升压速度在 0.2MPa/min 以下。

（9）再热器的水压试验时，再热器出、入口加装堵板，由再热器减温水系统上水，上水压力又由电动给水泵的液压联轴器和再热器减温水调门的开度控制。

（10）试验完毕后，开启过热器、再热器出口排空门降压，降压速度控制在 0.3～0.5MPa/min。

二、锅炉风压试验

1. 试验目的

风压试验的目的是在冷态下检查空气预热器、烟道、炉顶密封、一次风道、浓淡分离器、煤粉管道、磨煤机筒体、电除尘、脱硫烟气系统的严密性，找出漏点处予以消除，以提高锅炉的经济运行性能。

2. 风压试验的方法

风压试验一般有正压法和负压法两种方法，炉膛和脱硫系统采用正压法查漏，电除尘采用负压法查漏。

3. 风压试验注意事项

（1）确认风压试验范围内的检修工作已全部结束或工作票压回停工；检修人员全部撤出现场（炉膛、烟道、风道、空气预热器、电除尘、制粉系统、脱硫系统等）；看火孔、人孔门封闭；顶棚上部 58m 人孔门不封闭，但必须安排专人看守；相关挡板、转机调试正常；捞渣机已就位且注水至正常水位，或液压关断门关闭。

（2）设备的启动顺序：启动交流冷却风机，启动 A、B 空气预热器，全开增压风机入口静叶，然后启动两侧引、送风机。

（3）送、引风机启动后，将炉膛压力分别升到 100、300Pa，采用正压查漏。每次变动炉膛压力时需要检修查漏人员和运行人员保持联系。

（4）变频增压风机启动，根据增压风机入口压力和炉膛压力逐步增加其转速，提高吸收塔压力，当变频转速达到 50%时，对脱硫岛进行查漏。

（5）炉膛查漏工作结束后，启动一台一次风机，调整一次风压至 9kPa，打开磨煤机密封风关断挡板和调整挡板、给煤机密封风门、磨煤机入口冷一次风挡板、磨煤机一次风关断挡板，检查磨煤机筒压在 8kPa 以上，开始对一次风系统及磨煤机进行查漏。

（6）在一次风系统查漏时，将炉膛压力设定到－200Pa，对电除尘各人孔门和本体等处进行负压查漏。

第二节 汽轮机试验项目

一、超速试验

超速试验包括：OPC 超速保护试验、电超速保护试验和机械超速保护试验。

1. 试验目的

主要是为了检查超速保护的动作转速是否在规定的范围内，同时检查保护装置动作的可靠性。

2. 试验过程中注意事项

(1) 进行超速试验前主汽门、调汽门的严密性必须合格，以防汽轮机飞车。

(2) 进行机械超速试验前要解除 OPC，但电超速保护必须投入。

(3) 机械超速试验必须在机组并网带至少 20％ 额定负荷运行满 7h，然后快速减负荷，解列后进行。这主要是因为超速试验时，汽轮机转子的离心力比额定转速下增加 20％ 以上，因此超速试验必须在转子金属温度跨越转子金属材料脆性转变温度以后进行，防止低温脆性破坏。

(4) 升速过程中，必须严密监视转子的转速、振动、轴承金属温度及轴承回油温度，达到紧停条件立即停机。

二、汽轮机真空系统查漏

机组等级检修后汽轮机真空系统查漏，某电厂 350MW 水冷机组采用的是灌水查漏法，300MW 空冷机组采用气压法。

1. 试验目的

主要目的是检查真空系统是否有泄漏点，保证机组运行中真空系统严密性合格。

2. 350MW 机组凝汽器灌水查漏试验注意事项

(1) 要将凝汽器正常运行中的水位测量及变送器系统隔离，以防水压造成其损坏。

(2) 为判断灌水高度，在凝汽器底部取样门处安装一临时水位监视管，以便运行人员观察凝汽器内水位高度。灌水的高度一般为 9m 左右，以淹没全部凝汽器铜管为准。

(3) 补水至要求的高度后，要进行全面地检查，重点检查真空系统是否有外漏点及凝汽器内铜管是否有渗漏点。在要求的水位高度保持期间，确认其水位未有降低，如有下降趋势，要彻底查清泄漏地点。

3. 300MW 空冷机组真空系统气密性试验注意事项

(1) 所有气压系统中的不需要压力仪表必须先拆卸下来，以避免实验过程中被损坏。不包括在气密性试验系统中的传感器测点阀门同时关闭。

(2) 试验系统包括汽轮机排汽管道、配汽管道、凝结水收集管道，连接到水环真空泵的排空管道，试验范围内的所有阀门应开启。

(3) 配汽管道上安全隔膜（空冷岛上）拆卸下来，并用盲板封盖；水环真空泵入口法兰处、空冷岛上凝结水母管、凝结水的抽空管、所有排水、放气口以及排汽管道疏水入口封堵。

（4）在压缩机输气管处安装一只压力表，监视气源压力不超压。凝结水放水阀处同样安装一只压力表，记录试验过程中的压力值。试验压力为 130～140kPa。

（5）达到气密性试验的压力设定值后，停止输入空气，观察压力表显示的压力值必须保持恒定，定期记录；对处在测试压力下的部件进行全面检查，看是否存在裂纹、泄漏、变形；在某些法兰和其他一些部件上进行泄漏检查时应采用肥皂气泡法，用刷子涂肥皂液，若有泄漏将产生气泡。

（6）真空系统严密性要求：压降在 100Pa/min 以内为优良，在 200Pa/min 以内为合格。

三、汽轮机主汽门、调汽门严密性试验

1. 试验目的

主要是检查主汽门及调汽门关闭严密程度，以防止机组甩负荷时主机超速。

2. 试验过程注意事项

（1）试验前各阀门静态活动正常；主机打闸后，只有各阀门能够正常关闭的情况下才可进行此试验，在整个试验期间保持 AOP 连续运行，且在手动控制状态。

（2）热工在强制信号开启阀门时，要有监护人一起确认，核对正确，以防误开阀门造成汽轮机转速突升。

（3）尽量避免在临界转速附近长时间停留。

（4）在试验过程中，要严密监视汽轮机轴向位移、轴承振动、缸胀、胀差、轴承金属温度、汽轮机转速等参数，发现异常及时处理并汇报。

（5）严密性试验合格标准：主机实际达到的最低转速小于或等于实际主蒸汽压力×1000/额定主蒸汽压力。

（6）试验过程中，如果发生异常情况，立即中止试验，消除异常后再进行试验。

四、主机高、中压主汽门、调汽门活动试验

1. 试验目的

主机高、中压主汽门、调汽门活动试验主要目的是检验主机高、中压主汽门、调汽门在运行中动作正确、开关灵活，以防卡涩。

2. 试验过程中注意事项

（1）进行此试验时，首先必须联系中调退出相应机组的 AGC，机侧为 DEH 控制；300MW 机组还要将汽轮机切为单阀运行，并投入"功率调节反馈"回路。

（2）高压主汽门、调汽门的左右侧，中压主汽门、调汽门的左右侧应依次进行，一侧阀门试验结束时，应稳定 5min（中压稳定 1min），再进行另一侧阀门试验。

（3）由于试验时汽轮机进汽量变化，对机组影响较大，所以试验时应密切监视负荷、主/再热汽压力、温度、轴承金属温度、回油温度、轴振、轴向位移及各阀门动作情况。

（4）现场必须有专人监视各阀门动作情况，并与控制室保持联系，核对阀门实际位置与 LCD 显示是否一致，否则应通知检修检查处理。

（5）350MW 机组中压主汽门在活动试验时有过阀杆漏汽现象，这与该阀门的结构特点有关。若试验后发现漏汽，可以再进行一次活动试验，以观察漏汽现象可否消失。

(6) 试验中发生异常、阀门的位置指示信号不正确、或干烧保护报警，应立即按"试验复位"按钮停止试验，否则可能引起汽轮机跳闸、发电机逆功率或锅炉干烧保护动作，机组跳闸。

五、汽轮机保安装置(真空低、推力轴承磨损、润滑油压低、机械超速注油)试验

1. 试验目的

此试验的目的是验证各个保护用压力开关的定值是否正确，验证汽轮机保安系统脱扣电磁阀动作的正确性。

此试验为汽轮机保安装置试验。试验进行期间，除电超速保护以外的多数保护失去作用。因此，此试验必须专人负责，且要联系配合紧密。试验期间要密切注意汽轮机的运行状况，发现异常现象或趋势，应立即停止试验。

2. 试验过程中注意事项

(1) 试验期间，必须将试验拉杆拉紧，否则会泄去汽轮机安全油压而引起机组跳闸。

(2) 试验过程中，旋转试验手轮要缓慢、平稳，以便准确记录试验参数的报警值、动作值。

(3) 当保护装置油压恢复至正常值且稳定后，方可放开试验拉杆，否则同样会泄去汽轮机安全油压而引起机组跳闸。

(4) 集控、机头试验拉杆处与旋转试验阀操作人员必须加强联系，密切配合。

3. 350MW 主机保安系统介绍

350MW 主机保安系统图如图 19-1 所示，保安设备主要包括：危急脱扣装置本体、危机遮断器、手动停机（就地打闸）把手、推力瓦保护装置、真空保护、轴承油压保护、电磁阀 SV-1、电磁阀 SV-2、各个试验阀等。此外还包括安全油所作用的设备（控制高压调汽门的电液转换器 2 个、控制高压主汽门的电液转换器 1 个、控制中压主汽门跳闸阀、中压调门的电液转换器 1 个、控制各级抽汽止回阀的空气滑阀以及所有的油动机和所有的主汽门、调节门）。

为保证保安系统保护设备的动作可靠性，避免拒动和误动，通常在不影响机组正常运行的条件下，进行各种保护装置的动作试验，即"在线试验"。

各种保安设备的保护动作，其最终结果是安全油排掉，即安全油压降至 0MPa，这就是保护动作的总输出，有了这个输出，才可引起后面一系列的动作。在运行的条件下，进行各种保护设备的试动作，即"在线试验"。

4. 350MW 机组保护装置试验过程

(1) 在线试验时，只要按指定方向振动试验杆，试验杆带动试验滑阀，把试验滑阀拉到试验位置，就会将原来通过滑阀连通的脱扣油分隔成两部分，即脱扣油 I 与脱扣油 II。脱扣油 I 还能起到安全保护作用，但是只受电磁阀 SV-2 控制。脱扣油 II 则从保护系统中隔离出去，也就是说，即使脱扣油 II 泄掉，也不会引起脱扣活塞的动作，所以安全油压不会失去，机组仍维持正常运行。这时控制脱扣油 II 的三个排油口，即电磁阀 SV-1 的排油口、手动停机阀的排油口和杯形阀的排油口打开，也不会危及机组的正常运行。因此我们可以进行能使这三个排油口打开的一系列保护试验，如真空低、推力轴承磨损、润滑油压

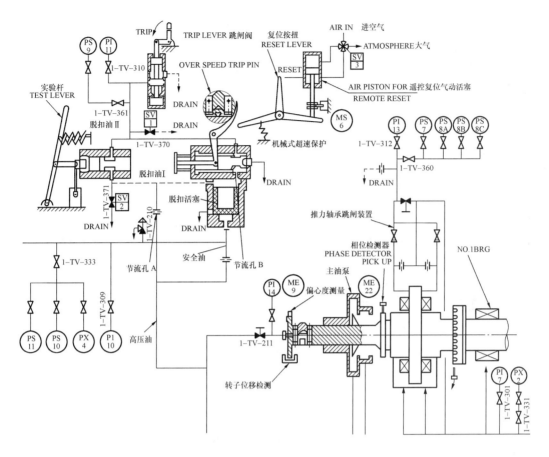

图 19-1 350MW 主机保安系统图

低、超速注油试验。在做试验时，试验杆一定要保持在试验位置上。

（2）当做完在线试验后，放开试验杆前，确认脱扣油Ⅱ的三个排油口均处于关闭状态（即脱扣油压要建立），其中杯形阀处泄油口是通过搬动"复位"杆实现的。脱扣油的建立，是靠高压油通过节流孔 A 而得到，因为正常运行时各个排油口均处于紧闭状态，所以它的压力很接近高压油的压力。只有某一保护脱扣而打开排油口时，脱扣油压才会跌到很低的程度，脱扣活塞向上活动，放掉安全油，实现停机。节流孔 B 的设置，是因为在试验时，每进行一项试验，脱扣油Ⅱ被排掉一次，脱扣油Ⅱ要靠节流孔 B 来补充，恢复压力，以便在进行下一项试验，同时还为机组启动时排出脱扣活塞上的空气。

（3）脱扣油压建立后，放开试验杆，试验阀就会在弹簧力的作用下移动，脱扣油Ⅰ与脱扣油Ⅱ重归统一，保护系统全投入正常。

（4）真空低、推力轴承磨损、润滑油压低试验时，主要是操作试验阀，使其相应开关动作，进而引起电磁阀 SV-1 动作打开，脱扣油Ⅱ下跌，完成试验。

（5）注油试验时缓缓打开注油试验阀，危急遮断器的撞击子空心腔的油压也慢慢上升，当油压上升到一定程度，撞击子飞出。通过弧形杠杆打开杯形阀的排油口，脱扣油压Ⅱ下跌，完成试验。

5. 300MW 主机保安系统介绍

在讲 2×300MW 保安系统前，先通过图 19-2 解释以下几方面知识：

（1）隔膜阀的作用：封闭自动停机危机遮断总管中的高压抗燃油的泄油通道，当润滑油系统压力降到不允许的程度时，通过 EH 油系统遮断汽轮机。

（2）自动停机危机遮断（AST）电磁阀：四个电磁阀串并联布置，两个阀并联组成一个通道，通道一和通道二串联。通道中任何一个电磁阀打开，该通道泄放。必须两个通道同时处于泄放状态，AST 油才会泄放。如此设置，不会因某个电磁阀拒动而妨碍 AST 油路的泄压，若有一只电磁阀误动作，不会使 AST 油泄压。

（3）汽轮机的 OPC 和 AST 保护：是通过 DEH 控制器所控制的 OPC-AST 电磁阀组件实现的。OPC-AST 电磁阀组件由两只并联布置的超速保护电磁阀（OPC-1、OPC-2）及两个止回阀和四个串并联布置的自动停机危急遮断保护电磁阀（AST-1、AST-2、AST-3、AST-4）和一个控制块构成超速保护-自动停机危急遮断保护电磁阀组件，这个组件布置在高压抗燃油系统中。它们是由 DEH 控制器的 OPC 部分和 AST 部分所控制。

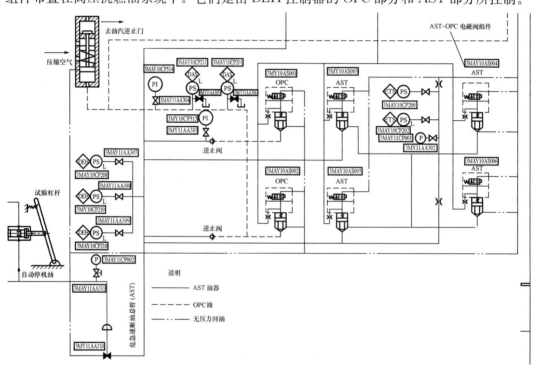

图 19-2 300MW 主机 ATS 回路图

正常运行时两个 OPC 电磁阀是带电关闭的，封闭了 OPC 母管的泄油通道，使高压调节汽阀执行机构活塞杆的下腔建立起油压，当转速超过 103% 额定转速时，OPC 动作信号输出，这两个电磁阀就失励打开，使 OPC 母管油经无压回油管路排至 EH 油箱。这样相应的调节阀执行机构上的卸载阀就快速开启，使各高压调节阀迅速关闭。

四个串并联布置的 AST 电磁阀是由 ETS 系统所控制，正常运行时这四个 AST 电磁阀是带电关闭的，封闭了 AST 母管的泄油通道，使主汽门执行机构和调节阀门执行机构活塞杆的下腔建立起油压，当机组发生危急情况时，AST 信号输出，这四个电磁阀就失电打开，使 AST 母管油液经无压回油管路排至 EH 油箱。这样主汽门执行机构和调节阀门执行机构上的卸荷阀就快速打开，使各个汽门快速关闭。

四个 AST 电磁阀布置成串并联方式，其目的是为了保证汽轮机运行的安全性及可靠性，AST-1 和 AST-3、AST-2 和 AST-4 每组并联连接，然后两组串联连接，这样在汽轮机危急遮断时每组中只要有一个电磁阀动作，就可以将 AST 母管中的压力油泄去，进而保证汽轮机的安全。在复位时，两组电磁阀组的电磁阀，只要有一组关闭，就可以使 AST 母管中建立起油压，使汽轮机具备启机的条件。

AST 油和 OPC 油是通过 AST 电磁阀组件上的两个止回阀隔开的，这两个止回阀被设计成：当 OPC 电磁阀动作时，AST 母管油压不受影响；当 AST 电磁阀动作时，OPC 母管油压也失去。

（4）手动复位：手推拉杆可复位，滑阀左移，隔膜阀下移，AST 油压建立。

（5）遥控复位：用四通电磁阀和遥控气缸控制。复位前，压缩空气送气缸下部，气缸活塞上部与大气相通。复位时，按下复位按钮，四通电磁阀通电，压缩空气送气缸上部，下部通大气，使活塞下移，螺杆复位，遮断滑阀复位。

6. 300MW 机组保护装置试验过程

（1）在进行保护装置线试验时，两个 AST 通道要分别试验，并联的 AST-1、AST-3 阀与并联的 AST-2、AST-4 阀中间有一油压表，压力为 6～7MPa，当手动开启试验阀后，试验开关达到动作值，就会造成通道一的 AST-1、AST-3 阀动作，中间的油压表就会有所升高（因中间有孔板，油压不会达到高压油压力）；做另一通道试验时，AST-2、AST-4 阀动作会造成中间的油压表油压有所降低（因中间有孔板，油压不会降至无压）。

（2）当做完在线任意一通道试验后，要在 ETS 盘上复位，使 AST 阀恢复正常工作。

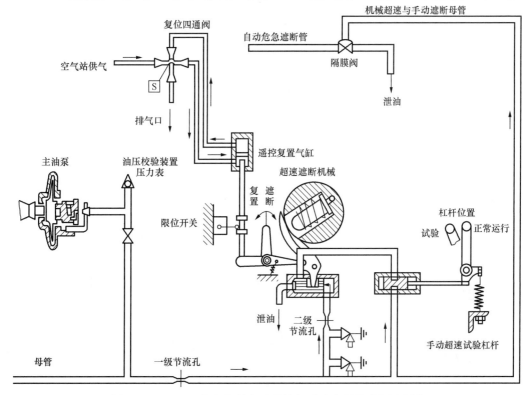

图 19-3　300MW 机组机械超速保护与手动遮断的动作原理图

（3）机械超速试验。如图 19-3 所示为 300MW 机械超速保护与手动遮断的动作原理图。

$n=$ （110～111）$\%n_0$ 时，飞锤飞出，打在扳机上，危机遮断滑阀右移，机械超速油泄压，隔膜阀打开，AST 泄油。节流孔的作用，是确保机械超速总管油泄压时，不会影响润滑油。

在做机械超速装置试验时，必须先用手将试验拉杆拉到"试验"位置，使试验滑阀移动并切断机械超速和手动遮断总管中脱扣油去危急遮断滑阀的主通道。这样在试验期间，若危急遮断滑阀右移后，由于主通道被切断，机械超速和手动遮断总管中的脱扣油只有从节流孔中被泄出，且泄油量较小。在这种情况下，脱扣油只是稍有降低，不会引起隔膜阀的开启及危急遮断（AST）油路的泄压，因而不会导致机组停机，保证试验正常进行。试验做完后，必须进行复位。如果用手动复位，应将手动遮断及复位拉杆移到"复位"位置，若遮断滑阀复位后（即滑阀左移不泄油，机械超速和手动停机母管中的油压建立），则手动遮断和复位螺杆返回到正常位置。当试验及复位工作完成后，最后方可松开试验拉杆，拉杆在弹簧力作用下转回到正常位置，试验才完全结束。

六、主机辅助油泵（高压启动油泵）、盘车油泵、事故油泵联锁试验

1. 试验目的

确认汽轮机轴承润滑油各供油泵是否备用良好和联动油压的定值的是否符合要求。

2. 试验过程中注意事项

（1）低油压联动试验阀与低油压跳闸试验阀位置在一起，所以试验时一定要看清标牌名称与编号，监护人要起到提醒、监护作用。

（2）油箱处必须安排专人，注意联启后的油泵运转是否正常，油泵出口油压是否满足要求。

（3）试验过程中，旋转试验手轮要缓慢、平稳；同时要尽量缩短试验时间。

（4）集控与就地旋转润滑油试验阀操作人员必须加强联系，互相配合好。

第三节　电　气　试　验　项　目

机组大修后，需要通过电气启动试验，检验发电机及相关电气系统一次、二次设备的性能及检修质量，及时发现并排除缺陷，使机组能够安全、顺利地投入运行。通过试验，还可以掌握发电机、励磁系统等设备的技术资料，为后续机组运行提供必要的依据。本节以350MW 机组为例，对电气启动试验进行说明，电气启动试验接线图如 19-4 所示。

一、电气启动试验前准备工作

检查发电机滑环的炭刷和转子接地炭刷应调整研磨使其接触良好。

检查主变压器、厂用高压变压器散热器的截门应打开，检查变压器各需排空气的螺钉，应将各部分空气排出后拧紧，分接开关应在给定的分头。

主变压器、厂用高压变压器、励磁变压器、励磁柜冷却系统全部投入运行。

发电机短路及空载试验时确认拉开启励控制回路开关 UT-2T。检查启励电源

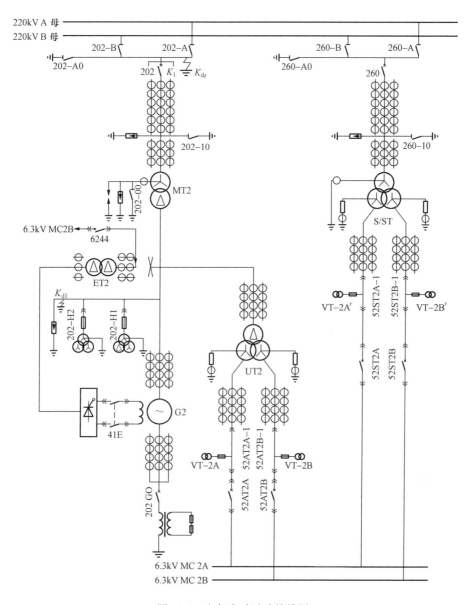

图 19-4 电气启动试验接线图

DC220V D/B 2-1 开关在断开位置。

检查 6.3kV A、B 段母线工作电源 52AT2A、52AT2B 断路器在间隔外位置。

发电机冲转前空出 220kV A 段母线，在 220kV 202 断路器与 202-A 隔离开关之间，装设一组三相短路线 K_1，截面在 400mm² 以上。

发电机定子过电压保护、转子过电压保护投入并能正确动作。

短路试验前将 220kV A、B 段母线双套母线保护 202 断路器的电流回路从就地 TA 端子箱短接封死并打开至母线保护屏的接线，发电机并网前恢复。

并网试验前退出 220kV A、B 段母线双套母线保护，并网后待发电机负荷到 30～50MW 时，测量母差相量正确后投入母差保护。

在进行短路及空载试验时，发电机励磁采用他励方式，他励电源从 6.3kV 厂用 B 段备用断路器 6244 引取，采用一根 3×150mm² 电缆，接到励磁变压器高压侧（如图 19-4 所示）断路器整定过流保护值为 80A、0.3s（一次值）。

（1）额定转速下发电机—变压器组在 220kV 侧 K_1 点短路时的试验，主要是录制发电机—变压器组短路特性曲线，确认发电机特性参数是否符合出厂参数，主变压器负载能力及 TA 二次回路的完整性。

（2）额定转速下发电机—变压器组在 K_{d1} 点短路时的试验，主要为了检查发电机定子接地情况下 100％定子接地保护和 95％接地保护的动作情况。

（3）额定转速下发电机—变压器组在 K_{d2} 点短路时的试验，主要为了检查 220kV 系统接地情况下主变压器零序后备保护回路的正确性。合主变压器中性点接地开关时检查主变压器零序电流后备保护；主变压器中性点接地开关断时检查主变压器零序过压保护。

（4）额定转速下发电机—变压器组在开路状态下的试验，确认发电机 TV 回路的正确性，确认发电机特性参数和磁化曲线与出厂一致，检验励磁系统工作是否正常。

二、发电机启动试验过程中注意事项

（1）短路线装设位置必须正确。

（2）装拆短路线发电机转速要为 0。

（3）试验时要维持发电机转速为额定转速。

（4）在试验过程中，调整励磁电流时不要往返来回调。

（5）试验前机、电、炉大联锁试验完成，能正确可靠动作。

（6）打开发电机—变压器组失灵保护启动母差和掉母联开关的出口连接片。

（7）接临时电源时确保与主回路完全隔离，周围设安全围栏。

（8）试验中应设专人监护，禁止在短路点周围停留。

三、电气启动试验目的与方法

（一）发电机交流阻抗及功耗测量

1. 试验目的

确认发电机转子交流阻抗与出厂试验时所测结果的一致性。

2. 试验方法

试验前，断开发电机滑环到灭磁开关之间的转子温度测量（熔断器），打开励磁母线到发电机转子回路的软连接，试验前由运行人员检查转子炭刷与滑环接触良好，以防接触不良影响测量精度，断开发电机转子接地保护电源。

汽轮机升速过程中，用 1000V 绝缘电阻表测量 0、500、1000、1500、2000、2500、3000r/min 等转速下发电机转子绝缘电阻，并测定发电机转子绕组的交流阻抗及功率损耗。试验时发电机转子所加电流为 5A。

（二）发电机短路试验（额定转速下发电机—变压器组在 K_1 点短路）

1. 试验目的

确认发电机特性参数是否符合出厂参数，主变压器负载能力及 TA 二次回路的完整性；录制发电机—变压器组短路特性曲线。

2. 试验方法

（1）试验前，空出 220kV A 段母线，在 220kV 202 断路器与 202-A 隔离开关之间，装设一组三相短路线 K_1，截面在 400mm² 以上。将主变压器冷却器、励磁整流柜冷却风扇、励磁变压器冷却风扇投运。

（2）确认 202-A0、202-10 接地开关在断。合上 202-00 隔离开关。

（3）合上 202 断路器，断开 202 断路器操作电源。

（4）发电机组额定转速后合上 6244 断路器。

（5）合灭磁开关 41E，逐步增加励磁电流，利用短路电流检查保护回路的正确性，并模拟发电机—变压器组差动保护动作。

（6）重新合上灭磁开关 41E，缓慢增加发电机励磁电流，同时监视定子电流缓慢增加，分别在电流上升至发电机额定电流的不同点记录发电机—变压器组短路特性曲线有关数据，录制发电机—变压器组短路特性曲线。

（7）试验完毕后，布置安全措施，拆除短路线。

（三）发电机空载试验

1. 试验目的

确认发电机 TV 回路的正确性，确认发电机特性参数和磁化曲线。

2. 试验方法

（1）准备工作。检查励磁系统起励电源开关及其控制电源开关断开；检查发电机 TV 一、二次触点接触良好，一、二次熔断器完好，在工作位置；将 6.3kV A、B 工作电源进线 TV 推入工作位置；确认中性点接地开关 202-00 在合闸位置；确认 202 断路器在断位；将 6244 断路器推入工作位置，合上 6244 断路器。

（2）发电机零起升压。合上灭磁开关 41E，增加励磁，监视发电机定子电压缓慢增加且三相平衡，发电机、主变压器、厂用高压变压器应无电流。当发电机电压达到额定 23000V 时，检查发电机 TV 二次电压幅值、相位、相序正确，开口三角输出应为零；6.3kV 工作电源进线 TV 二次电压幅值、相位正确。

（3）并录制空载特性曲线。在增加和降低励磁过程中，记录励磁电流、发电机端电压等数据，录制空载特性曲线

（4）工作结束后拉开灭磁开关、6244 断路器及其控制电源，布置措施，恢复励磁系统接线。

（四）发电机轴电压测量

1. 试验目的

测量轴电压以判断轴承座绝缘情况是否良好。

2. 试验方法

拔下大轴接地炭刷，断开转子接地保护电源，发电机端电压升至额定时，分别在发电机轴的汽端与滑环端、汽端与地、滑环端与地之间测电压。轴承油膜被短路时，转子两端的电压宜等于轴承座与地间的电压。轴电压不大于 10V。

（五）转子一点接地模拟试验

1. 试验目的

检查转子保护继电器和保护二次回路的正确性。

2. 试验方法

发电机空载条件下，端电压升至额定，模拟发电机转子接地。检查报警值、动作值是否正确，保护动作后检查 41E 开关跳闸。

（六）发电机—变压器组带 220kV A 段母线零起升压同期检查

1. 试验目的

检查发电机同期装置的正确性。

2. 试验方法

（1）空出 220kV A 段母线。

（2）将发电机出口 TV 送至工作位置，检查 6.3kV A、B 工作电源进线断路器 52AT2A、52AT2B 在间隔外位置，将 6.3kV A、B 段工作电源进线 TV 推至工作位置。

（3）合上主变压器中性点接地开关 202-00。检查 202-10、202-A0 接地开关在断位，合上 202-A 隔离开关，合上 202 断路器。

（4）汽轮机转速达到 3000r/min 后，确认励磁为电压恒定方式，合上灭磁开关 41E。当发电机电压达到额定 23kV 时，检查发电机 TV 二次电压和 6.3kV 工作进线 TV 二次电压幅值、相位、相序正确，开口三角输出应为零。

（5）在发电机控制盘检查二次电压的同期性，两组 TV 二次电压应都为正相序，且幅值相同，角差为发电机 TV 二次电压比 A 段母线 TV 二次电压超前 30°，测量二者同相间压差 U_{aa}、U_{bb}、U_{cc} 应相同。

（6）同期检查完毕，减励磁到零，拉开灭磁开关，拉开 202 断路器，拉开 202-A 隔离开关。

（七）发电机假同期试验

1. 试验目的

检查发电机同期装置动作的正确性。

2. 试验方法

（1）检查 202-A、202-B 均在断开位置，用母联 210 断路器对 220kV A 段母线充电。

（2）合上灭磁开关，发电机零起升压，调整发电机电压到额定。

（3）投入同期装置，合发电机出口 202 断路器：在同期盘检查调频、调压脉冲正确，并录取发电机与系统的滑差电压，以及 202 断路器的合闸量，检查波形，确定 202 断路器合闸点在同步点附近。根据要求，应在发电机与系统频差为 ±0.2Hz（转速差约 12r/min）时，分别做两次假同期。

（4）试验结束，拉开 202 断路器，减励磁，跳灭磁开关并断开操作电源。

第二十章

单元制机组事故处理

第一节 机组综合性事故处理及预防

一、锅炉 MFT

锅炉 MFT 动作后，相应设备会按照逻辑自动动作，汽轮机跳闸，发电机逆功率保护动作与系统解列（某电厂 300MW 机组锅炉灭火不联跳汽轮机）。

MFT 动作处理要点：

（1）锅炉 MFT 后，磨煤机、一次风机跳闸，应注意磨煤机出口挡板自动关闭，若磨煤机出口挡板出现卡涩，无法关闭时，应检查磨煤机入口关断挡板、调整挡板自动关闭，必要时手动关闭磨煤机冷、热风调整挡板，同时，一次风机跳闸后其出口挡板应关闭，进一步检查磨煤机筒压降到 0kPa 左右，防止磨煤机内部积存煤粉进入炉膛。MFT 发生后，若暂时无法恢复启动，应关闭各油枪手动门，防止燃油泄漏进入炉膛。

（2）汽轮机跳闸后，应关注汽轮机润滑油泵启动正常、汽轮机转速下降，并按照汽轮机跳闸相关规定进行处理。

（3）对于 300MW 机组 MFT 发生后汽轮机不跳闸，按照停炉不停机规定进行处理。

（4）锅炉 MFT，发电机跳闸后，厂用电自动切为启动备用变压器接带，发生厂用电未正确切换，应按照厂用电失去处理。

（5）MFT 后，检查送、引风机正常运行，自动进行炉膛通风。如需停送、引风机，则应检查无燃料泄漏入炉膛的危险。

（6）MFT 后，350MW 机组汽动给水泵跳闸，应启动电动给水泵维持汽包水位。300MW 机组需要退出一台电动给水泵运行，用一台电动给水泵调整汽包水位。手动调整过程中，要防止汽包水位过高引起过热器进水，必要时打开连排、事故放水降低汽包水位。

二、汽轮机跳闸

某电厂 350MW 机组汽轮机跳闸后，会发生 FCB，当机组旁路退出备用时，FCB 失败，锅炉会 MFT，否则应手动 MFT；300MW 机组会直接引发锅炉 MFT，发电机逆功率保护动作与系统解列。汽轮机跳闸处理要点：

（1）汽轮机油泵联启正常是保证汽轮机安全停运的前提，厂用电失去时要立即检查汽轮机直流油泵、直流密封油泵联启情况。同时应关注主汽门、调汽门、各抽汽止回阀关闭，汽轮机转速下降。

（2）汽轮机跳闸后，应立即判明跳闸原因，决定是否破坏机组真空。例如，当汽轮机因强烈振动引起跳闸，为使转速尽快下降，应该立即破坏机组真空。

（3）确认发电机跳闸，厂用电快切装置动作、厂用电自动切换为备用电源供电。厂用电失去时按照"厂用电失电"进行处理。

（4）如汽轮机跳闸后，汽轮机进汽门不严引起汽轮机继续进汽，汽轮机转速不降反升，应立即采取隔离、泄压措施。

（5）密切监视除氧器、凝汽器、高低压加热器的水位，防止水位高引起汽轮机进水。

（6）在转子惰走过程中，注意监视汽轮机各瓦的振动、温度，注意倾听汽轮发电机组的声音。

（7）转速到零，应视情况决定盘车是否投运，当发生盘车电流超限、机组内部有明显金属撞击声、盘车启动后跳闸、无润滑油等情况时，禁止启动盘车，应采取闷缸措施：

1）关闭进入汽轮机所有汽门以及所有汽轮机本体、抽汽管道疏水门，进行闷缸。

2）严密监视和记录汽缸各部分的温度、温差和转子晃动随时间的变化情况。

3）当汽缸上、下温差小于 50℃时，可手动试盘车，若转子能盘动，可盘转 180°进行自重法校直转子。

4）转子多次 180°盘转，当转子晃动值及方向回到原始状态时，可投连续盘车。

5）在不盘车时，不允许向轴封送汽。

三、发电机—变压器组保护动作跳闸

350MW 机组发电机—变压器组保护动作跳闸后，汽轮机联跳，机组发生"0% FCB"，如果机组旁路在退出状态，FCB 失败，则锅炉应 MFT，否则手动 MFT。300MW 机组发电机—变压器组保护动作跳闸，汽轮机联锁跳闸，锅炉 MFT。

处理要点：

（1）确认厂用电 6kV 母线工作电源开关已跳闸，备用电源开关自投成功。厂用电失去按照规程规定进行处理，并检查柴油发电机的自启动情况，尽快恢复保安段带电。

（2）检查汽轮机交流润滑油泵、密封油泵运行情况，如无法运行应及时启动直流油泵。

（3）监视汽轮机转速及 OPC、超速保护动作情况，观察主汽门及调速汽门关闭情况，防止汽轮机超速。

（4）加强锅炉压力监视，若锅炉超压，安全阀应动作，否则手动打开电磁安全阀，防止超压。

（5）立即检查发电机—变压器组保护动作情况，记录所发报警及光字，待继保、热工人员确认后方可复位。

（6）对发电机—变压器组回路及有关设备进行详细检查。若为主保护动作，做好安全措施，摇测绝缘，初步判断故障性质，通知检修查明事故原因。故障排除后，重新启动，一般应进行零起升压，确认发电机—变压器组无异常后方可并网。

（7）必须待汽轮机转速接近 0 时方可摇测发电机绝缘，以防损坏绝缘电阻表或发生人身伤害。

（8）若发生主变压器差动或瓦斯保护动作跳闸，禁止启动主变压器冷却器，防止油循环引起故障点杂质污染其他部位。

四、DCS 控制系统失灵

发生下列情形，认为 DCS 控制系统失灵：①DCS 系统所有操作员站和工程师站均没有显示，或机组工况变化而参数显示值不变化；②DCS 系统所有操作员站和工程师站均黑屏；③操作画面均无法更新；④设备无法进行操作，过程参数无法进行调整。

发生 DCS 系统失灵的原因：DCS 所有控制器出现故障；数据总线通信故障或通信电缆断开；DCS 系统电源故障；DCS 服务器均故障。

处理要点：

（1）DCS 故障，可能直接引起机组跳闸，应检查机组保护正确动作，若 LCD 无法监视，必须到就地确认，保证机组安全停运。

（2）若机组未自动跳闸，应按照下列程序处理。

1）电气配电盘手动启动汽轮机润滑油泵，检查其运行正常。

2）立即手动锅炉 MFT，汽轮机打闸，确认锅炉灭火、汽轮机跳闸。确认发电机逆功率保护正确动作机组解列，检查厂用电自动切为备用电源供电。

3）检查锅炉 MFT 联动设备动作正确（尤其是一次风机、磨煤机、油枪，这些设备均采用硬接线，不受 DCS 故障影响）。如未动作，立即用事故开关跳闸相关辅机，防止炉膛爆燃。

4）就地调整风机挡板，进行炉膛通风。

5）就地调整给水，尽量维持汽包水位正常。

6）配电盘立即手动启动顶轴油泵。

7）立即安排运行人员对现场进行全面检查，按照事故停机方式进行处理。就地手动启动相关辅助设备和开启（关闭）相关阀门。

五、仪用压缩空气失去

仪用气失压，"压缩空气母管压力低或空压机跳闸"声光报警。机组的部分气动阀门失气后状态发生变化，导致控制回路失灵，相应参数无法调整到正常值，引发报警或保护动作。机组参数达到保护动作值或辅助设备跳闸，引发机组跳闸。

发生仪用气失压的可能原因：①运行空压机跳闸，备用空压机未自投或自投不成功，造成系统压力低；②系统上安全阀动作后卡住不回座；③仪用压缩空气管道严重爆破；④空压机出口母管或储气罐大量积水；⑤系统大量用气或泄漏。

1. 处理原则

（1）根据事故现象，迅速判断仪用压缩空气失去的范围、程度，做针对性处理。

（2）在仪用压缩空气失去后，如失气关闭型阀门关闭时，可以开其旁路阀调节；如失气全开型阀门开启时，应关该阀前后的隔离阀调节；如失气闭锁型阀门，应将该阀门控制切至手动，减少操作；部分阀门失气后会保持原开度，应注意监视相关参数的调整是否可以满足要求，否则应采取措施。重点监视除氧器调节阀开度及除氧器水位、主蒸汽减温水调门开度及主蒸汽温度、真空泵进口气动阀状态及机组真空、制粉系统各挡板开度及锅炉的燃烧工况等。

（3）压缩空气恢复后要防止一些气动阀的状态突然改变，应手动缓慢调节，待调节偏差消除后方可投入自动。

（4）事故处理时应在值长统一指挥下，分二条线同时进行。一是尽快恢复仪用压缩空气；二是在仪用压缩空气恢复正常之前，尽可能维持机组在网运行。当机组任一参数因失控达到机组保护动作停运条件，机组保护应正确动作，否则立即手动打闸，停机后的处理仍要关注仪用气失压后阀门动作情况，必要时采用手动阀或电动阀调整参数，确保安全停机。

2. 预防措施

（1）做好空压机维护和保养，发生缺陷及时联系检修处理，尽量减少空压机退出备用的时间。

（2）运行人员熟悉空压机切换的方法，定期切换或试转备用空压机。

（3）加强对空压机的检查，掌握空压机异常报警的处理办法。

（4）加强压缩空气系统的管道维护和检查，以及压缩空气罐的维护、安全阀的校验，防止大直径管道断裂或安全阀误动引起系统大量漏空。

（5）系统定期拉疏水，疏水在系统积存，可能空压机卡涩，冬季还可能引起室外管道冻裂。

六、火灾

火灾事故是电厂生产过程中需要重点防范的事故。由于电力生产环节众多，各个部位的防火注意事项也不尽相同，因此，防火、灭火过程中应根据不同区域采取针对性措施。

（一）处理原则

（1）运行设备着火时，当值值长、单元长既是机组事故处理的指挥者，也是临时灭火指挥者。

（2）发生火警信号，应迅速赶到火灾现场，了解火警情况，检查消防系统动作正常，否则用恰当的灭火器进行灭火，并立即联系消防人员，必要时借助社会力量参与处理。

（3）汽轮机运行中油系统设备或管道损坏发生漏油，凡不能与系统隔绝处理的，应立即停机处理。

（4）电气设备发生火灾时，首先切断电源，然后使用恰当的灭火器加以灭火，电气设备附近发生火灾威胁设备安全时，应立即停止设备运行，并切断电源。

（5）火灾尚未威胁机组运行时，应设法不使火势蔓延，移开周围易燃物品，尽快将火扑灭。

（6）及时疏通消防通道（例如打开卷闸门），保障消防车和消防设施顺利抵达火灾现场。

（7）当火灾严重威胁机组安全时，应立即打闸汽轮机，破坏真空。

（8）在火灾事故处理过程中要做好人身安全防护措施，防止中毒、窒息及烧伤。

（二）典型火灾的处理

1. 汽轮机油系统火灾处理

（1）润滑油系统着火无法迅速扑灭，威胁设备安全时，立即破坏真空，按紧急停机处理。开启油箱的事故放油门，但必须考虑到该机组在转速到零前，润滑油不中断，以免烧毁轴承。

（2）将全部油泵控制方式切"手动"，用手动方式启动油泵。

发生喷油起火时，设法堵住喷油处，改变油方向，使油流不向高温热体喷射，并用"1211"、干粉灭火器灭火。

（3）密封油系统着火无法迅速扑灭，威胁设备安全时，应立即打闸汽轮机，破坏真空，并在惰走过程中，迅速排氢，密封油系统应尽量维持到汽轮机转速到零。

2. 发电机着火处理

（1）汽轮机打闸，确认发电机逆功率保护动作跳闸。

（2）立即切断氢源，用二氧化碳紧急排氢。

（3）不得用泡沫式灭火器或沙子灭火。

（4）救火时保持定子冷却水系统正常运行，直到火熄灭为止。

（5）救火时，为避免由于大轴一侧过热而导致大轴弯曲，禁止在火焰熄灭前将转子完全停转，应设法保持发电机在 300r/min 左右的转速转动。

3. 变压器着火时的处理

（1）发现变压器着火时，首先应立即断开电源，将变压器紧急停运，否则禁止进行灭火工作。

（2）如变压器装有远离本体的事故放油阀时，应打开变压器事故放油阀，将变压器油放入事故油池。

（3）应用变压器喷淋装置、"1211"灭火器或二氧化碳灭火器灭火，不能扑灭时可用泡沫灭火器灭火。地面上的绝缘油着火，应用干砂灭火。

（4）对于有强制通风的变压器，着火时应将冷却器及潜油泵停运。

4. 电动机着火处理

（1）应立即将电动机电源切断，并尽可能把电动机通风口关闭。

（2）可用二氧化碳、"1211"灭火器进行灭火，禁止使用泡沫灭火器及干砂灭火。

（3）无二氧化碳、"1211"灭火器时，可用消火栓连接喷雾水枪灭火。

5. 燃油系统火灾处理

（1）管道泄漏、法兰垫破裂、喷油遇到热源起火时应立即关闭阀门，隔绝油源。

（2）使用泡沫、干粉等灭火器扑救或用石棉布覆盖灭火，地面上着火可用砂子、土覆盖灭火。附近的电缆沟、管沟有可能受到火热蔓延的危险时，应迅速用砂子或土堆堵，防止火灾扩大。

（3）油泵盘根过紧摩擦起火，用泡沫、二氧化碳灭火器灭火。

第二节 锅 炉 事 故 处 理

一、锅炉汽包水位事故

锅炉汽包水位事故多发生在负荷、汽压波动过大、给水压力突然变化、给水管道、水冷壁、省煤器及过热器严重泄漏、给水自动调节失灵、给水调节阀或给水调节系统故障以及人为误操作等情况下。要防止此类事故发生就要在运行中密切监视汽包水位、汽压、给水压力、给水流量、蒸汽流量等参数。发现异常时要及时采取应对措施。

（一）处理要点

1. 满水时

（1）汽包水位快速升高时应将给水自动切为手动，快速减小给水量，注意给水泵的调节，防止再循环门突开后给水流量波动过大。

（2）如水位仍继续上升，应打开事故放水门，必要时打开连排调整门，并注意监视汽温变化。

（3）水位高Ⅱ值延时 5s，MFT 保护应动作，否则应手动 MFT，同时汽轮机掉闸，发电机解列，按机组紧急停运处理。

（4）如汽温剧降，关闭各减温水调整门，并确认减温水总门关闭，全开过热器、主蒸汽管道疏水门，防止汽轮机进水。

（5）分析满水原因，故障消除后，尽快恢复汽包水位，锅炉重新启动。

2. 缺水时

（1）汽包水位快速降低时应将给水自动切为手动，快速增加给水量，注意防止凝结水泵、给水泵过负荷，同时注意监视凝汽器、除氧器水位。

（2）炉侧四管泄漏时，应加强锅炉给水，适当降低锅炉负荷，查明漏点，汇报相关人员，及时调整燃烧，防止突然灭火，如水冷壁泄漏时对燃烧影响比较大，必要时可投油助燃。根据泄漏情况，确定停炉方式。

（3）汽包水位低Ⅱ值延时 5s，MFT 动作，否则应手动 MFT。

（4）MFT 后，如果眼见水位逐渐消失，缺水不严重，而且炉水泵能运行时，可缓慢上水，待水位正常后可重新启动锅炉。但如缺水严重或是四管泄漏时必须冷却泄压，查找漏点，处理正常后方可启动。

（二）预防措施

（1）燃烧调节人员和水位调整人员的调整要相互沟通，统筹兼顾，强化燃烧前，汽包水位尽量保持较低水位。

（2）燃烧调整的幅度不要过大，保证汽压平稳变化。

（3）水位计的安装必须严格按照要求完成，水位计保温应完好。

（4）按规定进行水位计"0"位校验，水位计之间偏差超过 30mm，应查明原因，予以消除。

（5）一套水位计因故障退出运行，应立即修复，时间控制在 8h 以内，若不能完工，应汇报总工，制定措施，并须在 24h 内修复投用。

（6）汽包水位保护应在启动前投入。启动前、停炉时应对水位保护进行校验。当一点水位保护故障退出后，应限时修复（时间控制在 8h），逾期不能修复，应汇报总工，制定措施。保护退出必须执行严格的审批手续。

（7）给水系统的设备应保证备用良好，定期试验、切换。

（8）高压加热器保护装置及其旁路应正常投入，并按规定进行试验。

（三）事故案例

300MW 机组启动过程中，启磨后加燃料速度过快，使锅炉水位高高保护动作，锅炉 MFT。

1. 事件描述

机组检修结束，进行点火升温升压，机组并网运行。机组负荷 55MW，主蒸汽压力 7.7MPa，B 电动给水泵运行，给水已由旁路切至主路，运行人员通过调整电动给水泵液压联轴器来手动控制汽包水位，A 磨煤机运行。负荷指令由 50MW 增加至 70MW，运行人员增加 A 磨煤机一次风调整挡板的开度来保证汽压稳定（挡板开度由 33％增加至 40％，磨煤机筒体压力由 2.12kPa 增加至 3.57kPa）。汽包水位上升速度很快，运行人员立即进行以下操作：将 A 磨煤机一次风调整挡板的开度由 40％降至 30％；将液压联轴器开度降到为 30％，给水流量由 185t/h 降低至 87t/h。锅炉水位高高保护动作 MFT，同时联跳汽轮机，发电机解列。

2. 事件原因

在增大磨煤机一次风调整挡板的开度前，汽包水位值较高（＋100mm），增加磨煤机一次风调整挡板时，调整幅度较大，锅炉燃烧突然强化，汽包水位快速升高，发现水位出现异常增大后，立即关小电动给水泵液压联轴器处理手段措施虽正确，但操作的时机和幅度值不当，造成水位升高过快达到保护动作值。

二、锅炉四管泄漏事故

发生锅炉四管泄漏事故的主要因素：材质不良，制造、安装、焊接质量不合格；给水品质长期不合格，使管内结垢，管壁发生腐蚀；燃烧调整不当，结焦、积灰、火焰冲刷造成管子超温；吹灰器安装不当或运行不正常，造成管子被吹损；大块焦渣坠落，砸坏水冷壁；由于缺水或热偏差使管壁过热；启、停炉时省煤器再循环门使用不当，使管壁过热烧坏；飞灰磨损严重或在省煤器区域发生再燃烧；管壁长期超温运行等。过热器、再热器、省煤管发生爆漏时，应及早停运，防止冲刷损坏其他管段。

（一）处理要点

（1）若泄漏轻微，如能维持汽包水位时，将给水切至手动，增大给水量，可降低负荷，短时间运行，并加强对汽包水位和故障点的监视，申请停炉。在继续运行的过程中，应加强对损坏部位的监视。再热器压力低，在泄漏较小时，可暂时维持锅炉运行。而水冷壁的泄漏对燃烧影响较大，必要时可投油助燃。

（2）若泄漏严重或发生爆破，无法维持正常水位时，应进行下列处理：

1）立即停炉、停机，维持引风机运行，排除炉内蒸汽和烟气。

2）停炉后，继续上水，尽量维持汽包水位正常。

3）若无法保持水位，应停止炉水泵及给水泵。

（3）停炉后，电除尘器应立即停运，并及时清理电除尘、空气预热器和省煤器灰斗中的积灰。

（4）省煤器发生泄漏停运，应设法排除尾部烟道积水，350MW机组应打开省煤器灰斗下部法兰，300MW机组应打开9m烟道人孔观察积水情况，积水严重时应立即停止上水。

（二）预防措施

（1）提高巡检质量，若四管泄漏时及时发现，防止漏点呲汽损伤周围受热面。

（2）加装四管泄漏检测装置，报警后及时到就地检查，核对CRT画面相关参数有无变化。

（3）加强水质监督，水质不合格时及时采取措施，改善水质。

（4）锅炉吹灰结束后，全面检查吹灰器是否退出，防止卡涩后长时间在炉膛内部吹损受热面。

（5）加强运行调整和监视，禁止受热面长时间超温、超压运行，或是参数波动频繁，偏离设计值，保证燃烧调节稳定，不发生火焰倾斜、局部结焦、尾部再燃烧等。

（6）启停过程中控制升温升压速度，使受热均匀，防止产生热偏差。

（7）加强燃烧调整，改善贴壁还原性气氛，防止发生高温腐蚀。

（8）锅炉的超压水压试验、安全门整定试验应按规定进行。

第三节　汽轮机事故处理

一、汽轮机强烈振动

汽轮机运行中发生强烈振动，可能造成轴瓦钨金、端部轴封和隔板汽封磨损，紧固螺钉松脱或断裂、滑销磨损、叶片或轮盘等损坏、发电机励磁机部件松动或损坏等危害，严重时引起轴系断裂、大轴弯曲等恶性事件。

（一）处理要点

汽轮机振动超过允许值，保护动作停机，汽轮机跳闸后，振动仍大，同时汽轮机内部有金属撞击或摩擦声，一般为汽轮机内部部件损坏引起，应立即破坏机组真空。若汽轮机振动大是因为电网系统故障引起，则发电机解列后振动会有明显下降，不用进行坏真空操作。

汽轮机内部部件损坏，则转子惰走时间明显缩短，汽轮机停转后，应视情况决定盘车是否连续运行。当盘车启动后电流明显大于正常值，且盘车状态下汽轮机内部有金属摩擦声，则应立即停止盘车，采取闷缸措施。

（二）预防和监视

汽轮机冲转前，连续盘车时间不少于4h，汽轮机盘车状态下，偏心大于0.075mm严禁冲车。在汽轮机启动和运行中，对轴承和大轴的振动必须严格进行监视，机组的振动保护必须投入。如振动超过允许值，应及时通过降低机组负荷、调整润滑油温及密封油温、调整无功功率等手段使振动值降到允许值以下，以免造成设备损坏。当振动超过允许极限值时，应发出声光报警信号，以提醒运行人员注意，同时发出保护动作信号，自动关闭主汽门等，实行紧急停机。

二、汽轮机大轴弯曲

发生汽轮机进水、动静摩擦、轴承损坏等事故后，转子产生塑性变形，这种变形不会因为转子温度场恢复均匀而消失，造成汽轮机大轴弯曲。对电厂来说，这是严重的设备事故。汽轮机大轴产生弯曲时，由于转子质量中心与回转中心不重合，存在偏心，引起汽轮机转子振动，且随转速升高而振动加剧。因此，低转速下的转子偏心大和高转速下的振动大是汽轮机大轴弯曲的主要表现形式。汽轮机大轴弯曲的原因主要有两个方面：①动静部分摩擦，局部受热，引起大轴热弯曲，弯曲又加剧摩擦，处理不当可能造成永久弯曲；②汽缸进水称为水冲击。汽缸进水后，汽缸与转子急剧冷却，造成汽缸变形，转子弯曲。

（一）处理要点

（1）确认大轴弯曲，应立即紧急停机，未查明原因并消除前不得再次启动。

（2）停机后立即投入盘车。当盘车电流较正常值大、摆动或有异音时，应查明原因及时处理。当汽封摩擦严重时，将转子高点置于最高位置，关闭汽缸疏水，保持上下缸温差，监视转子弯曲度，当确认转子弯曲度正常后再手动盘车 180°。当盘车盘不动时，严禁用吊车强行盘车。

（3）停机后因盘车故障暂时停止盘车时，应监视转子弯曲度的变化，当弯曲度较大时，应采用手动盘车 180°，待条件允许后及时投入连续盘车。

（4）机组启动冲转过程中当转速在 600r/min 以下时，应密切监视偏心值的变化，当偏心大于 0.076mm 时，应手动停机，重新盘车。

（二）预防措施

（1）热态启动条件的控制。汽轮机启动前应严格执行连续盘车大于 4h 的要求，大轴偏心、晃度（应与安装原始值一致）、上下汽缸温差、冲转蒸汽参数不超限的规定。热态启动一般要求主蒸汽、再热蒸汽温度高于汽缸金属温度 50℃，以防止汽缸和转子受到冷冲击，避免机组产生振动。

（2）振动值的控制。在机组启动升速过程中，应严格监视各轴承（或轴）的振动。如任一轴承处振动值突增，应立即停止升速，并查明原因。在中速暖机或升速过程中发现任一轴承振动或轴振动超过限定值时，应立即打闸停机，转速到零投入连续盘车，并测量大轴晃度。若大轴晃度值发生变化，应分析原因，并盘车 2~4h，直到大轴晃度恢复到原始值，方可再次冲转汽轮机。严禁降速暖机或强行硬闯临界转速。汽轮机振动保护装置必须正常投入。运行中发现振动超限而保护拒动时，必须手动打闸停机。

（3）严格执行防止汽轮机进冷（热）汽、冷（热）水的措施。启动过程中应严格按照运行规程及时疏水，疏水系统投入时，应注意保持凝汽器水位低于疏水扩容器标高，以防止汽轮机发生水冲击或热冲击。正常运行中，一旦主蒸汽温度瞬时下降 50℃ 以上或者主蒸汽温度下降不能维持 50℃ 以上的过热度时，必须立即打闸停机。停机后应注意隔离公用系统的热汽、热水进入汽轮机。自动主汽门和调节汽门应关闭严密。

（4）机组在启、停和变工况运行时，应按规定的曲线控制参数。严格控制汽轮机胀差及轴向位移的变化。

（5）转子在不转动情况下，禁止向轴封供汽和进行暖机。

三、汽轮机进水事故

发生进水事故将造成汽轮机叶片的损伤、动静部分碰磨、转子或汽缸永久变形、推力轴承的损伤、汽轮机本体部件产生裂纹等恶性事故，必须引起高度重视。进入汽轮机的水或冷蒸汽，可能来自锅炉主蒸汽系统、再热蒸汽系统、抽汽系统和给水加热器、汽封系统、凝汽器、疏水系统等，上述几个方面应该重点关注。

（一）处理要点

（1）首先要判断准确，当冷气、冷水的源头参数（一般是温度）有明显变化、同时伴有管道振动、加热器水位异常升高等现象时，可以判定机组有进冷气、冷水的危险，应立即紧停汽轮机。

（2）一旦发生汽轮机进冷气冷水，伴随汽轮机内部有明显的振动、金属撞击声等异常现象，应立即破坏真空停机。

（3）汽轮机进冷气冷水后，能否恢复，需要依照转子惰走时间、盘车电流、转子偏心、声音等综合判断，不可盲目启动。

（二）预防措施

（1）注意监视汽缸金属的温度，停机后也不能忽视。若汽缸上下部金属间的温差大于56℃时，必须立即停机，同时应迅速切断与水源的联系。

（2）注意监视锅炉汽包、给水加热器、除氧器和凝汽器水位，杜绝满水情况发生。

（3）启动时，主蒸汽和再热蒸汽系统、汽封系统的暖管疏水要畅通，疏水阀应及时打开，负荷和温度达到规定值后方可关闭。当机组停止运行时，应将疏水系统打开，直至汽轮机完全冷却为止。

（4）在滑参数停机时，汽温和汽压应按规定逐渐降低。一定压力下的主蒸汽温度，应保证有不低于56℃的过热度。进入汽轮机汽封内的蒸汽也应保持14℃以上的过热度。

（5）当高压加热器保护装置发生故障时，不应投入运行。运行中加热器液位高报警后，事故疏水门应及时开启，以降低水位。发现加热器水位持续升高，要及时将水侧旁路门打开，切断加热器水侧。加热器水位高高保护动作后，抽汽止回阀及截止门应能自动关闭。当一个加热器切除时，其对应的抽汽管道中的疏水阀必须开启。

四、汽轮机超速

汽轮机是高速旋转机械设备，转动时各转动件会产生很大的离心力。这个离心力直接和材料承受的应力有关，而离心力与转速的平方成正比。当转速增加10%时，应力将增加21%。当应力超出汽轮机所允许的极限，势必造成设备损坏事故。所以，一般规定汽轮机的转速不允许超过额定转速的110%～112%，最大不允许超过额定转速的115%。

（一）处理要点

当机组转速达到各保护装置动作值，保护装置应该自动动作，否则立即手动打闸，检查主汽门、调速汽门和抽汽止回阀关闭。这时，还应注意监视转速表和周波表的指示，如果其指示值超过允许极限值并继续上升时，说明主汽门和调速汽门关闭不严，应尽快关闭电动主汽门，切实切断进汽，以保护机组的安全。由于主汽门、调门不严，导致汽轮机在跳闸后继续进汽，则凝汽器仍需维持真空。

（二）预防措施

机组运行期间应采取如下预防措施：

（1）各超速保安装置均应完好并正常投入；主汽门、再热主汽门、调节汽门、抽气止回阀应能迅速关闭严密、无卡涩；机组在任何一种工况下运行时，调节系统都能保持机组稳定，并能在甩部分或甩全负荷后良好地工作。

（2）加强油质监督，定期进行油质化验分析，油净化装置要正常投入运行，防止油中带水和杂物，以免造成调节部套锈蚀和卡涩。

（3）运行中加强汽水品质监督，防止蒸汽带盐，以致汽阀阀杆结垢，造成卡涩。

（4）定期进行调节保安系统的试验。调节保安系统定期试验是检查该系统是否处于良好状态，在异常情况下是否能迅速准确动作，防止机组严重超速的主要手段之一。

（5）保护装置试验。汽轮机大修后，危急保安器或调节系统在解体或调整后连续运行2000h后，甩负荷试验前，以及停机一个月后再启动时，应进行两次提升转速试验，两次动作转速差不应超过 0.6%。对于大机组，冷态启动一般带负荷 25%～30% 连续运行 3～4h 后进行超速试验。此外，机组正常运行中还应定期进行危急保安器的充油试验。发现充油试验不合格时，不能安排进行超速试验。

（6）定期进行阀门严密性试验和活动试验。阀门严密性试验是为检查主汽阀和调节汽阀关闭严密程度的试验，同时检查抽气止回阀的严密性。机组大修前后应进行汽阀严密性试验，并每年检查一次。阀门活动试验是检查阀门是否卡涩的手段，也应定期进行。

五、汽轮机轴瓦烧损事故

发生轴瓦烧损事故时，轴承轴瓦钨金温度、润滑油回油温度明显升高，一旦油膜破坏，机组振动增大，轴瓦冒烟，同时，汽轮机轴向位移增大，机组振动加剧，严重时伴随有不正常的响声。一旦发生轴瓦烧损事故，会造成轴瓦钨金烧熔、转子轴颈损坏并将造成汽轮机动静部分发生接触摩擦。

（一）处理要点

（1）当汽轮机轴瓦烧损时，应采用破坏真空紧急停机，以减少汽轮机惰走时间。

（2）若因为润滑油供应失去引起轴承损坏，即使汽轮机已经跳闸，亦应采取措施尽快恢复润滑油供油。

（3）轴承损坏严重，或汽轮机润滑油失去，则转子静止后不允许投盘车，应采取闷缸措施。

（二）预防措施

（1）确保轴承润滑油系统供油正常。

（2）运行人员应经常观测润滑油压力、温度及回油量，并保证油净化系统正常工作，以保证轴瓦不断油。

（3）润滑油泵的电源必须安全可靠。

（4）要坚决杜绝油系统切换时的误操作。

（5）汽轮机运行时，轴封系统应正常工作，以防止润滑油带水。

（6）汽轮机轴承应装有防止轴电流的装置，确保机组转子接地良好。

（7）轴瓦钨金温度及润滑油系统内各油温测点指示准确可靠。轴瓦钨金温度超过规定值时，任一轴承回油温度超过 75℃ 或突然连续升高至 70℃ 时应立即打闸停机。

（8）防止汽轮机发生水冲击和汽轮机通流部分动静接触摩擦等。

六、叶片损坏

汽轮机运行中发生叶片损坏事故，包括叶片裂纹、断落、水蚀、围带飞脱、拉筋开焊或断裂等。发生叶片损坏时，可能出现汽轮机内部金属撞击声、调节级汽室压力或某些抽汽压力升高、凝结水硬度和导电率突增、热井水位增高、凝结水过冷却度增大、转子不平衡引起机组振动明显增大等现象。

造成叶片损坏事故的原因是多方面的，它与设计、制造、安装、检修工艺、运行维护等因素有关。机组启停过程中操作不当，发生水冲击、叶片过负荷、电网低频率运行、或其他事故的扩大等，都容易引发叶片断裂事故。

（一）处理要点

（1）确认汽轮机内部发生明显的金属撞击声或汽轮机发生强烈振动，应立即破坏真空紧急停机。

（2）若运行中发现调节级或抽汽压力异常，应立即进行分析，同时参照振动、轴向位移、推力轴承金属温度的变化，确认叶片断落时应停机处理。

（3）汽轮机转速到零，若无法投入盘车时，应采取闷缸措施。

（二）预防措施

（1）电网应保持正常频率运行，避免低频率运行，以免叶片处于共振范围内工作。

（2）汽轮机的初终蒸汽参数及抽汽压力超过规定范围时，应相应减负荷。

（3）当汽轮机内部发出撞击声，而且机组振动突然增大时，应立即停机检查，以免事故扩大。

（4）在机组大修时，应全面检查通流部分损伤情况，叶片存在的缺陷要及时处理。进行叶片测频，若振动特性不合格时，要进行调频处理。

七、停机后盘车故障

汽轮机停机转速到零后，必须立即投入盘车，保持油循环，盘车和油循环至少到调节级温度降到 150℃ 以下。

当盘车因故不能运行时，必须保持油循环运行，同时手动定期盘车直至调节级处金属温度稳定并低于 150℃。

不论何种事故，造成大轴弯曲盘不动时，不允许强行盘车。可在间隔一段时间后试盘，并加强转子弯曲监测。

因火灾或故障不能进行油循环时，禁止盘车。在重新投入盘车时，应先进行油循环，直至全部轴承金属温度小于 107℃ 或回油温度小于 77℃ 以下时，才允许按规定投入盘车。

因盘车电动机故障，则应设法每隔 15min 盘车 180°，直到盘车可投入连续运行。

第四节　电 气 事 故 处 理

一、发电机振荡或失步

发电机的振荡或失步可能引起发电机的损坏，严重时引起电力系统瓦解事故。发生发电机振荡或失步的原因：发电机失磁或欠励磁、系统发生故障、系统稳定破坏等。

处理要点：

（1）若发电机保护动作跳闸，按发电机事故跳闸处理。

（2）若机组保护（失步）没有动作跳闸，应采取下列措施：

1）若自动励磁调节装置在自动方式，应注意监视励磁动作方向是否正确、励磁电流是否异常、发电机出口电压是否超限，同时适当降低发电机的有功负荷。

2）若自动励磁调节装置在手动方式，应尽可能增加励磁电流，必要时降低部分有功负荷，以创造恢复同步的有利条件。

3）采取上述措施后仍不能恢复同步，及时汇报调度。

（3）根据参数指示变化情况判断本厂是否有机组失步，若因本厂发电机失磁引起系统振荡，如失磁保护拒动时，应尽快解列失磁机组。

（4）振荡过程中系统发生故障，电压降低强励动作时，强励时间不允许超过 20s。

二、发电机失磁

发电机失磁后，从电力系统吸收无功功率，引起电力系统电压下降。若电压下降幅度太大，将可能会导致电力系统电压崩溃而瓦解。对于大型发电机组，在失磁后系统将要向其输送大量的无功电流，这将可能会引起电力系统的振荡。另外，失磁后，由于出现转差，在发电机转子回路中出现差频电流。差频电流在转子回路中产生的损耗，如果超出允许值，将使转子过热，而流过转子表层的差频电流，还可能在转子本体与槽楔、护环的接触面上发生严重的局部过热。失磁的发电机进入异步运行之后，由机端观测的发电机等效电抗降低，若不采取措施，发电机将因过电流使定子过热。失磁运行时，定子端部漏磁增强，将使端部和边缘铁芯过热，实际上，这一情况通常是限制发电机失磁异步运行能力的主要条件。

引起发电机失磁的主要原因：①发电机转子回路正常，励磁系统故障，此时的同步发电机变为异步发电机；②转子断线。

（一）处理要点

发电机不允许失磁运行，若发电机失磁，失磁保护应动作，否则应立即手动停机。所以判断是否失磁是正确进行事故处理前提。

（二）预防措施

（1）发电机励磁系统电源电压偏差在 $-15\%\sim+10\%$、频率偏差为 $-6\%\sim+4\%$ 时，励磁控制系统及其继电器、开关等操作系统均能正常工作。

（2）励磁调解器的自动通道发生故障时应及时修复并投入运行。严禁发电机在手动励磁调节下长期运行。

（3）有进相运行工况的发电机，其低励限制的定值应在进相试验值和保持发电机静态稳定的范围内，并定期校验。

三、发电机非全相

发电机非全相运行主要是由于断路器一相未断开或未合上造成不对称负荷，这时在定子绕组中有负序电流，它产生的磁场对于转子是以2倍频率旋转，这种旋转磁场在转子本体、槽楔和护环感应出2倍频率的负序电流，该电流在这些部件上和各部件的接触处产生很大的附加损耗和温升，产生局部过热。负序电流过大将烧坏发电机转子齿部、槽楔和护环嵌装面或产生裂纹。

（一）处理要点

（1）发电机—变压器组的主断路器出现非全相运行时，其相关保护应及时启动断路器失灵保护，在主断路器无法断开时，应立即断开与其连接在同一母线上的所有电源。

（2）若运行中保护动作跳闸，主开关出现非全相，而失灵保护未动作，应立即手动切主开关一次，不成功按（4）条处理。

（3）若机组并列时出现非全相，相关保护未动作，则应立即解列发电机。

（4）当发电机解列过程中出现非全相，相关保护未动作，则不准拉开灭磁开关，应保持定子电流为零，就地捅跳开关，不成功时，应倒母线用母联代替主开关解列。

（二）预防措施

（1）发电机—变压器组出口断路器应采用三相联动操作结构。

（2）断路器应装设失灵保护，当发电机—变压器组断路器失灵时，失灵保护动作切除同一母线上的所有电源。

四、电压、频率异常

电压、频率是电能质量的两个重要指标。电压、频率过高或过低不但对用户不利，而且对电力系统本身也不利。

（一）电压、频率异常的危害

（1）电压高于额定值时危害：①转子表面和转子绕组的温度升高；②定子铁芯温度升高；③定子的部件可能出现局部高温；④对定子绕组绝缘产生威胁。

（2）电压低于额定值时危害：①降低发电机运行的稳定性；②定子绕组温度可能升高；③影响厂用电动机的出力和安全运行。

（3）频率升高时危害：①引起转子的部件损坏；②引起定子铁芯温度上升。

（4）频率降低时危害：①转子风扇出力降低从而使发电机的冷却条件变坏，使各部分的温度升高；②发电机电动势下降，导致发电机出力降低，若要保持发电机电动势不变，势必要增加励磁电流，以增加磁通，从而使转子绕组的温度升高；③当频率下降如仍要保持发电机出力时可能引起发电机部件超温；④会引起汽轮机叶片断裂；⑤使厂用电动机的运转状况变坏，严重时会影响电力系统的安全稳定运行。

（二）电压、频率异常的处理要点

（1）当电力系统发生事故，如突然甩负荷，使发电机电压升高时，在励磁调节器自动调节投运的条件下，可实现发电机自动强减励磁，减小无功，但注意不得超过发电机出力图（P-Q）图允许的范围。

（2）当电力系统发生事故，如发生发电厂近区短路故障，使发电机电压较大幅度下降时，在励磁调节器投自动的条件下，可实现发电机自动强行励磁，快速提高励磁到顶值电压，使发电机向电力系统提供大量的无功功率，以消除振荡，将异步运行的发电机拉入同步，恢复稳定运行；在励磁调节器手动调节投运的条件下，则应手动迅速增大励磁，减小发电机有功功率，防止出现失步。

（3）当电力系统发生事故，如突然甩负荷，使单元机组频率升高时，要迅速降低机组的有功功率，避免电力系统失去稳定或汽轮发电机组超速。

（4）当电力系统发生事故使单元机组频率降低时，发电厂中各机组应尽一切可能增加有功出力，以弥补电力系统有功功率的不足；当频率降到 47.5Hz 时，应按事先制定的反事故措施使发电机与电力系统解列，带厂用电运行，保证厂用电系统供电正常，以便消除故障后尽快使发电机并网，恢复电力系统正常运行。

（5）电压、频率同时出现异常，按照频率异常处理。

五、全厂停电事故

全厂停电是指由于电网系统故障、本厂出线开关故障、母差保护动作、地震或人力不可抗拒等因素造成厂内所有机组对外有功负荷降为零。

（一）处理要点

（1）对于发生 FCB 的机组，应力保机组 FCB 后稳定在带 5% 负荷（厂用电）的工况，等待故障消除后，尽快恢复并网。在 FCB 发生期间应密切监视和注意锅炉低负荷期间的燃烧、汽轮机排汽缸温度、厂用电不能进行切换，以防锅炉燃烧不稳定灭火、低压缸因鼓风摩擦造成排汽缸温度升高、厂用电非同期并列等各种异常情况发生。

（2）对于跳闸机组，按照厂用电全部失去的处理原则，检查主设备跳闸动作正确，保证机组安全停运的辅助设备联动正常。

1）电气方面，事故发生后应立即检查柴油发电机自启动情况及保安段供电是否正常，若未自投，应手动启动，恢复保安电源系统运行。另外电气人员要检查直流、UPS 系统电压正常，事故照明供电正常。

2）汽轮机方面，检查确认汽轮机及给水泵汽轮机跳闸，转速下降，立即破坏真空紧急停机，确认高中压主汽门、调汽门、高排止回阀、各抽汽止回阀已关闭，高压缸通风阀开启。检查汽轮机及给水泵汽轮机直流油泵，空、氢侧直流密封油泵是否自动启动，否则应立即手动启动；检查润滑油压、油氢差压正常。在事故保安段带电后，及时将直流油泵切换为交流油泵运行。

3）锅炉方面，应检查锅炉灭火、制粉系统所有的风门及挡板关闭严密、空气预热器运行正常，立即手动关闭各减温水阀门、炉前燃油进、回油手动门。

4）脱硫方面，保安电源恢复后，检查各辅助设备的小油泵、各浆液搅拌器运行正常。

（3）立即查明事故原因、确定故障范围、切除故障点，尽快恢复 220kV 母线供电。

（4）恢复厂用电系统运行正常。220kV 母线充电正常后，及时恢复厂用启动/备用变压器运行。注意优先恢复网控交流配电箱供电，保证 220kV 配电装置电源（如隔离开关操作、动力电源），再恢复机组厂用 6kV、380V 电源。厂用电恢复过程中要注意两个严防：一要严防向发电机倒送电。要拉开发电机—变压器组出口断路器控制熔断器，将高压变低压侧断路器拉至试验位。二要严防非同期并列事故。在进行 6kV 厂用段、公用段并环运行时，必须考虑 220kV 升压母线合环情况以及防止 6kV 系统非同期事故。在恢复负荷时应有序进行，防止因过负荷造成厂用电再次失电，同时加强各母线电压监视。

（5）机组启动恢复。FCB 动作成功机组，尽快恢复与系统并列。如两台机组跳闸则不能同时启动，防止启动备用变压器过负荷。

（二）预防措施

（1）要加强对直流系统、UPS 系统、柴油发电机组的运行维护工作。定期检查蓄电池的定期充放电试验以及 UPS 主电源、旁路电源、DCS 备用电源的供电方式、柴油发电机组手动启动试验是否符合规程要求。

（2）加强继电保护和自动装置的运行维护管理工作。

1）检查电气保护回路完好，保证主要保护装置正常投运以及后备保护能可靠的选择性动作。

2）加强继电保护运行和保护定值管理工作，严防保护开关拒动、误动扩大事故。

3）做好继电保护及自动装置的定期检验、补充检验和元件校验，特别应注意对检修后、电气事故、系统冲击、波动或有报警信号后的有关继电保护及自动装置做详细检查。

4）发电机运行中必须投入自调整励磁装置，确保备用励磁装置随时可以投入运行。

（3）运行方式、环境和通信设备的要求。

1）调整合理的运行方式，提高系统的稳定性和安全行水平。母线、厂用系统、热力公用系统通常应采用正常的运行方式。因故改用非正常运行方式时，应事先制定安全措施，并在工作结束后尽快恢复正常运行方式。

2）电厂应保持必要的存煤、存水、点火用油。

3）通信设备备用电源应保持完好并定期试验，保证事故情况下能自动切换，通信畅通。

参 考 文 献

[1]　王勇，孙文杰. 电厂汽轮机设备及运行. 北京：中国电力出版社，2010.

[2]　丁立新. 电厂锅炉原理. 北京：中国电力出版社，2006.

[3]　杨义波. 热力发电厂. 北京：中国电力出版社，2010.

[4]　张卫东. 火电厂集控运行. 北京：中国电力出版社，2013.

[5]　王琅珠. 发电厂电气设备及运行. 北京：中国电力出版社，2009.